Buchenleben

너도밤나무가 들려주는 숲속 이야기

Buchenleben: Ein Baum erzählt seine erstaunliche Geschichte
written down by Peter Wohlleben with illustrations by Mascha Greune
© 2024 by Ludwig Verlag
a division of Penguin Random House Verlagsgruppe GmbH, München, Germany.
All rights reserved.

No part of this book may be used or reproduced in any manner whatever without written permission except in the case of brief quotations embodied in critical articles or reviews.

Korean Translation Copyright © 2025 by ECO-LIVRES Publishing Co.
Korean edition is published by arrangement with Penguin Random House Verlagsgruppe GmbH through BC Agency, Seoul.

이 책의 한국어판 저작권은 BC 에이전시를 통해 저작권자와 독점 계약한 에코리브르에 있습니다.
저작권법에 의해 한국 내에서 보호를 받는 저작물이므로 무단 전재와 복제를 금합니다.

너도밤나무가 들려주는 숲속 이야기

초판 1쇄 인쇄일 2025년 6월 20일   초판 1쇄 발행일 2025년 6월 27일

지은이 페터 볼레벤 | 옮긴이 장혜경
펴낸이 박재환 | 편집 유은재·신기원 | 마케팅 박용민 | 관리 조영란
펴낸곳 에코리브르 | 주소 서울시 마포구 동교로15길 34 3층(04003) | 전화 702-2530 | 팩스 702-2532
이메일 ecolivres@hanmail.net | 블로그 http://blog.naver.com/ecolivres | 인스타그램 @ecolivres_official
출판등록 2001년 5월 7일 제2001-000092호
종이 세종페이퍼 | 인쇄·제본 상지사 P&B

ISBN 978-89-6263-313-9 03480

책값은 뒤표지에 있습니다.   잘못된 책은 구입한 곳에서 바꿔드립니다.

너도밤나무가 들려주는
숲속 이야기

페터 볼레벤 지음 | 장혜경 옮김

에코리브르

차례

들어가는 글 • 007

1부 너도밤나무가 들려주는 이야기

01 때가 되었으니…… • 015
02 세상의 빛 • 017
03 거대한 어머니들 • 025
04 늙은 선생님 • 032
05 숲에서 날아온 소식 • 038
06 긴 잠 • 047
07 쓰디쓴 교훈 • 055
08 빈터 • 064
09 위험한 상처 • 074
10 뾰족이의 등장 • 083
11 이상한 두발짐승 • 093
12 마침내 어른이 되다 • 099
13 사랑의 기적 • 111
14 멧돼지 막는 법 • 121
15 달콤한 피 • 132
16 두발짐승이 숲에 눌러앉다 • 137
17 피부에 난 구멍 • 141
18 치명적인 기회 • 149
19 무덤 • 157
20 불행이 시작되다 • 165
21 비를 부르는 방법 • 172
22 큰 가뭄 • 176
23 곱사등이 이모 • 182
24 가혹한 판결 • 188
25 큰 아픔 • 194
26 이상한 선물 • 201
27 새로운 언어 • 206
28 고귀한 자들의 세상에서 • 212
29 기대하지 않은 도움 • 220
30 세상이 더 커지다 • 229
31 좋은 이웃 • 235
32 위대한 중재자 • 243
33 이야기의 끝 • 250

2부 과학적 배경

장소 • 259
나무 해부학 • 261
자동기계 시대의 종말 • 262

01 때가 되었으니…… • 271
02 세상의 빛 • 271
03 거대한 어머니들 • 274
04 늙은 선생님 • 278
05 숲에서 날아온 소식 • 279
06 긴 잠 • 283
07 쓰디쓴 교훈 • 286
08 빈터 • 287
09 위험한 상처 • 289
10 뾰족이의 등장 • 291
11 이상한 두발짐승 • 293
12 마침내 어른이 되다 • 296
13 사랑의 기적 • 297
14 멧돼지 막는 법 • 298
15 달콤한 피 • 301

16 두발짐승이 숲에 눌러앉다 • 303
17 피부에 난 구멍 • 303
18 치명적인 기회 • 304
19 무덤 • 306
20 불행이 시작되다 • 309
21 비를 부르는 방법 • 311
22 큰 가뭄 • 312
23 곱사등이 이모 • 313
24 가혹한 판결 • 315
25 큰 아픔 • 316
26 이상한 선물 • 316
27 새로운 언어 • 317
28 고귀한 자들의 세상에서 • 318
29 기대하지 않은 도움 • 320
30 세상이 더 커지다 • 322
31 좋은 이웃 • 324
32 위대한 중재자 • 325
33 이야기의 끝 • 327

감사의 글 • 329   주 • 333   사진 저작권 • 343

들어가는 글

 나무랑 이야기를 나눌 수 있으면 참 좋지 않겠느냐고, 사람들이 묻는다. 나는 아니라고 대답하며 덧붙인다. "말을 듣기만 해도 충분할 겁니다."
 이 거대한 생명체의 눈으로 바라본 세상이 어떤지 알면 참 멋지지 않을까? 평생 변치 않는 자리부터 (뇌가 땅속에 박힌) 그 신체 구조와 우리보다 약 1000배는 느린 성장 속도까지, 나무의 세상은 정말 우리와 많이 다르니까. 물론 우리와 닮은 점도 아주 많다. 너도밤나무를 비롯한 많은 종의 나무가 무척 사회적인 생물이다. 나무는 자손을 잘 보살피고 가족이 옹기종기 모여 산다. 노인도 보살핌을 받고, 모두가 힘을 모아 혼자서는 힘든 많은 일을 해낸다. 그러기에 하나의 숲 공동체는 (우리 인간은 아무리 노력해도 아직 못 하는 일인데) 기온을 떨어뜨리고 구름을 만들어 세계적 추세에 맞서 지역 기후를 적극적으로 바꾼다. 우리 인간은 계속해서 기온을 올리기만 하는데 말이다. 또 나무는 부지런히 소통한다. 자기들끼리는 물론이고 심지어 동물과도 소통한다.

그사이 우리는 숲에 관해 다양한 지식을 얻었다. 숲이 기후 위기와 환경 위기 극복에 크게 이바지한다는 것도 대부분이 아는 사실이다. 그런데도 여전히 세계 곳곳에서 오래된 숲을 베어내고 있으며, 벌목을 방지하려는 노력은 턱없이 부족하다. 늙은 나무의 보호는 고래 보호만큼이나 시급한 일이다. 둘 다 우리의 연민을 자아내지만, 아무래도 고래가 진화적으로 우리와 훨씬 가깝다 보니 이해하기도 더 수월하다. 덕분에 고래는 일찍부터 철저한 보호 조치가 이루어져 1980년대부터는 소수의 예외를 제외하고 사냥을 금지하고 있다. 나는 오래된 숲에도, 특히 늙은 나무들에도 같은 조치를 바란다. 따라서 나는 이 책에서 나무에게 목소리를 선사하고 싶다. 그런 목적이라면 우리에게 자신의 삶을 들려줄 늙은 너도밤나무보다 더 적임자가 있을까? 게다가 그 인생사가 사실이라면?

그런 이야기를 글로 옮겨보자는 바람은 이미 오래전부터 품고 있었다. 하지만 동화를 쓰자는 것이 아니기에 쉬운 작업은 아니었다. 나는 나무의 관점에서 나무와 관련된 온갖 놀라운 사실을 지금 그 나무라면 어떻게 행동했을지 상상해 들려주고 싶었다. 그러나 당연히 너도밤나무는 사람의 말을 모르고, 사람이 쓰는 그 많은 개념을 머리에 담고 있을 리 없다. 따라서 조금 더 정밀하게 접근하려 했다. 내가 늙은 너도밤나무의 대필작가가 되어 나무의 삶을 인간의 언어로 번역하기로 한 것이다. 물론 최대한 사실에 바탕을 두려 한다. 지식의 빈틈은 지금까지 알려진 사실에 맞는 상상으로 메웠다. 그러나 이미 과학의 발견은 믿을 수 없을 정도로 풍성하기에 첫 페이지를 읽고 나면 벌써 눈을 비비며 내가 방금 설명한 내용이 사실의 길에서 벗어나진 않았나 의심이 들 것이다. 따라서 이야기를 마친 후에는 각 장과 관련된 과학적 연구 결과를 출처와 함께 소개했다. 흥미가 동하면 그 출처를 통해 해당 주제를 더 깊이 파고들 수 있을 것이다. 과학적 논의의 빈틈과 현황 역시 상세히 조명하려 한다.

  이 책에서 인생 이야기를 털어놓을 너도밤나무는 실존하는 나무다. 내가 1991년부터 거의 하루도 빼놓지 않고 찾아가보는 우리 산림관리인 관사 뒤편의 산림보호구역에 떡하니 서 있다. 나이가 이백 살 넘었고 한 번도 그 자리를 떠난 적이 없어도, 그의 삶은 절대 따분하지 않았다. 그는 거기 서서 우정을 맺었고 온갖 위기를 무사히 넘겼으며, 정교한 소식통을 통해 저 먼 숲에서 일어난 사건들을 전해 들었고, 요즘은 우리 인간이 불러온 생활 공간의 변화를 마주하고 있다.

  자, 이제 지구에서 가장 매력적인 생명체 중 하나인 나무의 매력에 푹 빠져보자. 지금껏 몇백 년이 넘는 긴 시간 동안 그가 걸어온 길을 우리 함께 걸어보자.

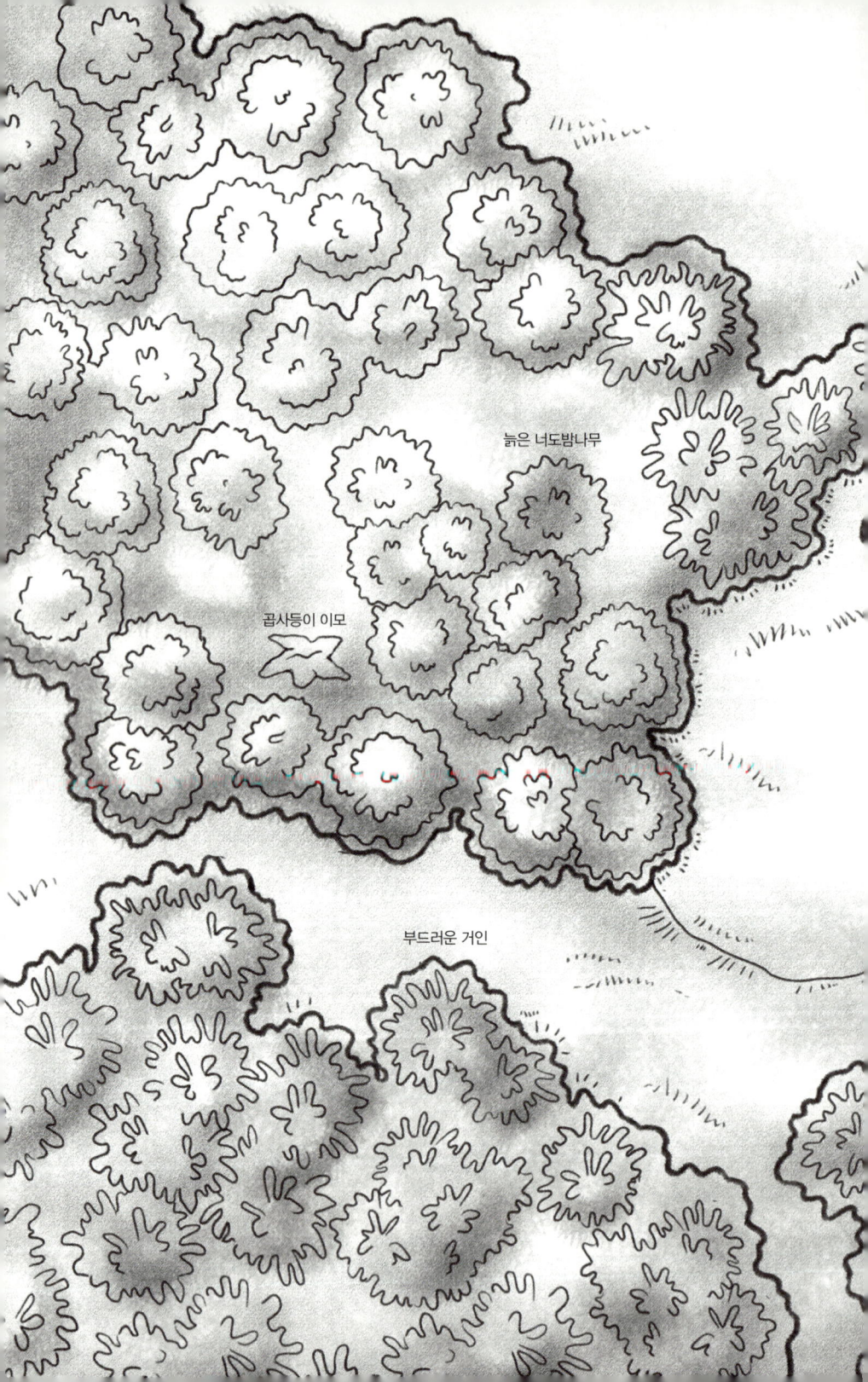

Buchenleben

1부

너도밤나무가 들려주는 이야기

01

때가 되었으니……

내 아이들아, 작별을 준비할 때가 왔구나. 이백 번이 넘는 여름 무더위를 견뎠더니 나도 이제는 뼈마디가 쑤신단다. 균류가 상처를 타고 들어와 속에서 나를 파먹기 시작했어. 이제 더는 이 하얀 병균을 막을 수가 없구나. 갈라진 내 피부를 보렴. 이 병이 마지막 단계에 왔다고 말해주는 반달 모양 버섯들이 피부에 빼곡히 박혀 있잖니. 얼마 남지 않았어. 몇 달 못 가 내 가지는 부러질 테고 나는 잎이 없어 굶어 죽을 거야. 또 딱따구리가 인정사정없이 내 뼈에 커다란 구멍을 내는 통에 벌레들이 몰려와서 소리 없이 내 속살을 갈아 먼지로 만들고 있지.

그래도 나는 화가 나지 않아. 멋진 삶이었고, 이제 내가 물러나면 너희가 더 빨리 자랄 수 있을 테니 무척 기쁘단다. 내가 그늘을 드리우지 않으면 햇빛을 두고 어마어마한 경쟁이 벌어질 거야. 준비 단단히 해! 다른 나무의 아이들도 이 기회를 놓치지 않으려고 애쓸 테니까. 너희는 형제자매니까 앞으로도 지금처럼 서로 도우며 살아야 해. 너희 옆에 바짝 붙어 있어서 나도 은근 걱정이 되는 다른 나무의 아이들이 한둘이 아니란다.

특히 잎이 좁고 검푸른 색을 띠는 나무의 아이들이 너희 사이로 비집고 들어와 한 해 두 해 해를 거듭하며 조용히 자리를 넓혀가고 있어. 녀석들의 가지는 필요 이상으로 빛을 빨아들이니까, 숲 바닥이 더 환해지면 곧바로 위로, 위로 뻗어나갈 거야. 그러니까 너희가 먼저 정신 바짝 차리고서 연결망을 잘 활용해야 해. 이모들이 건네는 특별 보너스 당분을 열심히 받아먹으면 잘 자랄 수 있단다.

그래도 아직은 시간이 조금 남았으니까, 우리 어머니가 작별을 앞두고 그러셨듯, 나도 그 시간을 잘 활용하고 싶구나. 조상님께 배운 지혜는 내 이미 너희에게 몽땅 건네주었단다. 너희는 미처 알아채지 못했겠지만, 너희 몸에는 태어나는 순간부터 그 지혜와 내 모든 경험이 박혀 있어. 하지만 다시 한번 그 모든 이야기를 너희에게 들려주려 해. 그래야 언젠가 필요할 때 너희가 그 지혜를 얼른 떠올릴 수 있을 테니까.

02

세상의 빛

내 삶의 처음을 나는 아직도 생생히 기억할 수 있단다. 처음에는 온 세상이 깜깜했지. 기분 좋게 촉촉하고 폭신폭신하며 아늑한 암흑이었어. 이제 막 삐져나온 뿌리 끝으로 나는 더듬더듬 그 어둠을 헤치고 나아갔단다. 너무 시끄럽지만 않았다면 정말로 편했을 거야. 물론 지금은 그것이 물소리란 것을 잘 알지. 또 무엇보다 땅속에 사는 수많은 작은 벌레들이 내는 소리란 것도 알고. 녀석들이 땅속 구석구석을 차지하고 앉아서 쉬지 않고 엄청난 속도로 먹어치우고 다시 배설하고 뒤집어엎고 점액을 처바르거나 어린 아기 나무의 뿌리를 공격했거든. 쓱쓱, 쩝쩝, 탁탁, 끽끽, 웅얼웅얼, 온 사방에서 소리가 들려왔지.

그러니까 정말로 시끄러웠지만, 나는 그 소란한 틈에도 호기심이 넘쳐서 내 작은 뿌리를 땅속 깊이 밀어넣었단다. 그러다 보니 놀랍게도 내 뿌리 끝에서도 탁탁 소리가 나기 시작했어. 그와 동시에 내가 몸을 펴고 기지개를 쭉 켜는데, 특히 위쪽이 한껏 몸을 펼 수가 없어서 답답했단다. 그래도 있는 힘을 다해 첫 잎을 매단 싹을 밀어올렸지. 그러자 어느 순간 마지막 지층이 와락 무너졌고, 온 세상이 눈부시게 환해졌단다. 얼마나 놀랐던지, 얼른 도로 땅으로 기어들어 가고 싶었지. 하지만 아무리 용을 써도 싹을 도로 아래로 돌릴 수는 없었어. 너희가 듣기에는 웃기는 소리일 거야. 우리의 지상 기관을 땅속으로 자라게 할 수 없다는 건 너무도 당연한 이치니까. 하지만 그때는 처음이라 그저 따가운 봄볕한테서 얼른 달아나고 싶은 생각뿐이었지. 그래도 해가 한 번, 두 번 뜨고 지니까 잎에 붙은 내 눈도 눈 부신 빛에 어느 정도 익숙해졌단다.

그런데 충격에서 헤어나와 주변을 좀 살필 수 있을 정도가 되기도 전에 맛이 느껴졌어. 달콤한 실딩 맛이었어! 낭분이 잎에서 연하디연한 뿌리 끝까지 내 혈관을 타고 흘렀던 거야. 그제야 그동안 내내 내가 얼마나 배가 고팠는지 깨달았지. 아직 잎을 매달지 않은 큰 나무들 너머에서 태양이 하늘로 솟아오르는 동안에는 내 혈관을 채운 달콤한 당분의 물결이 점점 거세졌지만, 태양이 하루 여행을 마치고 이웃 언덕 너머로 다시 사라지자 어둠이 찾아들면서 당분의 강물도 그치고 말았지. 그래서 나는 잎에 와 닿은 햇빛이 허기를 달래준다는 걸 깨달았어. 얼마 지나지 않아 엄청난 피로가 몰려왔고, 나는 깊은 잠에 빠졌

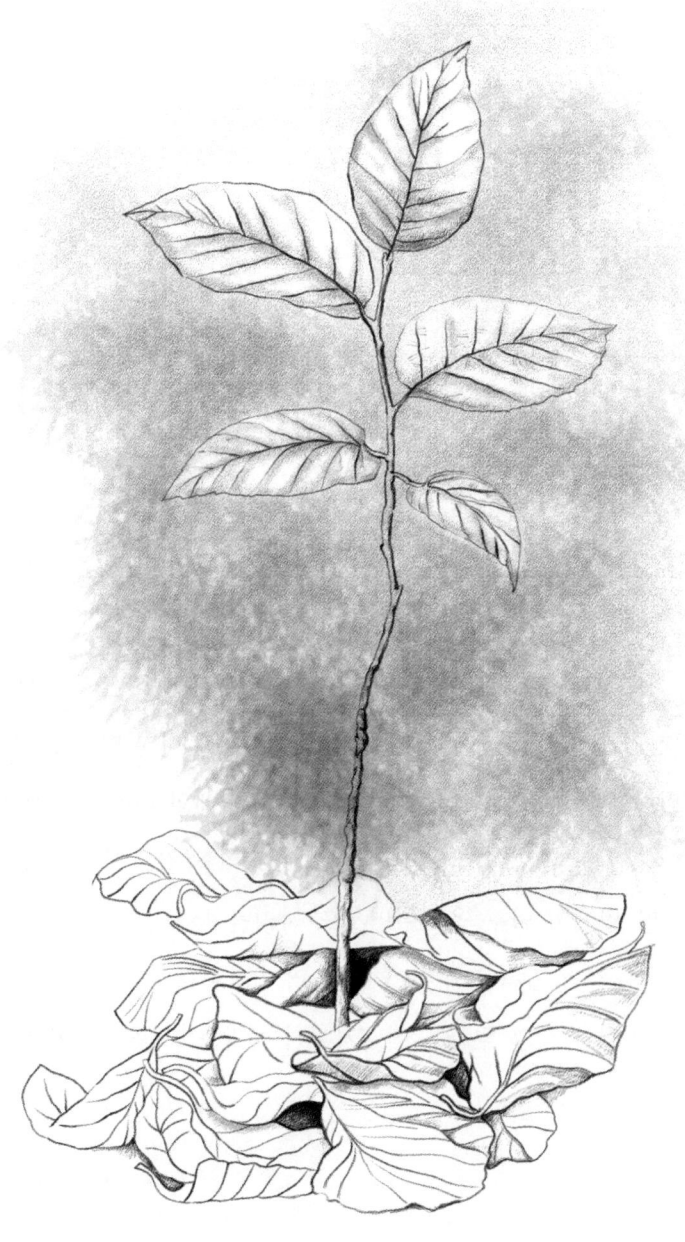

다가 날이 밝아서야 다시 깨어났단다.

한낮의 환한 빛에 어느 정도 눈이 익숙해지자 주위가 보이기 시작했지. 나는 혼자가 아니었어. 수천은 아니더라도 수백 그루의 아주 작은 나무들이 숲 바닥을 뒤덮고 있었거든. 내 바로 옆에도 오글오글 모여 있었어. 작은 잎을 빛 속으로 뻗은 녀석들도 많았지만, 막 잎을 내밀거나 이제 겨우 껍질에서 기어나온 녀석들도 있었지. 그런데 그 순간 숲 바닥을 지나 내게로 어떤 맛이 밀려왔어. 무슨 맛인가 하면, 가족? 그래 맞아, 가족이야! 그 말이 내가 뿌리 끝으로 빨아들인 첫 단어이자 가장 중요한 말이었단다.

그래서 나도 곧바로 향기의 합창에 끼어들어 땅속 '가족!'의 향기를 피드몄지. 이제는 지하에서 들리는 다른 탁탁 소리가 어디서 오는지도 깨달았어. 바로 내 형제자매의 뿌리 끝에서 나는 소리였단다! 그렇게 소리를 내서 서로의 앞길을 가로막지 않고, 땅 밑에서 마구 움직이면서도 자리를 두고 다투지 않았던 거야. 그날의 감격은 무리가 점점 커지던 며칠 내내 이어졌지. 하지만 땅을 뚫고 잎을 밀어내기까지 정말로 오랜 시간이 걸린 녀석들도 많았어.

좋은 시절이었지. 아무 걱정 없이 그저 신이 났으니까. 처음 본 신기한 것들이 너무너무 많았어. 땅 위에 사는 초록색이 아닌 것들은 대부분 빨라도 너무 빨라서 제대로 알아볼 수조차 없었지. 귀신처럼 휙 왔다 가는데도 부드러운 땅에는 깊은 발자국을 남겼어. 물론 가끔이지만 아주 잠깐 동작을 멈출 때도 있어서 생긴 모습을 기억에 새기기도 했어. 기어다니는 작고 반짝이는 것들은 움직여도 거의 소리가 안 났고, 훨씬 덩치가 크고 털이 달린 것들은 땅을 쾅쾅 밟으며 빠르게 달려가는 통에 땅속으로 둔탁한 진동을 일으켰지.

처음으로 큰 위험을 겪은 것도 그때야. 바짝 마른 잎에서 바스락 소리가 난다 싶었는데 어느새 나와 내 형제자매의 머리 위로 긴 그림자가 생겼어. 네 발로 걷는 큰 갈색 짐승이 잠깐 우리 머리 위쪽에 서 있었는데, 아차 하는 순간 녀석이 사라지면서 수많은 내 형제자매들도 같이 사라져버린 거야. 하지만 완전히 없어지진 않았어. 그건 아니야. 형제자매들의 울음 냄새가 오래오래 풍겼거든. 그 짐승이 잎만 훔쳐먹었던 거지.

그래도 어떻게 도와줄 방도가 없었어. 갓 태어난 아기들은 잎이 없으면, 그러니까 땅 위로 솟아 나온 몸뚱이가 없으면 살아남을 수가 없거든. 점점 약해져가는 냄새가 며칠 더 땅 위를 떠돌면서 몸이 잘려나간 형제자매들이 도와달라 애걸하는 메시지를 전했지만 아무 소용 없었어. 아직 무사한 형제자매가 제법 남아 있었지만, 이미 무리의 크기는 눈에 띄게 줄고 말았지.

그날의 충격에서 간신히 마음을 추슬렀나 싶던 어느 날 문득 누가 나에게 와서 똑똑 노크를 했어. 하긴 노크는 틀린 말일 거야. 내가 받은 느낌은 그저 뭔가가 궁금해서 살짝 나를 건드린 정도였으니까. 아니, 잎을 건드린 게 아니고 뿌리였어. 뭐랄까, 기대되는 약속 같은 그런 맛이 났지. 내가 용기를 내어 문을 열어주면 단맛의 작은 강물로 변할 것 같은 그런 약속 말이야. 버틸 이유가 없었지. 문을 열자 미처 정신을 차리기도 전에 털 달린 생명체가 내 작은 뿌리 속으로 밀고 들어왔지. 아니야. 아프지는 않았어. 전혀 아프지 않았어. 약간 가려웠어. 간질간질하기도 했고. 그 느낌이 점점 온몸으로 퍼져나갔지.

그 털 달린 녀석이 수없이 많은 가는 실로 내 뿌리를 칭칭 감쌌어. 물론 힘껏 조른 건 아니고. 그러고는 땅속 작은 구멍에서 빨아올린 물로 나를 촉촉이 적셔주었지. 어찌나 편하던지 내 여린 잎사귀들을 여기 이 아래로 도로 끌어내리고 싶을 정도였다니까. 누가 봐도 실을 자아내는 이 녀석은 환한 빛이 비치는 땅 위로 올라갈 것 같지 않았거든. 이 녀석도 덩치 크고 잽싼 그 도둑들이 무서운 걸까?

우리 형제자매들이 당한 험한 일을 내 눈으로 목격하고 나니 땅속에 숨자는 생각도 영 나쁘지만은 않아 보였어. 하지만 무슨 짓을 해도 줄기를 아래로 자라게 할 수는 없는 노릇이었지. 나는 긴장한 나머지 숨을 꾹 참았어. 잎사귀 밑면에 붙은 수많은 작은 입을 꽉 다물어버렸지. 그러자 숨이 차서 뿌리로 더 힘껏 숨을 들이켤 수밖에 없었고, 얻은 '소득'이라고는 내 첫 이파리에서 흘러나오던 달콤한 물결이 점점 약해지다가 결국 말라붙고 만 것뿐이었지.

　배가 고파서 기분이 무척 안 좋았지만, 그보다 더 기분 나빴던 것은 공포였어. 나는 서둘러 다시 입을 열었고, 달콤한 강물이 다시 흘러들어 왔지. 그런데 이제는 아까만큼 물결이 거세지가 않았어.

그때만 해도 아직 몰랐단다. 처음의 그 며칠이 내 어린 시절의 가장 아름다운 날들이었다는 것을. 태아 시절에 저장해두었던 기름과 당분이 영양을 많이 공급해주었으니까 말이야. 그 저장창고가 바닥이 나자 뿌리와 피부로 고통스러운 허기가 퍼져나갔지. 온몸이 쑤시고 아파서 그 달콤한 강물을 다시 흐르게 하려고 얼마나 발버둥을 쳤는지 몰라. 잎의 방향을 바꾸어야 할까? 잎에 붙은 입들을 다시 한번 꽉 다물어야 할까? 모조리 한꺼번에?

　그렇게 보름달이 떴다가 지고 다시 떠오른 어느 날, 근처에 있던 나보다 조금 더 나이 많은 언니한테서 나는 배가 고픈 이유를 알게 되었지. 언니는 그게 내 탓이 아니라, 빽빽한 이파리 지붕으로 햇빛을 가린 어머니들 탓이라고 말했어. 어머니들? 주변의 어떤 나무가 어머니지? 어머니라면서 왜 나를 굶겨 죽이려고 할까?

너무 궁금한 나머지 뿌리 끝이 덜덜 떨렸어. 바람에 흔들리는 큰 나무들의 가지를 헤치고 저 위에서부터 내려오는 귀한 빛에 어서 다가가려고 나는 안간힘을 썼단다. 거기까지 갈 수 있으면, 이 어머니들을 지나쳐 그 위까지 당도할 수 있으면 내가 바라는 만큼 당분을 얻을 테니까 말이야.

하지만 배가 워낙 고파서 몸을 뻗을 힘도 남아 있지 않았어. 나는 하루 대부분을 꾸벅꾸벅 졸며 보냈단다. 그래도 밤에 몇 시간 푹 잘 때는 허기를 느끼지 못했으니 그나마 다행이었지. 주변 형제자매들도 비슷한 듯했어. 태어나자마자 느꼈던 감격은 사라진 지 오래였고, 가족의 맛은 몇 차례 소나기에 더 아래 지층으로 씻겨 내려가버렸지.

03

거대한 어머니들

자다가 화들짝 놀라서 눈을 뜨고 칠흑같이 어두운 밤을 바라보았어. 주변의 다른 식구들은 아직 잠에 취해 있는데, 내 뿌리에서 무언가 이상하게 꼼지락거리는 기분이 들었거든. 그 정체 모를 도둑놈이 돌아와서 이번에는 땅 밑에서 내 뿌리를 먹어치우는 걸까? 나는 더럭 겁이 나서 입들을 활짝 열고 구조를 요청하는 향기를 흘려 내보냈어. 하지만 미처 대답의 향기를 맡기도 전에 꼼지락거리던 그 무언가가 내 뿌리를 툭 건드리더니 곧바로 내 뿌리와 하나가 되어버렸어. 그것이 나를 꽉 붙들었고 나는 너무 놀라 온몸이 굳어버렸지. 너무 흥분한 탓에 처음에는 내 몸으로 포만감이 퍼져나가는 것조차 알아차리지 못했단다. 연결된 뿌리를 통해 당분이 흘러들어 왔거든.

아주 천천히 불안이 잦아들었고, 정신이 번쩍 났어. 그

동안 내내 되풀이되었을 메시지가 그제야 내 의식으로 들어왔지. "아가, 안심해라." 그러는 사이 해가 떴고, 나를 부여잡은 낯선 뿌리들이 온 방향을 쳐다보았단다. 몇 미터 옆에 거대한 나무 한 그루가 서 있었어. 나무 이파리들이 까마득히 높은 곳에서 햇빛을 받으며 바람과 노닐고 있었지만, 너무 높은 탓에 내 눈에는 어른거리기만 했지. 회색 피부는 매끈했고 여기저기 옅은 반점이 찍혀 있었으며 땅 바로 위쪽은 벨벳처럼 부드러운 초록색이었단다. 내가 무슨 생각을 하는지 읽을 수 있기라도 하듯 나무가 내게 신호를 보냈어. 자기가 내 어머니라고 말이야.

　　어머니? 어머니라면 우리 아기들을 굶기는 바로 그 나무들? 누가 봐도 나무는 내 생각을 읽을 수 있는 것 같았어. 연이어 바로 다음 메시지를 보냈거든. "겁내지 마라. 내가 널 낳았으니 널 보살피고 키울 테니까." 그 말을 듣자 정말로 마음이 푹 가라앉았어. 물론 그때만 해도 '낳았다'는 말, '어머니'라는 말이 무슨 뜻인지 제대로 이해하지 못했지만 말이야. 사실 따지고 보면 나는 혼자서 세상에 나왔잖아. 하지만 계속해서 기분 좋은 맛과 함께 당분이 흘러들어 왔으니, 굳이 더 이상 설명은 필요치 않았지. 그래서 나는 그해 그 첫 여름에는 앞으로도 평생 이렇게 편안하게 살 수 있으리라는 착각에 푹 빠져 있었단다.

　　하지만 그 전에 먼저 내가 처음 맞이한 봄 이야기부터 해야겠구

나. 봄이 시작될 무렵부터도 나는 어머니의 낙엽 덕분에 돌연사 위험을 무사히 넘길 수 있었단다. 내가 태어나고 며칠 후에 날씨가 갑자기 무지하게 추워졌거든. 아침에 해가 비치자 바로 옆 빈터가 반짝이는 수정의 바다로 변했어. 이슬방울이 모조리 얼어서 얼음 결정이 되어버렸지. 낮이 되어 얼음이 녹자 수많은 나무의 잎들이 고개를 툭툭 떨구었어. 누가 봐도 꽁꽁 얼었거나 심하게 다친 것이었지. 얼음이 잎을 갈기갈기 찢어서 걸쭉한 녹갈색 덩어리로 만들어버린 거야. 하지만 여기 숲에서 태어난 우리는 낙엽 속에 푹 파묻혀 있으니까 훨씬 더 따뜻했어. 땅 가까운 곳에서는 온화한 공기가 갓 태어난 어린 나무들을 휘감았고 저 위에서는 어머니 나무의 잎 지붕이 차가운 공기가 들어오지 못하게 막아주었거든.

달이 뜨고 지고를 반복하는 동안 나날이 기온은 올랐고 대기는 더 건조해졌지. 매일매일 숲 위로 파란 하늘이 펼쳐졌지만 우리는 어머니들의 울창한 나뭇가지 탓에 그 틈으로 조각난 자투리 하늘밖에 볼 수가 없었어. 그래도 구름이 없다 보니 주변이 더 환했고, 그건 우리 이파리에서 아주 조금이나마 당분이 더 늘어난다는 뜻이었지.

하지만 화창한 날씨가 길어질수록 땅은 말라갔어. 아무리 당분이 맛나면 뭐하겠어? 양이 줄어드는데 말이야. 우리 아기 나무들은 서서히 불안해졌지. 그리고 우리 뿌리로 땅속 작은 물방울이 흐르는 소리를 어떻게 듣는지 열심히 배웠어. 나지막하고 부드러운 소리였는데, 그걸 찾아내면 조금이나마 시원하게 목을 축일 수가 있었거든. 하지만 날이 갈수록 그런 물방울마저 귀해졌어. 작디작은 구멍까지 다 더듬어봐도 나오는 게 거의 없었으니까.

아무리 작은 습기도 우리보다 훨씬 잘 찾아내는 균류, 그 털북숭이들마저 한계에 도달했어. 온몸이 욱신욱신 쑤셨고, 싹에 매달린 잎이 고통에 겨워 위로 말려 올라갔지. 말라 죽을까 봐 겁이 나서 몇 개 되지도 않은 잎을 버려버리는 아기 나무도 많았지만, 나는 그럴 힘조차 없어서 낮이고 밤이고 비몽사몽 졸기만 했어.

어느 날 밤에 한잠 들었다가 깼는데 문득 주변 땅이 촉촉해진 거야. 나는 내 몸 곳곳이 물무 사 빵빵해질 때까지 허겁지겁 물을 들이켰어. 그러고는 흡족하게 위를 올려다봤지. 하늘에 별이 초롱초롱했어. 세상이 다시 아름다워졌구나! 가만, 구름도 없고 비도 내리지 않았는데 땅이 촉촉하다고? 에이, 아무려면 어때. 나는 그 순간을 즐기다가 다시 단잠에 빠져들었지.

가뭄은 끝날 줄 몰랐고, 우리 아기 나무들은 간간이 심한 갈증에 시달렸지만, 그 첫날 밤의 기적이 주기적으로 되풀이되었어.

공포는 사라지고 대신 우리는 물이 언제 또 올까 초조하게 기다리기만 했지. 평소에는 한 번 잠들면 아침까지 푹 잤는데, 보름달이 떴다 지고 다시 뜬 어느 날, 나는 또 한 번 자다가 깜깜한 어둠 속에서 눈을 떴어.

그날도 내 뿌리 주변으로는 땅이 촉촉했는데 하늘에는 별이 반짝거렸지. 나는 뿌리가 닿는 곳마다 기분 좋게 물을 빨아들였어. 그러다가 우연히 그 물의 원천을 알게 되었지. 우리 어머니의 뿌리 사이에서 물이 콸콸 솟아올라 땅의 구멍으로 들어가는 거야. 누가 봐도 어머니가 어두운 밤에 더 아래쪽 지층에서 물을 펌프질해 끌어올리는 것 같았지. 하지만 이제 나는 알아. 그 생각은 착각이었어. 진짜 수원(水源)은 다른 초록 거인들이었거든. 하지만 그 이야기는 조금 뒤에서 다시 하기로 할게. 그 순간부터 물을 마실 때마다 나는 어머니를 향한 진한 사랑과 고마움을 느꼈어. 가을이 되자 어김없이 비가 내리기 시작했지만, 어머니를 향한 나의 마음은 변하지 않았단다.

그래서 우리 아기 나무들은 최고의 보살핌을 받고 있다고, 안전하다고 느꼈고, 가을이 되자 서서히 피로가 몰려와서 편안한 겨울잠에 빠져들고 말았지. 그래야 이듬해 봄에 다시 걱정 없이 숲을 탐험할 수 있을 테니까 말이야.

꿈도 없는 긴 잠에서 천천히 깨어났어. 나는 숲속에 있었고 그곳에 어머니가 서 있었으며 내 주위로 다른 아이들이 서 있었지. 드디어 위로 뻗어 올라가도 되겠구나. 싹을 위로 밀어올리고 해를 향해 자랄 수 있겠구나. 우리는 그렇게 생각했어. 하지만 어머니가 주는 당분의 물결이 너무도 약해서 깨어나는 순간 느꼈던 그 환희가 금세 고통스러운 허기에 밀려 종적을 감추고 말았지. 잎에 떨어지는 빛도 너무 적어서 당분을 더 마시고 싶은 욕망을 도저히 채울 수가 없었어.

어쩌지? 방금만 해도 힘이 넘치고 안전하다고 느꼈는데, 갑자기 다시 혼자가 되어 굶어 죽을 위기에 처했던 거야. 다행히 나는 혼자가 아니었어. 태어나 두 번째 맞이한 봄에 나와 같은 경험을 할 수밖에 없어서 칭얼대는 어린 나무들이 내 주위로 한둘이 아니었으니까.

어쨌든 어머니는 허기가 특히 심한 날에 살짝 당분을 주기는 했지만, 잎으로 적어도 백 번의 여름을 견뎌야 한다는 경고도 잊지 않으셨지. 백 번의 여름이라니! 이 한 번의 여름도 이렇듯 고통스러울 만큼 천천히 가는데 백 번을 더 견뎌야 한다니. 우리는 낮 동안 우리를 감시하는 어머니의 울창한 지붕을 뚫고 아주 잠깐 우리 잎사귀 위를 휙 스쳐 지나가는 그 희미한 햇빛이나마 늘 애타게 기다렸어. 이 기나긴 기다림이 앞으로 남은 기나긴 삶을 준비시켜줄 것이고 촘촘하고 튼튼한 뼈와 질병을 막는 강한 저항력을 키운다고 하니 말이야.

어쨌거나 작년에 갓 태어난 우리 형제자매들을 잡아먹었

던 그 무서운 도둑들은 이제 우리한테 별 관심이 없는 것 같았어. 어떨 때는 우리 틈에 와서 털썩 주저앉을 때도 있어서, 생김새를 자세히 볼 수가 있었지.

그때는 그 녀석들이 노루라는 사실을 아직 몰랐어. 녀석들의 생김새를 어떻게 설명해야 할까? 떡 벌어진 갈색 몸통에 다리가 네 개 붙었고 긴 목에는 큰 머리가 달려 있지. 그 머리통에 난 구멍으로 잎과 싹을 꺾어 먹어치울 수가 있는데, 제 몸에는 초록 잎을 매달지 않았으니까 당연히 기생충이라 불러도 좋을 거야. 몸통에는 가지와 잎 대신 털이 자라는데, 우리 털북숭이들의 털보다는 훨씬 짧아. 가끔 다리를 구부려 꺾고 잠깐 땅에 눕기도 하지만 얼마 안 있어 벌떡 일어나서는 바람처럼 휙 사라져버리는데, 그럴 때는 낮은 소리로 짖기도 하더라고.

노인 나무들은 그 노루를 '갈색 죽음'이라 부르고, 녀석들이 너무 많은 아기를 죽이니까 무서워해. 언젠가 어머니가 말씀해주셨지. 그 녀석들을 막을 무기는 하나밖에 없다고. 낮에도 빽빽한 잎으로 빛을 가려 숲 바닥을 깜깜하게 만드는 수밖에 없다고 말이야. 왜 녀석들이 어두우면 우리를 죽이지 못하는지는 어머니도 모르셨지만, 나중에 나는 바로 옆 빈터를 보고서 답을 알게 되었단다.

하지만 그 이야기는 나중에 하기로 하고 지금은 곱사등이 이모 이야기부터 들려줄까 해.

04

늙은 선생님

우리 곁에는 내 형제자매와 다른 나무의 아이들, 청소년 나무, 어머니 나무들만 사는 게 아니었어. 가엾은 생명체도 하나 있었지. 얼른 보면 나무같지 않았는데, 땅 위로 삐져나온 몸통과 가지는 물론이고 이파리 하나도 없었거든.

하긴, 몸통이 없다는 말이 다 맞지는 않아. 울퉁불퉁, 불룩불룩하게 조각난 자투리 나무들이 회색 돌처럼 큰 원을 그리며 줄지어 있어서, 그것이 한때는 거대하고 당당한 나무였다고 말하고 있었으니까. 하지만 지금은 이렇게 쪼그라들어 보잘것없는 덩어리가 되고 말았지. 아마 언젠가 폭풍에 쓰러지면서 땅 바로 위쪽이 잘려나갔던 것 같아.

남은 그루터기마저 몇백 년 세월이 흐르는 동안 균류와 작은 벌레들에게 갉아먹혀서 갈색의 작은 덩어리만 남게 된 거지. 가장자리에만 살짝 목숨이 붙어 있는 피부와 그 아래 약간의 뼈가 남아 있어서, 이 불쌍한 생명체는 그것으로 겨우겨우 다가오는 죽음과 계속 맞서 싸우고 있었어.

물론 땅속이라고 해서 사정이 더 나아 보이지는 않았지. 거대하던 뿌리는 어느 결에 사라지고 기는줄기 몇 가닥만 드문드문 남아서, 더는 더듬더듬 주변 탐색에 나서지도 않았어. 저렇게 늙은 우리 어머니의 뿌리도 호기심을 잃지 않고 연신 탐색을 하고 계시는데 말이야. 그 생명체의 뿌리는 꼼짝도 하지 않고 가만히 있거나, 설사 자란다고 해도 우리가 알아차릴 수 없을 정도로 속도가 느렸지. 저런 상태로 어떻게 살아 있을 수 있을까? 잎이 없으면 결국 당분도 없으니 제아무리 튼튼한 초록 거인이라 해도 힘을 앗아가는 기나긴 잠을 자고 나면 생명이 다하고 말 텐데 말이야. 하지만 그 생명체는 누가 봐도 아주아주 오랫동안 생존 투쟁을 해온 듯했어. 예전에 부러져 땅에 누운 몸통조차도 이미 남아 있지 않았거든. 오래전에 숲의 흙이 되어버린 거지.

이 곱사등이는 대체 어떻게 양분을 얻었을까? 누가 단물을 주는 걸까? 대답은 상당히 간단하지만, 알고 나면 화가 나기도 해. 우리도 땅속에서 느낄 수가 있었거든. 곱사등이 이모(우리는 무례하게도 그 생명체를 그렇게 불렀단다)는 아기처럼 이웃의 어머니 나무들에게서 뿌리로 젖을 빨아 먹고 있었어. 약하지만 달콤한 물결이 우리 어머니한테서도 그 방향으로 흘러갔고,

나는 왜 어머니가 그 귀한 단물을 아무리 봐도 쓸모라고는 없는 공동체 구성원에게 허비하는지 도무지 이해가 되지 않았지. 정작 어머니의 자식인 나는 매일매일 허기와 사투를 벌이고 있는데 말이야.

비슷한 운명을 겪은 다른 늙은 나무들은 그런 사고를 겪고 나면 얼른 서둘러 그루터기에서 잎을 매단 나뭇가지를 잔뜩 틔워내서 최대한 빨리 다시 양분을 확보하고 새 줄기를 만들려고 애를 쓰는 법이야. 그런데 곱사등이 이모는 전혀 그러지 않았어. 땅에 박힌 이모의 혹 같은 그루터기 조각은 고집불통 같아서 작은 나뭇가지 하나도 만들어보려는 기색이 없었거든. 가지를 안 만드니 잎이야 더 말해 무엇하겠어. 그러니 우리가 어떻게 그녀의 선의를 알 수 있었겠어. 우리 아이들은 이모를 경멸했고 약간 질투도 했지. 우리 어머니가 이모한테 주는 당분을 뺏어 먹고 싶었으니까. 우리 나이 때는 절대 배부르게 얻어먹지 못하거든.

어느 날 뜻밖에도 어머니들이 우리한테 뿌리로 그—지금도 '초록' 거인이라 불러야 할까?—늙은 곱사등이와 접촉하라는 명령을 내렸어. 우리는 고분고분 연약한 뿌리 끝을 곱사등이가 있는 방향으로 뻗었고 마지못해 그녀의 축축한 기는줄기를 건드렸지. 거부감이 워낙 심했던 탓에, 그 할머니가 이제부터 우리를 가르치실 것이니 할머니 말씀에 귀를 기울이라는 어머니들의 경고에는 별로 신경쓰지 않았어.

주변에서 밀려오던 메시지가 서서히 잠잠해졌고, 우리 아이들도 마침내 입을 다물고서 긴장한 채로 곱사등이 이모가 무슨 말을 할지 기다렸어. 처음에는 아무 말도 없었지. 아래쪽 땅구멍에서 꿀럭꿀럭 흐르는 물소리, 꿈틀꿈틀 기어다니면서 죽은 것을 모조리 분해하는 쓰레기 처리반의 바스락대는 소리, 끈적거리는 통로를 파서 그곳을 기어다니며 땅을 환기하는 지렁이들의 쩝쩝대는 소리만 들릴 뿐이었어. 늙은 곱사등이 그루터기는 꼼짝도 하지 않았고 아무 소리도 내지 않았어.

며칠을 기다리다 어머니들에게 항의라도 해야 하나 고민하던 차에 처음으로 메시지가 들려왔지. 목소리는 약했지만, 그녀는 집요하게 우리에게 자기 말을 잘 들으라고 부탁했어. 하지만 특별히 힘이 넘치는 목소리가 아니어서 우리는 그 첫날부터도 곱사등이 이모의 말을 귓등으로 듣고 흘려버렸지. 이모는 대가족이 뭉쳐야 하고 어른들을 공경해야 하며(아, 알았어, 알았다고요!), 가족은 서로 아낌없이 주고받아야 한다는 둥, 그 비슷한 거창한 말들을 계속 주절거렸지. 솔직히 친구들한테서 뜯어먹으며 연명하는 주제에 할 말은 아닌 것 같았어. 지금도 우리 어린 학생들에게서 보물 하나를 뜯어가고 있지 않은가 말이야. 더 재미난 일을 하며 보내고 싶은 소중한 시간을 사정없이 뜯어가고 있으니까.

우리 너도밤나무들은 "참된 자들"이며, 공동체 전체의 행불행을 지키는 숲의 지배자라고, 곱사등이 이모는 말했어. 다른 초록 거인들은 머리가 모자라서 그냥 두면 숲에 혼란이 생길 수 있으므로 제재를 해야 한다고 말이야. 하지만 그녀가 말한 "우리"가 우리 학생들이 아니라는 것도 분명히 밝혔지. 그녀가 말한 우리는 가족이며, 무엇보다 충분한 교육을 받고 자신의 권리와 의무를 완벽하게 인식하면서 공동체에서 자신에게 맡겨진 임무를 다하는 어른 나무들이었지. 수많은 여름을 지나면서 공동체에 크게 헌신한 공이 입증된 구성원은 원로회의 회원으로 선출되는데, 그 원로회의가 원칙을 정하고 위험 여부를 판단하며 사랑 문제에서도 결정권을 갖는 곳이라고 했어.

이 지점에서 다들 귀가 번쩍 뜨였지. 사랑이라니, 비밀스러워서 더욱 흥분되는 주제가 아닌가. 우리 어머니들은 절대 입에 올리지 않고, 다른 어른들도 우리가 엿듣는 것 같으면 얼른 소리를 죽여 속살거리는 주제가 아니던가.

곱사등이 이모는 원로회의 회원 몇 명도 자기 수업을 들었다고 아주 자랑스럽게 말했어. 그중에는 멀리 떨어져 있어서 털북숭이의 도움을 받아야만 수업에 참여할 수 있는 나무들도 있었다고 했지. 앞에서 내 탄생과 관련해 털 달린 뿌리 균류 이야기를 살짝 한 적이 있지만, 사실 이 녀석들은 그보다 훨씬 많은 일을 할 수가 있단다. 뭔지 궁금하겠지만 조금만 기다려줘. 그 이야기는 나중에 들려줄 테니까.

가족의 막내로 사는 것이 생각처럼 그렇게 따분하지만은 않았어. 수업이 끝나도 아직 하루의 반나절이 남았으니까. 해가 높이 뜰수록 우리는 더 간절히 그 반나절을 기다렸지. 주변에 신기한 것이 너무 많아서 우리는 열심히 둘레둘레 살피고 귀를 쫑긋 세워 들어도 보고 킁킁 냄새도 맡아보았지. 커다란 숲의 먼 세상에서 온 메시지들이었으니까. 똑같은 훈계를 듣고 또 듣는 것보다야 훨씬 훨씬 더 재미있는 일이었으니까.

05

숲에서 날아온 소식

해가 중천에 뜨면 우리는 곱사등이 이모의 수업에서 풀려났어. 뿌리는 여전히 이모와 연결되어 있었지만, 이튿날까지 이모가 아무 말도 하지 않았거든. 드디어 야생의 숲을 탐색할 시간이 온 거야. 알아차릴 방법만 알면 신기한 것이 너무너무 많았거든. 허공으로, 땅속으로 쉬지 않고 새 소식과 구조 요청과 사랑의 메시지가 도착했으니까 말이야. 한 마디로 숲은 정말 정말 수다쟁이였단다.

    하지만 그런 메시지들을 해석할 방법을 알아내기까지는 몇 번의 여름이 더 필요했지. 우리 나무 아이들 사이에서 누가 누가 숲의 제일 깊은 곳까지 소리를 들을 수 있는지를 두고 경쟁이 벌어졌어. 사건이 일어난 현장에서 멀어질수록 신호의 소리가 약해졌으니까. 우리는 약간의 훈련을 거쳐 어디선가 나무

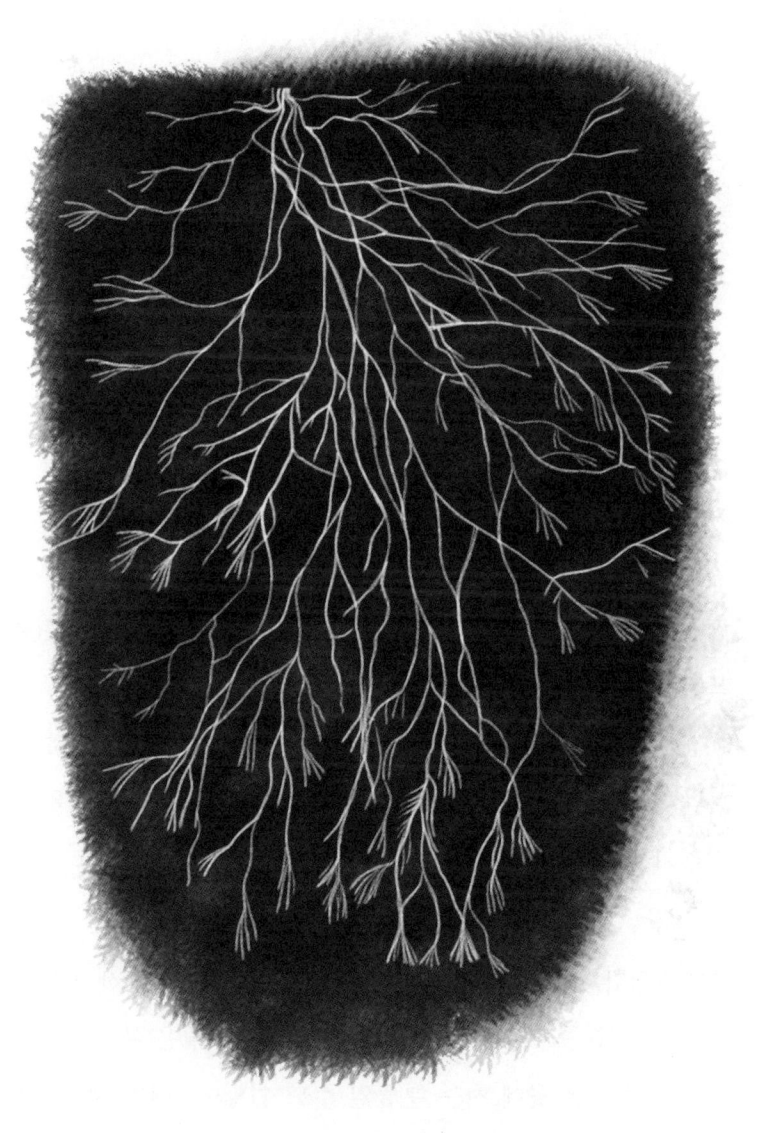

한 그루가 폭풍에 쓰려져 땅에 쾅 넘어지면 그 사실을 느낄 수 있게 되었어. 나무가 쿵 하고 넘어지면 파장같이 가벼운 진동이 땅을 훑고 지나갔거든.

하지만 그런 소음과 진동은 매우 드문 일이었고, 그보다는 우리 이파리 사이를 떠도는 냄새 메시지가 더 잦았지. 도저히 무시할 수 없을 만큼 냄새가 짙었던 경우도 많았는데, 처음에는 어찌해야 할지 몰랐어. 냄새가 다른 초록 거인들한테서 온 것 같았거든.

시간이 흐르면서 차차 이런 구조 요청이 다른 언어로 번역해 가족이 아닌 다른 존재들에게 보낸 메시지라는 사실을 알았지. 아주 특별한 존재, 새들에게 말이야. 새도 갈색 죽음하고 비슷하게 움직일 수 있었거든. 그것도 땅이 아니라 공중을 오갔지. 다행히 새는 대부분 우리를 잡아먹지 않고 오히려 우리를 도와 침략자들을 해치워주었어.

그래서 우리 이모 몇 분도 이 날것들에게 아주 간절히 도움을 청한 적이 있었단다. 잎을 먹어치우는 놈들이 이모들을 습격했기 때문이야. 뿌리 비슷하게 생긴 벌레들이 잎에 들어앉더니 잎을 완전히 먹어치웠거든. 우리는 소식을 듣고 잎을 쭉 내밀어봤지만 침략당했다는 이모들을 볼 수는 없었어. 세찬 바람이 해가 지는 쪽에서 불어왔기 때문에 그 이모들은 우리 시야를 완전히 벗어난 곳에 사는 분들일 수도 있었어. 매일 저녁이면 빛이 지평선 너머로 사라지는 근처 산줄기 뒤편 말이야.

날것들이 이번에도 도와주러 달려왔는지, 우리는 보지 못해서 알 수 없었지만, 우리 근처에서도 그런 일은 자주 일어났어. 날것들을 향해 냄새를 날려 보내면 녀석들이 득달같이 몰려와 잎에서 벌레를 콕 집어냈지. 그러고는 벌레를 꿀떡 삼키고 다시 휙 날아가버렸어.
　　그렇게 나는 형제자매 친구들과 차츰차츰 날것의 언어를 익혀나갔어. 더 정확하게 말하면 언어들이라고 해야겠지. 우리가 냄새로 부를 수 있는 존재는 아주아주 많았으니까. 새 말고도 침이 달린 작은 말벌도 있었어. 달려온 말벌은 벌레를 향해 그대로 돌진해서는 살에 구멍을 뚫어버려. 그럼 한 달도 채 안 되어 벌레는 죽고 그 몸에서 새 말벌이 튀어나왔지.

　　물론 그런 흥미로운 새 소식은 잠깐이고, 대부분은 정말 따분한 수다였어. 우리 눈에 안 보이는 곳에 서 있는 어른 몇 분은 연신 물을 아끼라고 잔소리를 해댔지. 곱사등이 이모 친척인가? 정말 귀찮았어. 재미난 소식을 기대하는 오후까지 저런 훈계를 들어야 한다니 말이야. 분명 그분들은 딱딱한 바위 탓에 토양층이 아주 얇고 땅속으로 밀고 들어갈 수도 없는 그런 곳에 뿌리를 내렸을 거야. 그런 땅은 당연히 물을 많이 저장할 수 없으니까 여름이면 금방 말라버리거든. 당연히 제일 먼저 목이 마를 테고, 다른 식구에게 가뭄에 대비하라고 경고를 했던 거지.

우리는 그런 충고 따위는 무시해버렸지. 우리 뿌리는 깊고 부드러운 땅속에 박혀 있어서 아직 물이 넉넉했거든. 또 혹시 가뭄이 닥치더라도 우리 어머니들이 땅속에서 물을 길어내 우리에게 나누어주리라 믿었어.

냄새도 안 나는데 우리는 그런 먼 곳의 메시지를 어떻게 받았을까? 그 일은 사기꾼 일당이 처리해주었지. 뭐, 하긴 사기꾼이라는 말은 좀 심한 것 같고, '닳고 닳은 거래꾼'이라는 표현이 더 어울리겠네. 상당한 보수를 받고 온 숲에 소식을 퍼트리는 균류 말이야. 뿌리가 닿지 않는 곳으로 소식을 전하고 싶은 나무는 이 털북숭이 무리를 이용했어. 당장 돈이 없으면 빚을 질 수도 있어서, 먼저 메시지 전달을 의뢰하고 나중에 셈을 치르는 거지. 정말 실용적인 방법이었어. 그래서 어머니들은 가을이면 털북숭이 거래꾼에게 주려고 양분을 조금 떼어 옆으로 밀어놓았다니까.

무엇으로 셈을 치르냐고? 지불수단은 우리 모두 갖고 싶은 것이었지. 맞아, 당연히 당분이야. 털북숭이들도 그걸 먹고 살았으니까. 그것도 나쁘지 않았어. 가을에 수금 날이 되면 녀석들은 온갖 색깔로 제대로 된 궁전을 지어 재산을 과시했지. 궁전은 둥근 지붕을 얹은 작은 기둥처럼 생겼는데, 숲 여기저기에 흩어져 있다가 며칠 못 가 와르르 무너졌고 끈적이는 덩어리로 변했다가는 사라지고 말았지. 그 넘쳐나는 당분을 우리도 조금 얻어먹을 수 있다면 얼마나 좋았을까! 하지만 나는 어머니의 뿌리 곁에서 주린 배를 움켜쥐고 참아야 했단다.

어쨌든 소식의 강물에는 우리 아이들도 발을 담글 수 있었어. 덕분에 우리는 안 보이는 먼 곳에서 일어나는 일들도 알 수 있었지. 물론 하릴없는 수다도 많았어. 가령 묵은 빚을 갚으라고 독촉한다거나, 해가 나서 기분이 좋다거나, 이런저런 친척이 무사한지 묻는 그런 메시지들 말이야. 가끔은 공격당했다는 참된 자들의 소식도 있었어. 대부분 갈색 죽음이 원흉이었는데, 봄이면 이 녀석들이 갓난아기만 잡아먹는 것이 아니라 어른 나무의 아래쪽 잎들도 먹어치웠거든. 그런 메시지가 당도하면 우리는 흥분해서 잎을 쭉 뻗고는 그 괴물이 우리 방향으로도 오지 않는지 두리번두리번 살폈단다.

하지만 그보다 훨씬 더 놀라운 소식은 털북숭이들한테 당했다는 이모들의 메시지였어. 털북숭이라고? 맞아. 털북숭이 중에는 실제로 우리한테 좋은 마음을 품지 않은 녀석들도 있었거든. 도움을 청한 어른들의 말을 들어보면 그 녀석들은 뿌리를 통해 우리 뼈로 들어오고, 그렇게 병이 든 나무는 몇 해 여름을 시름시름 앓다가 결국 영원히 생명을 잃는다고 해. 그런 말을 들은 우리는 당연히 혼란에 빠졌겠지. 지금껏 그 부드러운 털에 싸인 우리 뿌리는 무조건 안전하다고 착각하고 있었으니까.

심지어 이 털북숭이 중 다수는 특수요원 킬러였단다. 우리가 직접 눈으로 확인한 적도 있어. 녀석들이 역한 액체를 뿜어내서 무수한 땅벌레들을 쓰러뜨렸거든. 썩어가는 벌레의 몸에서 구역질 나는 악취가 풍겼지만, 얼마 지나지 않아 우리 어머니들이 무척 좋아하면서 신나게 잔치를 벌이는 것 같았어. 심지어 어머니들은 털북숭이에게 감사의 표시로 보너스 당분까지 선물했지. 털북숭이들이 어머니들의 뿌리로 펌프질해준 벌레들의 찌꺼기가 강장제였기 때문이야.

지금은 나도 그런 액체를 음미할 줄 알지만 어릴 때는 맛이 너무 역했어. 물론 어머니는 키도 크고 몸도 튼튼해지려면 그걸 마셔야 한다고 말씀하셨지만 말이야.

시간이 흐르면서 나는 이 세상에는 수많은 종류의 털북숭이가 있고, 그중에는 위험한 녀석도 많지만 우리에게 큰 도움이 되는 녀석도 많다는 사실을 알게 되었지. 그래서 태어나자마자 내 뿌리로 밀고 들어왔던 녀석들을 다시금 신뢰하게 되었단다. 또 다른 종의 균류는 땅속의 연약한 내 뿌리를 감싸고서 내 껍질 피부나 뼈를 먹어치우는 욕심 많은 친척이 다가오지 못하게 막아주기도 했지.

이 '착한' 털북숭이들은 믿을 수 있는 정보원일 뿐 아니라 보수를 받고 당분을 멀리 떨어진 가족에게 날라다 주는 택배기사이기도 했지. 우리가 보낸 당분이 가늘고 하얀 실을 지나 이리저리 옮겨가면, 우리는 그 경로를 좇을 수 있었단다. 털북숭이들은 이 택배 화물을 아무도 무단으로 건드리지 못하게 열과 성을 다해 감시했지. 녀석들이 우리에게 알려주었듯, 실제로 그런 일이 허다하게 일어났으니까. 범인은 스스로 당분을 만드는 척하는 작은 기생 초록이였어. 이 작은 식물이 뻔뻔하게도 택배 화물 속으로 뿌리를 쓰윽~ 밀어넣고는 여기저기에서 슬쩍슬쩍 당분을 훔치거든. 힘이 어찌나 장사인지 털북숭이도 당해내지 못한다고 해.

하지만 우리라고 당분 택배의 덕을 온전히 본 것은 아니었는데, 그건 우리 잘못이 아니었어. 가끔 우리가 너무 빨리 자란다는 생각이 들면 어머니들은 우리 뿌리가 말라비틀어질 때까지 내버려두었지. 우리가 못 자라게 하루 배급량을 줄이는 거야. 우리는 투덜대며 서로 고충을 털어놓았고, 당연히 털북숭이들도 그 소리를 들었을 테지. 그럼 털북숭이들이 당분을 조금 나눠서 초라한 우리 식탁을 보충해주었어. 그렇게 가끔 당분 방울을 얻어먹었는데, 어머니가 주시는 것과는 맛이 전혀 달라서 아주 특이하고 낯설었단다.

털북숭이들은 다른 초록 거인들이 준 음식이라고 설명했어. 서로 음식을 나누고 싶어서 가느다란 균류의 털을 이용해 먼 거리로 음식을 보내는 초록 거인들이 있다고 말이야. 그걸 녀석들이 몰래 조금씩 뚝 떼어두었기에 우리도 그 달콤한 음식을 먹을 수 있었던 거지.

그것 말고도 우리한테는 특별 보너스 단물이 또 있었는데, 일 년에 두 번 친구들과 나는 흥청망청 잔치를 벌였단다. 그 잔치는 우리 어머니들도 막을 수가 없었어. 어머니들은 전혀 몰랐으니까.

06

긴 잠

해가 짧아지면 숲에도 짙은 피로가 번져나갔지. 봄과 여름에 초록으로 반짝이던 잎들이 서서히 누렇게, 혹은 갈색으로 변했어. 태아들은 껍데기를 부수고 나와 땅으로 떨어졌고, 불안한 몇 달의 시간을 조심조심 기다렸지. 그 몇 달 동안 멧돼지한테 들키면 절대 안 되니까. 원래 말수가 적었던 우리 어머니는 이제 거의 나랑 이야기를 나누지 않았고, 말씀을 하신다고 해도 주문처럼 되풀이하던 이 말뿐이었지. "긴 잠을 준비하거라."

준비란 잎을 버리라는 말이야. 어떻게 하는지는 어머니가 직접 보여주셨어. 일단 초록을 도로 피부로 빨아들인 다음 쓸모없어진 노랑 또는 갈색 잎을 툭 밀어버리는 거야. 하지만 그 전에 좀 밥맛 떨어지는 일을 처리해야 했어. 많이 먹으면 언젠가는 몸에 필요 없는 것들을 도로 배설해야 하는 법이지. 우리가

목격했듯 벌레들도 정기적으로 그렇게 했어. 작건 크건 온갖 벌레가 하루에도 몇 차례씩 공 모양이나 원통 모양의 냄새나는 검은 것을 떨어뜨렸거든. 그게 똥이라고, 몸의 배설물이라고 곱사등이 이모가 가르쳐주셨어. 땅에 사는 벌레들은 그것으로 맛난 액체를 만들 수 있지만, 방금 눈 똥은 건강에 좋지도 않고 냄새도 고약했지. 우리 참된 자들도 똥을 싸리라고는 한 번도 생각한 적이 없었는데, 지금, 잎을 떨어뜨리기 직전에 우리도 배설을 하기 시작한 거야.

속에서 알 수 없는 압박감이 여름 내내 커지다가 나뭇가지 속으로 초록이 흐르자 어머니는 그 압박감을 더는 참을 수 없었어. 수관을 타고 더러운 것들이 노랗게 물들어가는 잎으로 흘러갔고, 그러자 어머니는 금방 기분이 좋아졌지. 상쾌한 가을바람이 불 때마다 똥으로 가득 찬 수백 개의 잎이 낮게 드리운 햇살을 받으며 땅으로 떨어졌고, 결국 모든 가지가 잎을 버리고 헐벗었어. 만세! 이제 어머니들은 아무것도 볼 수 없었어. 하긴 볼 수 있다고 해도 소용없었지. 이미 곤히 잠들었으니까 말이야. 하지만 나와 내 친구들은 여전히 초록 잎을 매단 채였고, 무엇보다 빛이 있었어. 빛이다, 빛!

어른들의 황량한 나뭇가지 사이로 햇빛이 거침없이 땅으로 떨어졌어. 아니, 더 정확하게 말하면 우리한테로 떨어졌지. 아, 물론 날은 이미 제법 매서웠고 몸의 순환 기능도 살짝 떨어져서 약간 어질어질했어. 그래도 나는 식구들처럼 잠들고 싶지 않았어. 이제야 몸을 타고 흐르는 약하지만 끊이지 않는 당분의 강물을 한껏 음미하고 싶었거든. 마침내 허기가 가셨고, 당분은 찔끔찔끔 주면서 엄한 꾸중만 해대는 어른들도 마침내 잠이 들었으니 말이야.

곱사등이 이모도 입을 다물고 잠에 푹 빠졌으므로 우리는 짧은 낮 시간을 마음 내키는 대로 자유롭게 보낼 수 있었지. 대부분의 시간은 날로 가늘어지는 소식의 강물에 귀를 기울이며 보냈어. 차츰차츰 모든 초록이들이 하나둘 입을 다물었으니까 강물의 물줄기가 하루하루 더 가늘어졌겠지.

그런데 벌레들은 우리랑 전혀 달랐어. 여전히 시끄럽게 쩝쩝대면서 똥이 든 낙엽 틈새를 기어다녔고, 그 낙엽을 땅속 깊이 파묻었거든. 그러느라 낙엽을 잘게 쪼개 먹어치웠다가 나중에 다시 작은 공으로 만들어 도로 배설했지. 당분을 실컷 먹고 난 뒤라 우리한테도 이 작은 공이 개운하게 입맛을 돋우었어. 그 틈새나 그 안으로 뿌리를 밀어넣으면 정말 맛난 소금을 빨아먹을 수 있고, 그러고 나면 곧바로 정신이 훨씬 초롱초롱해졌거든. 이 메뉴도 내가 누차 강조하지만, 어머니들이 벌써 주무시는 바람에 풍성했던 거야. 물론 어머니들이 주무시다가 가끔 뿌리를 뻗어 더듬기도 했고, 소금물을 찾으면 조금 들이켜기도 했지만 그래 봤자 몇 모금이었지. 사실 잘 때는 물이 많이 필요하지 않잖아.

대신 우리 아이들이 넘치게 포식하고 배가 터질 때까지 먹어댔으며 가을의 대기를 향해 한껏 기지개를 켰지. 대기는 점점 차가워졌어. 그제야 우리는 그동안 까맣게 잊고 있던 어머니들의 경고를 떠올렸어. 어머니는 어서 잠을 자라고 하셨고, 한기가 밀려와 사정없이 물어뜯을 것이라고 주의를 주셨거든.

태어난 첫해에는 추위가 무엇인지 감이 없었어. 우리가 태어나던 그해 봄의 어느 추운 밤에 근처 어린 초록이들이 잎을 다 잃었던 적이 있지만, 우리에게도 그런 일이 닥치리라는 생각은 추호도 하지 않았거든. 어머니들이 떨군 낙엽이 두껍게 쌓여 새로운 토양층을 만들었기에 우리는 이대로 쭉 따뜻하게 지낼 수 있으리라 믿었지.

그러나 하늘에 별이 초롱초롱하던 어느 밤에 어찌나 날이 추웠던지 내 이파리 가장자리가 너무너무 아팠던 적이 있었어. 해뜰 참이 되어서야 겨우 아픔이 가라앉았는데, 나는 아프던 잎들이 갈색으로 변했고 무감각해졌다는 사실을 깨달았지. 그와 동시에 어머니가 그랬듯 몸속에서 엄청난 압박감을 느끼고는 축 늘어진 잎 속으로 배설을 하고 말았단다. 그렇지만 그 잎을 떨굴 힘은 남아 있지 않았어. 친구들도 비슷했지. 며칠 더 밤마다 통증으로 고생한 끝에 결국 우리는 긴 잠에 빠져들고 말았어.

여름밤의 선잠과 달리 긴 잠은 기억을 남기지 않았어. 중간중간 깼었는지도 알 수 없을 정도였지. 잠에서 깨어나니 잠들 때와 달리 기분이 너무 상쾌해서 살을 에던 지난겨울의 추위와 그 모든 아픔이 전혀 기억나지 않았어.

처음에는 어리둥절해서 여기가 어딜까 생각했지. 약한 빛이 사방에서 오는 것 같았지만 주변이 너무 흐릿해서 분간이 되지 않았거든. 몸이 근질근질했고 타는 듯한 갈증에 온종일 물을 들이켰어. 잠을 자는 동안 대지는 놀랍게도 물로 완전히 젖어 있었지. 어머니가 밤에 적셔주던 때보다 훨씬 더 촉촉했어. 하지만 누가 어떻게 했기에 이렇게 되었을까 고민할 틈도 없이 다시 허기가 밀려왔지.

다행히 해가 조금 더 길어지고 숲의 공기가 따뜻해지자 바로 내 눈에서 아린(芽鱗, 나무의 겨울눈을 싸고 있으면서 나중에 꽃이나 잎이 될 연한 부분을 보호하는 단단한 비늘 조각—옮긴이)이 떨어졌어. 그러자 눈앞이 환해지면서, 나를 둘러싼 친구들이 보이기 시작했지. 모두 나처럼 가지에서 잎을 내느라 용을 쓰면서 주변을 둘레둘레 살피고 있었어. 아직 무척 여리고 예민한 잎에 환한 햇살이 떨어지자마자 우리 혈관으로 달콤한 양분이 흘렀지. 하지만 즐거움도 잠시, 힘이 좀 붙자마자 머릿속에서 온갖 생각이 뱅뱅 맴돌기 시작했어. 뿌리 끝에서 의심이 꿈틀댔고 어머니가 금지한 짓을 하고 싶은 마음이 솟구쳤지. 어쩐 일로 우리한테 이렇게 많은 당분이 돌아온 거지? 건강에 좋지 않다고 야단치면서 왜 이런 짓을 우리가 해도 아무도 말리지 않는 거지?

잎마다 수천 개씩 달린 나의 깨끗한 새 눈으로 어머니의 활짝 펼친 나뭇가지를 올려다보았어. 그런데 어머니의 가지가 여전히 휑했지. "어머니?" 불러도 대답이 없었어. 어머니는 아직 깊은 단잠에 빠져 있었던 거야. 우리 아이들은 가을에 잔치를 열던 그때처럼 아주 신바람이 났어. 하지만 우리 가지에는 아직 가을의 흔적이 매달려 있었지. 갑자기 잠이 밀려드는 바람에 미처 묵은 잎들을 버리지 못했으니까. 지금도 마찬가지였어. 손만 대도 부스러질 것 같고 썩어 물러서 봄바람이 한 줄기 세차게 불기만 해도 떨어질 것 같은 잎들이 대롱대롱 매달려 있었지. 어머니가 알면 뭐라고 하실까?

한참 후에야 어른들의 몸에도 싹이 돋기 시작했고, 뿌리틈에서 희미하나마 처음으로 "안녕" 하는 인사도 들렸어. 갈색 잎 때문에 야단맞을까 봐 조마조마했는데, 뜻밖에도 어머니들은 모르는 것 같았어. 이내 숲 제일 꼭대기에도 연약한 초록 잎들이 등장했고, 그 빽빽해진 나뭇잎 지붕 탓에 숲은 순식간에 다시 어둑어둑해졌지. 괴로운 허기도 다시 찾아왔어. 곱사등이 이모의 수업이 다시 시작된 것은 두말할 필요도 없겠고. 그렇게 즐거웠던 봄의 시작은 금방 잊히고 말았지.

여름이 가고 겨울이 오고, 다시 여름이 오고 겨울이 오면서 기나긴 허기와 짧은 단꿈을 오가는 이런 놀이는 되풀이되었고, 어머니들이 엄하게 단속했어도 우리는 차츰차츰 위로 뻗어나갔어. 아, 아름다운 어린 시절이여! 우리는 가혹한 운명의 장난을 겪었다고 생각했지만, 안타깝게도 숲은 아주 불쾌한 또 하나의 깜짝 이벤트를 준비해 우리 마음에 다시금 어린 시절로 돌아가고 싶은 생각을 일으켰지.

긴 잠을 자는 동안 많은 친구에게 찾아왔던 그 불행은 우리 탓이었어.

07

쓰디쓴 교훈

 우리가 57번째로 긴 잠을 자는 동안, 그러니까 차츰 아이 티를 벗고 청소년으로 성장하던 시절에 일어났던 그 사건을 이야기하려면, 먼저 내 친구를 소개해야 해.

 태어나서 스무 번의 여름을 나와 함께 보낸 친구는 비뚤이였어. 장난기가 워낙 많은 아이라서 틈만 나면 사고를 쳤고, 곱사등이 이모의 수업시간에도 아랑곳하지 않고 장난을 일삼았지. 어느 해 봄에는 이모가 물을 아껴 쓰라며 같은 말을 지루하게 하고 또 하고 있으려니(너무 많이 마셔버리지 마라! 다가오는 여름에 가뭄이 들 수 있어!) 갑자기 비뚤이가 도와달라고 비명을 지르면서 갈색 죽음이 온다는 경고를 보내는 거야. 당장 학급 전체가 수업을 멈추고 방어 태세에 돌입했지.

 우리는 잎사귀를 역한 맛을 내는 물질로 가득 채웠어. 공격자의 입맛을 떨어뜨리려는 목적이었지. 곱사등이 이모는 허둥지둥 수업을 끝내고 어른들에게 그 소식을 전하려 했어. 그런데 갑자기 즐거운 냄새가 풍기더니 비뚤이가 거짓말이었다고 이실직고하는 거야. 다들 놀란 가슴을 진정시키느라 오전이 후딱 지나버렸고, 곱사등이 이모는 언짢았지만 수업을 끝내는 수밖에 도리가 없었지.

그 장난이 어른들 귀에 안 들어갈 리가 없었어. 어머니는 비뚤이가 나쁜 친구이므로 다른 친구를 찾아보는 것이 좋겠다고 내게 충고했지. 가령 꼿꼿이 같은 애들 말이야. 꼿꼿이는 가지를 정확하게 옆으로 펼치고서 똑바로 자랐고 가을이 되면 어머니들과 동시에 잎을 버렸지. 그래서 일 년에 한 번 허기를 제대로 달랠 유일한 기회도 과감하게 포기했지.

그렇게 보면 꼿꼿이는 다른 아이들보다 키가 작아야 마땅하지. 그런데 이상하게도 우리보다 살짝 키가 컸어. 그래서 나는 그 아이가 흉터투성이 껍질의 자기 어머니한테서 필요 이상으로 양분을 얻어먹는 게 아닌가 의심하고 있었어. 그 아이는 친구도 별로 없어서 주변에 작은 무리의 아첨꾼들밖에 없었지만, 사실 그 아첨꾼들도 우리의 흥청망청 가을 축제는 같이 즐겼거든. 하지만 꼿꼿이는 어른들하고 같이 이미 잠든 뒤라서 아첨꾼 친구들의 배신을 알아차리지 못했지.

비뚤이의 장난에 무조건 끼진 않았지만, 그래도 나는 친구로서는 비뚤이가 훨씬 더 좋았어. 곱사등이 이모는 우리 모두에게 반드시 똑바로 자라야 한다고 가르치고 또 가르쳤지. 그래야 뼈가 부러지는 사태를 막을 수 있다고 말이야. 우리는 다행히 아직 아무도 그런 일을 겪지 않았지만, 털북숭이 소식통을 통해 들어보면 그런 사고가 드물지 않았거든. 비뚤이는 그러거나 말거나 어른들의 충고를 귓등으로도 듣지 않고 자라면서 줄기를 이리저리 흔들어댔으므로 몸이 여러 방향으로 휘어졌지.

나는 감히 그렇게까지는 하지 못했어. 그건 몰래 어길 수 있는 규칙이 아니었으니까. 한 번 구부러진 줄기는 점점 더 구부러지니까. 비뚤이의 어머니는 곱사등이 이모한테 비뚤이가 태어나자마자 갈색 죽음에게 잡아 먹히는 바람에 이렇게 되었다며 사죄했지. 그때 줄기로 자랄 싹이 잘리는 통에 장차 위로 뻗어 올라가서 수관을 머리에 일 줄기의 임무를 옆 가지 하나가 떠맡게 되었노라고 말이야. 그리고 다 알다시피 그런 차선책은 어쩔 수 없이 기형을 낳기 마련이거든. 하지만 내 이웃이 공격을 당했다면 내가 모를 리가 없지. 그게 아니야. 그 아이가 우리의 따분한 오전을 즐거운 시간으로 만들어준 것은 겁이 없고 경솔했기 때문이야.

우리 뿌리는 엉켜 자라 우정이 두터워졌어. 우리는 자매처럼 각자의 어머니에게 받은 양분을 나누어 먹었지. 털북숭이한테 가끔 얻는 당분 간식도 나누었고. 돌이켜보면 이런 생각이

들어. 비뚤이가 혼자 자랐다면 아마 훨씬 더 일찍 불행을 겪었을 거라고. 비뚤이는 장난을 치느라 힘을 낭비했기 때문에 다른 친구들보다 훨씬 성장이 늦었거든. 그러니 점점 더 어둠으로, 전체 학급이 드리우는 그늘로 들어갈 수밖에 없었지.

그러다 보니 시간이 흐르면서 점점 더 양분을 나누어 먹는 것이 부당하다는 생각이 들었어. 비뚤이가 양식 마련에 이바지하는 몫이 자꾸 줄었고 수업시간에 장난을 쳐서 김을 빼는 바람에 허기가 더 심하게 느껴졌거든. 이쯤에서 우정을 끝내야 할까? 나는 자주 고민에 빠졌지만, 용기가 없어 차마 그 말을 꺼내지는 못했지.

그래도 가을이 되니 우울하던 기분이 싹 갰어. 이번에도 우리는 잠든 어머니를 밑에서 흥청망청 당분 잔치를 벌였거든. 그러나 그것이 마지막 잔치였어. 살을 에는 추위가 닥치자 우리 모두 깊은 잠에 빠져들었지.

끔찍한 악몽을 꾸었어. 사방에서 딱딱 부러지는 소리가 들렸고, 여기저기서 신음이 난무했으며, 속이 찢어지기라도 하는 듯 참기 힘든 통증이 온몸을 훑고 지나갔어. 공포가 땅을 가득 채웠고, 쏟아지는 고통과 고난의 소식에 털북숭이들이 미쳐 날뛰었지. 너무너무 아팠어. "꿈이야. 어서 일어나야 해!" 계속 그 말을 되뇌며 잠을 깨려 했지만 아무리 애를 써도 눈을 뜰 수가 없었단다.

　　흐릿한 봄빛이 싹을 뚫고 들어왔지만, 봄이면 여지없이 찾아오던 갈증이 밀려들고 내 몸에 물이 한가득 차오르다가 마침내 첫 잎들이 터져나오고서야 그것이 꿈이 아니었다고 깨달았지. 뼈에서 통증이 스멀스멀 기어나와 온몸을 헤집고 다녔어. 참기 힘든 통증이었지. 혈관에 당분이 흐르기 시작했어도 잠시도 통증을 잊기 힘들 정도였어.

　　나는 절망에 차서 도움을 청했지. 하지만 아무도 대답하지 않았어. 어머니는 아직 주무시겠지만 비뚤이는 뭐하는 거지? 나는 억지로 정신을 차리고 비뚤이 쪽을 쳐다보았어. 그런데 비뚤이가 땅에 누워 있는 거야. 휘어진 얇은 줄기가 땅 바로 윗부분에서 찢어져 부러지고 만 거지. 뿌리로 살짝 건드려보니까 아직 약하나마 숨은 붙어 있었지만, 내가 건드려도 아무 반응이 없었어. 갈색 죽음이 왔다 갔을까? 허겁지겁 다른 나무들을 살폈지만, 그들이 왔다 간 흔적은 발견할 수 없었어.

　　아, 내 눈에 들어온 그 참혹한 광경이라니! 나는 온몸이 얼어붙고 말았어. 절반 이상의 친구가 비뚤이와 같은 운명을 겪었던 거야. 사지가 부러지거나 줄기가 알아볼 수 없을 정도로 휘어서, 우리 학교가 참참한 재앙의 현장으로 변해버렸지 뭐야. 학생 3분의 2가 중상을 입었으니까. 나는 아픔을 참고 내 몸을 더듬어 신체 부위가 다 있는지 확인했어. 다행히 부러진 곳이 하나도 없었고, 적어도 겉보기에는 멀쩡했지.

비뚤이는 그해 봄을 못 넘기고 숨을 거두었어. 나하고 한마디도 나누지 못한 채 떠나고 말았어. 부러진 작은 줄기에서 또 한 번 싹을 틔울 힘이 녀석에게는 남아 있지 않았던 거야. 뿌리 끝이 썩어서 내 뿌리를 잡지도 못했으니 내가 당분이 흘러넘쳤다 해도 도와줄 수 없었을 거야.

내 몸의 부상은 여름이 가는 동안 다 나은 듯했어. 통증도 더는 없었고, 몸 상태도 다시 완벽해졌거든. 그렇지만 너무너무 외로웠어. 어머니와의 관계가 냉랭해진 것도 외로움에 한몫했지. 나는 어머니의 태도가 아주 부당하다고 생각했어. 곱사등이 이모는 잘도 챙겨 먹이면서 똑같이 줄기가 없는데 내 친구는 그냥 죽게 내버려두다니.

하지만 아무리 그 이유를 물어도 대답이 없었지. 대신 어머니는 대학살의 원흉이 누구인지 설명해주었어. 우리가 긴 잠을 자는 동안 특별히 많은 눈송이가 떨어진 것 같다고 말이야. 어른들과 달리 우리 아이들이 당분 잔치를 벌이느라 가지에 붙여둔 작은 갈색 잎들이 넉넉한 자리를 만들어주어서 눈송이가 그 위에 차곡차곡 쌓였던 거야. 봄에 때늦은 추위가 찾아왔을 때도 그런 일이 있었다고 어머니는 말씀하셨어. 이미 나뭇가지에 어린잎이 달려 있으니 하얀 눈송이가 그 위에 쌓였다고. 그러니까 우리가 어머니 말씀을 새겨듣고 어른들하고 같이 잎을 버렸다면 그런 불행은 일어나지 않았다고.

이 소식이 우리 청소년 나무들 사이에서 퍼져나가자(요행히 사고를 모면한 행운아들도 몇 있었으니까), 당연히 앞으로는 여생을 건강하게 살기 위해 일 년에 한 번 제대로 배를 채울 기회를 활용하지 말자는 분위기가 확산되었지.

게다가 그 후로 한참 동안 다른 아이들이 나를 피해 다녔어. 자신들의 운명에 나도 책임이 있다고 생각했던 거지. 비뚤이가 학급의 중심이었고, 태평하고 뻔뻔스러운 행동으로 다른 아이들을 재앙의 소용돌이로 끌고 들어갔던 것은 사실이야. 그리고 나는 비뚤이의 절친이니까 다들 내가 비뚤이의 그런 행동을 옆에서 부추겼으리라 생각했어. 가을 잔치는 공동의 결정이었는데도 다들 모른 척했지.

그런 식으로 결론이 나자 앞으로 누가 학급을 이끌어갈지는 굳이 말하지 않아도 뻔했어. 이제 모두의 관심을 한몸에 받게 된 꼿꼿이가 바로 그 주인공이었지. 털끝 하나 다치지 않고 겨울을 보낸 녀석은 그야말로 나무 세계의 도덕군자였어. 가늘지만 아주 길고 곧은 녀석의 몸통은 나무가 재미없는 삶을 살면 어떤 모습일지를 누구보다 확실히 보여주었으니까. 녀석은 곱사등이 이모의 충고를 오후에도 계속 되풀이했어. 게다가 털북숭이가 건네는 설탕물까지 딱 잘라 거절했으니, 당연히 모든 어머니의 총애를 한몸에 받았겠지.

맞아, 씁쓸했지만 우리 어머니도 나에게 꼿꼿이하고 더 친해지라고 조언했어. 나는 그 콧대 높은 놈이 여기저기서 어른들한테 보너스 당분을 얻어먹는다고 의심했지. 녀석이 여름을 한 번 날 때마다 쑥쑥 자라서 결국 학급의 다른 친구들을 눈에 띄게 앞질러버렸거든. 더구나 녀석에게는 연대의식 같은 게 아예 없다는 사실이 적나라하게 드러났지. 녀석이 제일 약한 친구들 머리 위로 가지를 활짝 펼쳐놓아, 그 아래까지 내려가던 얼마 안 되는 햇빛마저 싹 가려버렸거든.

그런데도 나는 내 뿌리를 뻗어 그 불쌍한 친구들에게 적으나마 당분을 나누어주기는커녕 꼿꼿이 편에 붙었어. 그나마 죄책감을 덜어보려고 꼿꼿이까지 빛을 가리는 통에 나도 배가 너무 고파서 이러다가 굶어 죽을까 겁난다며 허풍을 떨었지. 물론 허풍만은 아니었어. 실제로 꼿꼿이의 그늘에 가린 친구들이 굶어 죽어가고 있었으니까. 그 아이들은 한여름인데도 잎이 갈색으로 변했어. 그러다 피부가 떨어져나갔고, 얼마 후 쓰레기 처리반의 손에 부서져 갈색 가루로 변해버렸지.

꼿꼿이와 나 사이에 우정이 생기진 않았어. 그 녀석은 아예 우정이 뭔지를 모르는 것 같았거든. 아마 인내라는 말이 더 정확할 거야. 녀석은 당분 한 방울도 나랑 나눈 적이 없었어. 아니 오히려 내가 나누어주었지. 벼룩의 간을 내먹지, 보잘것없는 내

배급 당분을 조금 떼어서 녀석에게 갖다 바쳤던 거야. 그 대가로 녀석이 해준 것이라고는, 겨우 내 머리 꼭대기에 난 싹 위로는 자기 가지를 뻗지 않은 정도였어.

　더는 비뚤이 같은 친구도 없었고 수업시간에 장난 치는 일도 없었으며, 당분은 더 줄었고 '친구'라는 녀석은 입만 열었다 하면 도덕 설교였으니. 삶이 이보다 더 재미없을 수는 없겠다 싶었지. 하지만 다행히 내 삶이 그 정도로 따분하지는 않았어. 그동안 미처 몰랐던 다른 세상이 이웃에 있다는 걸 알게 되었거든.

08

빈터

우리 어머니와 이모들은 (그리고 우리 자식들 역시) 여름 내내 큰 숲의 다른 너도밤나무들에 비해 살짝 득을 보았어. 우리가 다른 너도밤나무 식구들보다 당분을 더 많이 만들 수 있었기 때문이야. 우리 바로 뒤편에 해가 뜨는 방향으로 작은 빈터가 있었거든. 그래서 해가 지평선 위로 떠오르자마자 우리 혈관으로 당분의 강물이 흐르기 시작했지. 다른 나무들은 아직 그늘에 가려서 잠을 자고 있었지만, 우리 몸에는 빛을 받은 잎에서 시작해 온 가지와 피부를 거쳐 뿌리 끝까지 당분이 흘렀어. 그렇다고 뭐 엄청나게 득을 본 건 아니야. 해는 금방 더 멀리, 더 높이 올라가서 숲에 빛과 그림자를 골고루 나누어 모두를 깨웠으니까.

그 빈터는 정말 이상한 곳이었어. 원래 빈터가 있으면 안 되는 장소였거든. 그곳에는 초록 거인이 한 그루도 없어. 당연

히 우리 가족도 없었지. 대신 초록이들과 알록달록이들이 널리 자라고 있었어, 우리 참된 자들이 좋아하지 않는 풀과 잡초, 꽃들 말이야. 초록이들은 잎이 좁고 얇으며, 키가 곱사등이 이모 학교의 제일 막내들만큼이나 작았어. 하지만 물을 어찌나 많이 마셔대는지, 우리 어머니들이 긴 뿌리를 빈터의 땅속으로 멀리 뻗어 아무리 찾아도 마실 물이 남아나지를 않았지.

초록이들은 작고 약한데 어떻게 우리의 침략을 막아내고 빈터 전체를 차지할 수 있었을까? 이유는 여러 가지 방식으로 우리를 괴롭혀서 우리가 물러나지 않을 수 없게 만드는 특수한 전략 덕분이었지. 초록이들은 하염없이 내리는 겨울비가 아니면 절대 뚫고 들어갈 수 없을 만큼 촘촘하게 뒤엉킨 층을 만들어. 그런 다음에 잠을 자지. 하지만 잠은 우리도 자는 거니까 뭐 괜찮아. 문제는 이 녀석들이 위험한 작은 동물의 집이 된다는 거야. 쥐 말이야. 쥐는 단단하고 날카로운 이빨이 있어서 가을에 우리 태아들을 다 갉아먹어버리거든.

울창한 숲에서는 쥐가 잘 번식할 수 없어. 하지만 여기 빈터에선 이집 저집 옮겨 다니면서 뭐든 훔칠 것이 없나 연신 기회를 엿보았지. 물론 그러다가 여우 같은 순찰꾼에게 잡히기도 했어. 하지만 초록이들이 빽빽하게 뒤엉킨 틈에서는 그 수가 무한대로 늘어났단다. 거기 숨으면 천적에게 발각될 위험이 낮고, 또 땅속 굴이나 초록이 덤불에 몸을 감추고 있다가 먹이를 낚아챌 수 있었거든.

가끔 맨 앞줄에 서 있는 우리 이모의 씨앗이 그 빈터에 떨어질 때가 있었어. 하지만 봄이 와도 그곳에서 태어나는 신생아는 울창한 숲과 달리 몇 명 되지 않아. 쥐가 다 잡아먹거든. 운이 좋아 어찌어찌해서 첫 여름을 넘긴 아기도 절대 안전하지 않았지. 겨울잠을 자는 동안 쥐가 피부는 물론이고 뼈까지 다 갉아먹어서 이듬해 봄에 피를 철철 흘리다가 비참하게 죽고 말았지.

초록이는 어둠을 싫어해서, 우리가 녀석을 퇴치할 때 쓰는 약도 바로 그 어둠이었어. 우리 가족이 모여 사는 어두운 숲에선 녀석들이 여름을 날 자리를 구할 수가 없었거든. 하지만 환한 빈터에는 엄청난 숫자를 뽐냈고, 또 쥐를 이용해 우리 아기들을 죽일 수도 있었지. 그것으로도 모자라는지 이 녀석들은 갈색 죽음까지 유혹해 끌어들였어. 우리 형제자매들 다수를 태어나자마자 살육했던 그 살인자를 말이야.

알록달록이는 그 정도로 이기적이지는 않아서 훨씬 덜 위험했지. 초록이와 키는 같지만 초록이처럼 싸가지가 없지 않았거든. 알록달록 꽃들은 물을 많이 마시지도 않았고, 또 땅 전체를 뒤덮는 일이 드물어서 쥐가 살 수 있는 은신처가 되지도 않았어.

우리가 겨울잠에서 깨어날 때 알록달록이들도 우르르 숲 바닥에 고개를 내밀었지만, 우리가 잎으로 지붕을 엮어 숲 바닥이 깜깜해지면 눈이 녹은 후 나타날 때 그랬듯 허둥지둥 자취를 감추었지. 그래서 소중한 빛을 심하게 낭비하는 것만 빼면(사실 나는 그게 정말 마음에 들지 않지만) 특별히 훼방을 놓지는 않았어.

이 녀석들은 몸의 일부분을 온갖 색깔로 물들였어. 그러니까 그 온갖 색깔의 빛을 그냥 도로 숲으로 휙 던져버리는 거야. 파란빛과 빨간빛마저도! 그 색깔의 빛이 당분을 제일 많이 만들 수 있는 빛이라는 건 지나가는 애들도 아는데 말이야. 그래도 어쨌거나 이 녀석들은 골칫덩이 벌레들을 끌어들이지는 않았으니 괜찮아. 게다가 깼다가도 얼마 못 가서 금방 다시 잠들어버렸거든.

이 녀석들과 달리 초록이들하고는 진짜 전쟁을 벌여야 했지. 우리 무기는 어둠이야. 사실 우리 어머니들이 사랑이라는 이름으로 우리에게 주고 계신 것, 그러니까 굵기기 작전과 크게 다르지 않은 무기였지. 어른 나무들이 힘을 모아 잎을 왕창 만들어서 햇빛을 다 붙잡아버리는 거야. 그럼 밑바닥에 있는 초록이들에게는 돌아갈 햇빛이 하나도 안 남겠지.

물론 우리 어린 나무들은 죽지 않을 만큼 당분을 얻어먹었고, 바로 그 작은 차이로 초록이들은 죽고 말았어. 당연히 초록이들은 지원을 받지 못하니까 빈터에서 숲으로 한 발 들이자마자 굶어서 죽고 마는 거야. 초록이가 없는 곳에는 쥐도 살지 못해. 숨을 곳이 없으니까. 그래도 굳이 숲으로 들어오는 놈이 있으면 우리의 붉은 털 도우미 여우가 달려와서 죽여버렸지. 그래서 우리 어른들은 잎 지붕을 잘 보고 있다가 조금만 틈이 생겨도 얼른 틈을 메웠던 거야.

　하지만 이웃 빈터에선 그 작전이 안 통하는 것 같았어. 보통 우리 가족은 어디서나 뿌리를 내릴 수 있었지. 물론 물이 너무 많은 곳은 예외지만 말이야. 물속에 들어가면 우리 뿌리는 질식하고 말아. 물을 마실 수는 있지만 숨을 쉴 수가 없으니까. 하지만 우리 옆에 강도 호수도 늪도 없는데도 그 작은 초록이들이 뻔뻔스럽게 땅을 차지해버렸어. 나는 왜 우리 가족이 거기로 들어가지 못하는지 오래오래 고민했어. 또 이빨이 날카로운 그 작은 동물은 정말로 그렇게 힘이 셀까?

이번에도 범인은 갈색 죽음이었어. 우리가 뿌리내리지 못하게 녀석들이 초록이들을 도와주었던 거지. 물론 그러느라 초록이들은 큰 희생을 감수해야 했어. 갈색 죽음은 초록이의 잎을 정말 좋아하는데, 그건 초록이들이 갈색 죽음을 유혹하려고 가시도, 독도, 쓴맛 나는 물질도 만들지 않기 때문이거든. 아니 심지어 잎을 정말 달콤하게 만든단다. 그래서 노루는 초록이의 잎을 너무 좋아하고, 초록이가 있는 곳에서 아주 오랫동안 멈춰 서 있는데, 그러다 보니 거기서 자라는 다른 식물들도 다 먹어치우는 거야.

　초록 거인의 자식들과 달리 초록이들은 그렇게 잡아먹혀도 금방 다시 기력을 되찾아서 오히려 더 풍성한 잎 다발을 만들어버렸지. 우리 가족을 몰아내기 위해서라면 몸의 일부라도 노루에게 갖다 바치겠다는 각오가 되어 있는 것 같았어.

　　이 녀석들만 해도 괴로운데 귀찮은 놈이 하나 더 등장했지. 바로 소야. 몸에 얼룩얼룩 무늬가 찍혔고 뿔이 달린 동물인데 숲으로는 절대 들어오지 않았지만 정말로 이상한 버릇이 있었어. 이 녀석들도 초록이를 뜯어먹었는데, 힘은 노루보다 훨씬 세 보였지. 죽은 나무 뼈로 만든 물건을 뒤에 매달아 끌고 다니면서 순식간에 땅을 갈라 먼지를 풀풀 일으켰거든. 그러면 잇따라 발이 두 개인 다른 짐승이 빈터로 달려와서 갈지자를 그리며 뛰어다녔어. 그러면서 계속해서 땅을 쑤셔댔고.

　　그렇게 달이 찼다가 이지러지고 다시 차면 그곳에 초록이와 알록달록이들이 또 자라나고, 그러면 두발짐승이 다시 와서 그것들을 전부 없애버렸지.

　　일단 두발짐승이 먼저 초록이와 알록달록이를 모아서 두툼한 다발을 만들어. 그러고 나면 얼룩이가 다시 나타나는데, 이번에는 나무 뼈로 만든 널찍한 판자를 끌고 왔어. 판자 밑에 원반이 달려서 굴러다녔지. 두발짐승이 다발을 그 판에다 차곡차곡 쌓으면 둘이 올 때처럼 허둥지둥 서둘러 다시 사라졌지. 둘은 해마다 그 짓을 되풀이했는데, 문제는 초록이만 데려가지 않고 초록 거인들의 자식들까지 다 잘라내버렸던 거야.

조금 전 앞에서 빈터가 조금이나마 득이 되었다고 말했었지. 하지만 이는 사실 여러 가지 이유에서 다 맞는 말은 아니야. 물론 우리는 다른 친구들보다 먼저 아침 식사를 즐겼지만, 어른들은 만든 당분을 전부 서로 나누었어. 그러기 위해 서로의 뿌리를 붙들었고 털북숭이를 통해 굶주리는 친구가 이제 되었다고 신호를 보낼 때까지 오래오래 당분을 건네주었지. 그래서 적어도 우리 근처에 있는 나무들에겐 이득이었지. 하지만 그것만 빼면 사실 손해가 더 컸어.

무엇보다 숲 가장자리에서 자라는 나무는 눈에 띄게 자주 아팠거든. 우리 어머니는 다행히도 건장한 다른 가족의 보호를 받았지만, 초록이들이 두터운 뿌리까지 파고들어온 불쌍한 이모들은 이를 악물고서 가뭄과 갈증을 견뎌야 했지. 작은 초록이들은 땅에 있는 물이란 물은 다 끌어다 퍼마시고도 연신 목이 타서 죽으려고 했으니까. 거기다 해가 뜨는 방향에서 돌풍이라도 불어오면 바닥에 깔린 낙엽이 바람을 타고 휘말려 올라가서 완전히 바짝 말라버렸지. 원래 낙엽은 작은 쓰레기 처리반이 분해해서 부드럽고 촉촉한 흙으로 만들어야 우리 뿌리가 그 안에서 편하게 지낼 수가 있는데, 그렇게 말라버리면 그게 안 되는 거야.

상황이 더 안 좋아질 때도 있었어. 너희도 알아챘겠지만 바람은 대부분 해가 지는 방향에서 불어와. 그때도 마른 낙엽이 바람을 타고 위로 올라가지. 특히 가을에는 바람 덕분에 우리가 긴 겨울잠에 들기 전에 옷을 벗고 가지에 붙은 잎들을 떨어뜨릴 수가 있었지. 그런데 빈터에선 그게 큰 문제를 일으켰어. 강한 돌풍이 나뭇잎을 가지에서 떼어내는 데 그치지 않고 숲에서 빈터로 몰고 가는 거지. 그럼 그 잎은 영원히 안녕이야. 아무리 돌려놓고 싶어도 그 먼 길을 걸어 다시 나뭇잎을 우리에게로 가져다줄 도우미는 없었으니까.

그래서 부드러운 낙엽이 깔린 토양층이 점점 더 얇아졌고, 우리는 뿌리를 땅으로 뻗어나가기가 점점 더 힘들어졌어. 더구나 식사 때마다 없어서는 안 될 양분도 이내 바닥을 드러냈지. 쓰레기 처리반의 배설물에 든 소금 말이야. 우리는 물을 한 모금 마실 때마다 뿌리 균류의 도움을 받아서 소금을 빨아먹거든. 뿌리 균류는 우리가 조금이라도 더 소금을 먹을 수 있도록 정말 열심히 도와주었지. 그래서 나는 가끔 빈터 옆이 아니라 숲 저 안쪽에서 태어났더라면 얼마나 좋았을까 생각했어. 하지만 그때마다 아직 살아 있는 것만 해도 얼마나 감사한 일이냐고 마음을 다독였지.

운명이 내게 이런 고난의 삶을 선사한 것 같았어. 참된 자의 자식이라면 다 알겠지만, 우리 환경은 평생 별로 달라지는 법이 없잖아. 또 그럴 수 있게 거대한 가족이 보살펴주고 말이야. 하지만 빈터에서 그 힘센 가족도 도무지 힘을 못 쓴다니, 참으로 심란했어. 적어도 우리 가족은 힘을 못 썼으니까. 얼마 안 가 우리 규칙을 뒤집어엎었을 뿐 아니라 내 삶 전체를 뒤집어놓은 새로운 생명체가 등장했거든.

　하지만 그 이야기를 꺼내기 전에 먼저 우리 어린 나무들을 괴롭히는 몇 가지 문제부터 짚고 넘어가기로 해.

09

위험한 상처

지금 든 생각인데, 내가 너희에게 너무 공포심을 심어준 것 같아. 맞아, 삶은 때로 혹독하지. 그래도 삶은 정말 아름답기도 해. 한참 동안 비뚤이 같은 친구를 다시 사귀지는 못했어도 당분에 쪼들리시는 않았어. 우리 학급에 남은 학생이 십여 그루밖에 안 되어서 가지와 잎을 펼칠 공간이 조금 더 넉넉해졌거든. 세상을 보는 우리 눈도 달라졌어. 우리 몸이 서서히 위로 뻗어 올라가서 이제는 숲 안쪽까지 볼 수 있었거든. 거기서 보니 놀랍게도 우리 숲에는 어른 두 명의 키를 합친 만큼의 넓이로 원을 그리며 다닥다닥 붙어 서 있는 다른 학급들이 엄청나게 많았어. 그에 비하면 우리는 학급이라고 부를 수도 없는 수준이었지.

그래도 우리는 아주 천천히 어른이 될 꿈을 꾸었단다. 어쨌거나 벌써 어머니 키의 절반만큼은 자랐으니까.

지금까지는 주로 허기와 위험, 따분한 수업 이야기만 나누었지만, 이제 우리는 사랑 행위가 더 궁금했어. 물론 정확히 어떻게 하는 건지는 아무도 몰랐지. 우리 어머니들이 사랑을 할 때는 먼지가 어마어마하게 났고, 끝나고 나서는 말도 못 붙일 정도로 녹초가 되었지. 우리는 조바심이 나서 언제쯤 우리도 그런 신비한 행위에 참여할 수 있을지 궁금해했지만, 곱사등이 이모는 아무리 물어도 입을 꾹 다문 채 아무 대답도 해주지 않았어.

여전히 우리보다 훨씬 키가 커서 아무리 봐도 자기 어머니한테서 양분을 조금씩 얻어먹는 것 같았던 꼿꼿이는 어쨌거나 어느 정도 키가 커야 완전한 성 파트너로 인정받는다는 말을 해주었어. 아, 키! 그러니까 우리 학급에서 키가 제일 큰 학생이 사랑 행위도 1등으로 할 수 있다는 뜻이었어. 안 그래도 콧대가 하늘을 찌르던 꼿꼿이가 더 잘난 체하고 다녔던 것은 굳이 말할 필요가 없겠지. 그래서 그때까지 흠잡을 데라고는 없던 녀석의 깨끗한 피부가 대표적인 나무 피부병에 걸려서 완전히 흉터투성이가 되리라고는 누구도 예상치 못했어.

꼿꼿이의 그늘 밑에서 나를 등지고 서 있던 아이 하나가 처음으로 변화를 눈치챘어. 그래서 그 아이는 꼿꼿이에게 녀석의 흠잡을 데 없던 피부에 솜털 같은 작은 얼룩이 생겼다고 말해주었지. 그렇지만 별일 아닐 거라며, 갈색 죽음에서부터 작은 다리를 여덟 개씩 달고 다니는 거미에 이르기까지 많은 동물이 그런 털을 붙여놓는데, 몇 달 지나 폭풍이 불어오면 다 날려가버린다며 꼿꼿이를 안심시켰어. 하지만 꼿꼿이는 듣는 척도 하지 않더니 오히려 그 아이의 머리 꼭대기 위로 가지를 하나 더 뻗어서 벌을 주었지. 겨울이 와서 긴 잠을 자고 나자 꼿꼿이한테 벌을 받은 그 아이는 목숨이 위태로웠고, 꼿꼿이의 몸에 찍힌 솜털 얼룩은 조금 더 커졌어.

다시 여름이 왔다 갔고 우리는 날이 갈수록 어른의 첫 경험에 열을 올렸어(하지만 아직 일러도 너무 일렀지). 꼿꼿이의 줄기에 난 얼룩은 줄무늬가 되어서 점점 더 쭈글쭈글해지는 피부를 파고들었지. 쭈글쭈글 주름이라고! 주름은 너도밤나무 가족 전체에서 가장 나이 많은 어른에게서나 볼 수 있는 거야. 인생 후반전의 시작을 알리고 적어도 이백 번의 여름을 살았다는 증거였으니까. 주름은 원로회의 회원으로 발탁될 만큼 성숙했다는 신호였지. 이 회의는 공동의 위험부터 사랑 행위와 물 저장고 관리, 그리고 우리 공동체의 안전 보장까지 모든 일을 결정하는 곳이었어. 또 지혜의 전당이어서 수천 년을 살아온 조상들의 지혜를 보존하고 우리 어머니들에게 위험에 대처할 방안을 조언해주었지.

    곱사등이 이모도 당연히 그 회의의 회원이었어. 원로회의 의장은 가지를 널리 뻗은 혹부리 할머니였는데, 내 눈길이 닿지 않는 곳에 있어서 나는 그녀에 대해 아는 게 많지 않았지. 하지만 특별히 말이 많은 분 같지는 않았어. 정말이지 아주 가끔 의장님의 지시가 희미한 메아리가 되어 내 뿌리 여기저기에 닿았으니까. 털북숭이들을 통해 겨우 의장님의 외모와 관련해 몇 가지 자세한 정보를 입수했지만, 털북숭이들한테는 중요하지 않은 정보이다 보니 특별히 풍성하지는 않았단다.

우리는 꼿꼿이가 일찌감치 원로회의에 들어갈 만큼 성숙했다 생각해서 꼿꼿이를 더욱 존경했어. 그리고 이제 꼿꼿이는 영영 학교를 졸업할 것이라고 믿었지. 하지만 꼿꼿이는 서두를 필요가 없다는 듯 여름이 갈수록 자라는 속도를 줄였어. 경주가 끝난 걸까? 드디어 우리가 꼿꼿이를 따라잡게 되는 걸까? 흰 솜털을 매단 주름이 점점 길어지고 숫자도 늘어나더니 얼마 안 가서 위에서 아래까지 줄기 전체가 이 권력의 훈장으로 뒤덮였어. 우리는 모두 뿌리로 연결되어 있으니 이제 곧 친구들과 나는 원로회의를 맨 앞줄에서 구경하게 될 거야. 상상만 해도 가슴이 울렁거렸어. 지금까지 우리 가족은 회의 소식을 (간략하게 요약한 지시사항을 빼면) 별로 못 듣고 살았거든.

재미난 새 소식이 시작되기를 기다리는 동안 우리는 몸단장에 여념이 없었어. 우리 어머니들은 몸을 깨끗이 하라는 잔소리를 입에 달고 살았는데, 사실 그런 말은 굳이 필요가 없었지. 목욕을 안 좋아하는 나무가 어디 있겠어. 목욕을 시작하려면 가랑비로는 안 되고 세찬 소나기가 필요해. 소나기가 퍼붓기 시작하면 비스듬히 위로 세운 가지로 빗방울이 빠른 속도로 모여들거든.

비는 잎에 떨어져서 큰 가지를 타고 흐르다가 잔가지를 따라 흘러 몸통에 도달하지. 그러고는 이제 제법 건장해진 우리 줄기를 타고 아래로 세차게 흘러서 우리가 특별히 피부 표면에 골고루 발라놓은 비누를 녹인단다. 우리는 비가 그치고도 한참 동안 거품이 땅바닥에 남도록, 누가 거품을 제일 많이 내는지 시합을 벌였어. 꼿꼿이도 그 시합은 너무 재미있어서 도저히 빠질 수가 없었는지 같이 끼었지.

그러던 어느 날, 우리는 문득 깨달았어. 누가 봐도 꼿꼿이가 다친 환자였거든. 솜털에서 피가 새어나와 보기 흉한 검은 얼룩이 피부에 남았지. 조심스레 어디가 아프냐고, 도와줄까 물었지만, 꼿꼿이는 "아니!"라는 단 한마디로 거절하고 말았어. 나는 저것이 고귀한 회의에 들어가려면 거쳐야 하는 시험이 아닐까 고민했어. 상처를 입고 통증을 겪고 고통과 금욕을 견디면서 겸손을 입증해 보인 나무만이 어른들에게 합당한 인재로 인정받는다고 생각하니 소름이 돋으면서도 감탄사가 절로 나왔지. 하지만 어떻게 자기 몸에 상처를 낸단 말이야? 지금껏 나는 어머니에게 아무것도 묻지 않았어. 나와 내 친구들이 무슨 생각을 하고 무슨 이야기를 나누는지 어머니가 알면 안 될 것 같았거든. 하지만 호기심이 너무 커서 도저히 참을 수가 없었고, 서서히 어른이 되는 것이 살짝 무섭기도 하던 어느 날 나는 용기를 내어 걱정거리를 어머니에게 털어놓았지.

"아가, 그게 아니야. 네 친구가 겪고 있는 건 시험이 아니란다. 훈장은 더더구나 아니고." 어머니의 뿌리에서 내게로 이런 대답이 흘러왔어. "꼿꼿이는 아주 심각한 피부병을 앓고 있단다. 상처가 곪아 볼썽사나운 꼴이 된 거야. 그러니까 너도 조심하고, 옮지 않게 단속 잘해."

아가들아, 너희를 또 놀라게 한 것 같구나. 그렇지만 나도, 친구들도 전염되지 않았으니까 안심해도 돼. 물론 그 병에 걸린 친구들이 더 있었고, 아마 꼿꼿이는 자기 어머니한테서 옮았을 거야. 그 아이 어머니도 피부가 완전히 흉터투성이였거든. 하지만 우리 대다수는 아주 튼튼해서 찌르고 빨아먹는 그 작은 솜털 벌레를 물리칠 수 있었단다. 그 벌레의 정체는 가루깍지벌레(*Pseudococcidae*)였어.

아마 꼿꼿이는 금방 알아차렸을 거야. 우리는 그런 혐오스러운 벌레들이 우리 피부에 바르는 액체의 맛을 저절로 알 수 있거든. 그냥 진딧물 몇 마리가 와서 우리 피를 빨아먹으려고 할 때도 많아. 그럴 때는 우리 몸이 반응을 보여서 피부와 잎으로 독을 펌프질해 그 귀찮은 벌레를 퇴치하는데, 그럼 살짝 가렵거나 욱신거려. 그래도 그런 건 금방 없어지고 해마다 여름이면 몇 번씩 일어나는 일이므로 다들 별로 신경쓰지 않아. 하지만 꼿꼿이는 엄청나게 많은 솜털 벌레가 동시에 달려들었을 거야. 그랬으니까 갈라진 피부에 그 정도로 하얀 털이 송송 박혔겠지.

그런 식의 감염은 엄청나게 기력을 앗아가니까, 아마 그 때문에 꼿꼿이가 빨리 자라지 못했을 거야. 그동안 늘 우리한테 쌀쌀맞게 굴었던 벌을 이제 꼿꼿이가 받게 된 거지. 많은 키 작은 친구들이 꼿꼿이 때문에 굶어 죽었다는 사실을 우리가 잊었을 리 없지. 그런 상황에서 우리가 안 그래도 초라한 우리 식사를 떼어 꼿꼿이를 도와준다는 것은 상상도 할 수 없는 일이야. 그러다 보니 불과 열 번의 여름을 지나는 동안 대부분의 친구가 꼿꼿이를 밀쳐내고 웃자라서 우리의 잎 그늘로 꼿꼿이를 가려버렸단다.

곱사등이 이모는 뭐라고 말했을까? 사실 많은 말을 하진 않았어. 그저 수천 번 되풀이하던 훈계와 경고의 초점이 이제는 협력으로 옮겨왔다는 것만 빼면. 이모는 우리더러 서로 도와야 한다고, 당연히 꼿꼿이도 도와야 한다고 말했지. 강한 공동체가 되어야만 살아남을 수 있고, 약한 친구도 공동제의 일원이라고, 약한 친구가 언제 강점을 발휘할지 아무도 모른다고. 더 들을 필요도 없었어. 이모의 속내가 훤히 들여다보였으니까. 곱사등이 이모가 꼿꼿이에 대해 한 말은 곧 자신의 딱한 처지를 봐달라는 말이었어. 지금껏 이모를 보살펴주던 어른들이 머지않아 세상을 뜨고 나면 우리가 그 자리로 들어갈 테니 말이야.

시간이 가면서 우리는 외모의 중요성을 더욱 뼈저리게 느꼈지.

그사이 훙하게 변한 꼿꼿이의 외모를 보면서 흠잡을 데 없는 피부의 중요성을 다시금 떠올렸고, 그래서 더 열심히 피부를 가꾸었어. 비누 못지않게 중요한 것이 죽은 가지의 정리 작업이야. 그건 마음씨 고운 털북숭이들의 도움을 받았어. 우리가 어릴 때 만든 이 가지들은 이제 줄기 아래쪽으로 밀려나서 더는 쓸모가 없어졌거든. 우리도 그렇듯이 위쪽 가지에서 자란 자기 잎에 가려서 빛을 못 받아 죽고 마는 거야. 그런데 이 죽은 잎을 서둘러 떨어뜨리지 않으면 병을 데려오는 털북숭이가 그곳을 문으로 삼아 우리 몸속으로 들어오거든. 하지만 죽은 조직이어서 우리는 아무 조치를 할 수가 없으니까 그놈들을 물리칠 수가 없어. 거기로는 피가 흐르지 않으니까 사실상 더는 우리 몸이 아니잖아.

그냥 그 자리에 피부를 자라게 해서 덮어버리면 안 되나? 그런 생각이 들겠지. 어떻게 그럴 수 있겠어? 몸에서 멀리 뻗어나가서 죽은 가지는 상처가 나도 치료할 수가 없어. 그러자면 먼저 가지가 떨어져나가고, 몸에는 얼른 아물 수 있을 매끈한 상처만 남아야 해. 가지가 그렇게 떨어지려면 남의 도움이 필요한데, 앞에서 말한 털북숭이가 그 역할을 맡아주는 거지. 털북숭이 종류가 이렇게나 많으니 헷갈리겠지. 너희도 알다시피 많은 종이 우리와 함께, 우리 안에서 살고 우리의 일부야. 또 우리 뿌리를 감싸서 보호해 온갖 종류의 적으로부터 보호하는 털북숭이도 있고.

당연히 우리 가지를 잘라주는 털북숭이도 있겠지. 우리

뼈를 분해해서 가지가 떨어지게 도와주는 작은 균류 말이야. 물론 나쁜 털북숭이도 엄청 많아. 우리를 공격할 뿐 아니라 속에서 우리를 파먹고, 심하면 죽이는 무서운 놈들이지.

우리는 일단 가지를 떨어뜨리는 그 녀석들을 살펴보기로 해. 물론 진짜로 떨어뜨리는 것은 아니고 나뭇가지를 약하게 만드는 거지. 그럼 세찬 바람이 한 줄기만 불어도 일이 잘 마무리되어 필요 없는 신체 부위가 뚝 부러져.

이 과정은 뒤에서 자세히 알아보기로 하자. 가지가 떨어져나가면 우리는 최대한 속도를 내서 그 상처 부위를 피부로 덮는단다. 빠를수록 좋아. 그래야 나쁜 놈들이 그곳으로 들어오지 못할 테고, 또 상처도 예쁘게 아물거든. 어쨌거나 가지가 너무 두꺼워지기 전에 떨어뜨리는 것이 중요해. 그래야 흉터가 작아서 나중에 어른이 되어 몸통이 몇 배 더 굵어지면 길고 얇은 선이 될 수 있는 거야. 그게 제일 예쁜 피부 상식이거든.

꼿꼿이는 더는 그런 생각을 할 수 없게 되었어. 피부에 딱지가 덕지덕지 너무 많이 앉아서 그 흔적이 평생 남을 테니까.

10

뾰족이의 등장

외모를 가꾸느라 신이 나서 한참 동안 빈터에 신경을 쓰지 못했어. 숲하고 달라서 그곳은 그날이 그날이라 특별한 일이 별로 없었거든. 한동안 두발짐승이 얼룩이 친구를 데려오지 않았단다. 정기적으로 와서 땅을 파헤치던 그 얼룩이 말이야. 대신 양이나 염소를 데려왔지. 그게 뭐냐면, 역시나 머리에는 뿔이 달리고 덩치는 조금 작은 하얗거나 갈색인 동물이야. 갈색 죽음하고 비슷하게 여름 내내 초록이들을 먹어치우는데, 그 와중에 어떤 몹쓸 벌레가 납치해서 거기다 숨겨놓은 우리 아기 몇 그루도 같이 녀석들 입속으로 들어가버렸지. 어쨌거나 이 두발짐승의 새 친구들은 귀찮은 초록이들을 서서히 빈터에서 몰아내주었어.

그렇다고 해서 우리가 있는 숲처럼 초록 거인들이 그 자리를 메웠던 것은 아냐. 그렇게 생각했다면 완전 착각이야. 그 자리에 알록달록이들과 가시덤불이 자꾸자꾸 퍼져나갔는데, 네 발 동물들이 그건 아주 대놓고 싫어했기 때문이지. 그렇게 초록이가 사라져서 녀석들이 먹을 게 없다 보니 빈터는 차츰 황무지로 변해갔어. 먹성 좋은 친구를 데려오던 두발짐승도 서서히 발길을 끊었고 말이야. 그래도 우리 가족은 그곳에 뿌리를 내릴 수가 없었어. 드물기는 했어도 갈색 죽음이 순찰 삼아 나타나서는 우리 아기들을 먹어치웠거든.

많은 여름이 오고 가는 동안 상황은 변함이 없었어. 그게 내가 숲과 우리 가족에게로 온통 관심을 쏟았던 이유 중 하나야. 아침에 해가 뜨면서 몸에 살짝 당분이 돌 때는 힐끗 빈터를 쳐다보았지만, 그때를 빼면 온종일 우리 학급과 성장에만 정신을 팔았지.

    그러다가 사건이 잇달아 터졌어. 어느 날 문득 황량하던 빈터에서 전에 못 보던 새내기들을 발견한 거야. 그때만 해도 그 녀석들이 내 인생을 확 바꾸어놓으리라고는 상상도 못했지. 녀석들은 소나무였어. 그때는 뭔지 몰랐지만, 소나무는 키가 큰 초록이로, 이상할 정도로 가늘고 뾰족한 잎을 매달고 있어서 털북숭이처럼 보였지. 그 소나무가 하루아침에 갑자기 줄을 딱딱 맞추어서 빈터에 줄줄이 서 있었던 거야. 우리라면 절대 그렇게 자라지 못했을 텐데 말이야. 우리 유치원은 늘 다채롭고 명랑하며 제멋대로인 아이들이 모여 있는 곳이었니까. 그런데 그 새내기들은 어찌나 질서 정연한지 하품이 나올 정도로 따분해 보였어.

하지만 나무가 짧은 시간에 저렇게 빨리 자랄 수는 없는 거야. 나는 친구들과 머리를 맞대고서 대체 무슨 일이 일어났을까 온갖 추측을 해봤지. 이따금 날것들이 먼 들판에 선 거인 나무의 태아를 우리가 있는 곳으로 데려오기는 하지만, 그래 봤자 한 그루이고, 또 아무리 빨리 자란다고 해도 며칠 만에, 그것도 줄을 지어서 저렇게 크게 자라지는 못해.

며칠 동안 온 신경을 빈터로 쏟은 끝에 나는 결국 수수께끼의 정답을 찾아냈어. 범인은 두발짐승이었던 거야. 그들이 아직 남은 공터에서 이리저리 바쁘게 돌아다니고 있었거든. 그러면서 계속해서 이상한 물건으로 땅을 쑤셨고 그 구덩이에 키 큰 뾰족 초록이를 집어넣었지. 그리고 잠시 땅을 밟아 구멍을 완전히 메우고는 후다닥 떠나버렸어. 그들이 떠난 자리에는 빈터의 원주민들보다 키가 두 배는 더 큰 새내기 나무들이 줄지어 빼곡하게 서 있었고.

그 나무들은 쉬지 않고 자랐어. 해마다 얇고 뾰족한 잎 다발을 매단 새싹을 머리 위로 쌓아올렸는데, 녀석들의 싹은 어찌나 긴지 우리 싹보다 적어도 열 배는 더 길었을 거야. 그런데 어머니들의 잎 지붕 탓에 늘 다이어트를 해야 하는 우리와 달리 뾰족이들은 아무도 단속하는 어른이 없었지. 그래서 온종일 해를 쨍쨍 받으며 당분을 배 터지게 먹어댔으므로 쌩쌩 빠르게 자랐을 뿐 아니라 잎도 진하디진한 초록색이었어. 처음부터도 나는 그 녀석들이 밥맛이었는데 녀석들이 아침 해를 가리자 정말 정말 싫어졌어. 뾰족이들은 빈터를 장악한 초록 거인들이었지.

이유는 알 수 없었지만, 갈색 죽음이 뾰족이들을 보호해주었어. 그러니 그야말로 거칠 것이 없어 보였지. 더구나 뾰족이들은 악취라고까지 할 수는 없어도 불쾌한 냄새를 풍겼어. 날이 더워지자 코를 찌르는 냄새가 온 숲을 떠다녔지. 벌레들이 녀석들을 괴롭히지 않는 이유도 저 냄새일까? 솔직히 고백하면 나는 저 녀석들이 어서 죽어버리면 정말 좋겠다고 생각했어. 녀석들의 그늘 탓에 내 잎사귀에 떨어지는 아침 햇빛이 심하게 줄어서 이제는 나도 나머지 가족들처럼 해가 중천에 뜨기를 기다리는 수밖에 없었거든. 그래야 겨우 평소처럼 당분이 조금 힘차게 잎으로 흘러들어 왔으니까.

몇몇 친구는 빈터 소나무의 넝지가 크니까 그래도 공기가 더 촉촉해지지 않을까 기대했지만, 그것 역시 틀렸어. 숲이 늘어나면 습기도 더 늘어난다는 방정식이 뾰족이들한테는 안 통했거든. 털북숭이가 전하는 소식을 들어보면, 오히려 녀석들이 자라는 땅은 눈에 띄게 바짝 말랐다고 해.

털북숭이들은 이 새로운 숲으로 들어가서 그 땅에 자기 자손을 퍼뜨리려고 했지. 하지만 뜻대로 되지 않았어. 털북숭이들이 아무리 서비스를 해주겠다고 홍보를 해도 소나무들이 도통 당분을 주지 않았거든. 분명 다른 털북숭이하고 한 패거리여서 우리 털북숭이는 아는 척도 하지 않았던 것 같아. 그래서 우리 털북숭이들도 직접 눈으로 볼 수 있는 것이나 바람이 냄새로 실어오는 것 말고는 별 새 소식을 물어다 주지 못했지.

　　우리의 쓰레기 처리반도 웅성대기 시작했어. 경쟁자가 생겼거든. 뽀족이가 자라는 땅에 낯선 처리반이 등장했는데, 우리 처리반처럼 크기는 작지만 다른 똥을 전문적으로 처리했지. 우리 쓰레기 처리반의 대다수가 그곳에서 떨어지는 낙엽은 너무 시어서 도저히 먹을 수가 없다고 했거든. 그래서 우리 처리반은 새 숲으로는 들어가지 않으려고 했고, 사실 가고 싶어도 갈 수가 없었어. 이미 다른 처리반이 차지하고 있었으니까. 그 낯선 쓰레기 처리반은 분명 날것들이 데려왔을 거야. 날것들은 나무 태아도 여기저기로 데려가서 퍼뜨리니까 말이야. 어쨌거나 그중 몇은 우리 잎사귀를 싫어했으므로, 우리 처리반에게는 예전의 빈터 경계선이 안전을 보장하는 일종의 바리케이드였던 셈이지.

　　그러나 나는 마음이 편치 않았어. 숲 더 안쪽, 이 끔찍하고 건장한 거인들이 안 보이는 곳, 너도밤나무들의 한가운데에서 태어났더라면 얼마나 좋았을까 생각했지. 녀석들이 빈터에 만족해서 우리 숲은 절대 넘보지 않는다고, 어느 누가 장담할 수 있겠느냐 말이야.

하지만 뽀족이들도 보기와는 달리 천하무적은 아니었어. 몇십 번의 여름을 보낸 후 청소년 티를 벗고 감탄이 나올 만큼 키가 자라더니, 벌써 몇 그루가 세상을 뜨고 말았거든. 보아하니 역겨운 냄새로 두발짐승을 유혹했던 모양이야. 두발짐승들이 떼거리로 몰려와서는 뾰족이 거인들 아래에서 난리법석을 피웠거든. 두발짐승들은 뾰족이들의 몸통을 쓰러뜨려 죽였어. 그런데 놀랍게도 살아남은 친구들이 잘린 친구의 그루터기를 도와주지 않고 그냥 비참하게 썩게 내버려두는 거야.

또 특이한 점은 이 거인들이 서 있어도 그 밑의 땅에는 충분한 빛이 들어가서 초록이들이 자랄 수가 있었어. 그러니까 뾰족이들은 갈색 죽음이 초록이를 먹으러 자기가 있는 곳에 와도 아무 상관이 없었던 거지. 잎 지붕을 빼곡하게 채운다는 숲의 가장 중요한 기본 규칙 중 하나를 대놓고 무시한 셈이야. 한마디로 우리가 자기들이 사는 빈터에 들어오지 못하도록 수단과 방법을 가리지 않았지.

우리만큼 키가 자라는 다른 초록 거인들이 더 있는지 알고 싶다고? 맞아, 더 있어. 저쪽에 있는 피부가 거칠거칠한 세 녀석만 봐도 알 수 있지. 저 녀석들은 너도밤나무가 아니라 참나무야. 우리는 저 녀석들을 겁쟁이라고 불러.

그 당시에도 우리 가족 틈에는 우리와 겨루려는 온갖 다른 거인 나무들이 우뚝 솟아 있었어. 우리는 녀석들을 대놓고 멸시했지. 어떻게든 높이 자라려고만 할 뿐, 말도 할 줄 모르고 서로 걱정해줄 줄도 모르는 놈들이었으니까. 그중에서도 겁쟁이들은 무리가 아주 작았어. 하긴 우리 틈에서 큰 자리를 차지할 수가 없었겠지. 녀석들의 작전은 속도였어. 우리 어른이 한 분 돌아가셔서 잎 지붕에 틈이 생기면 녀석들이 잽싸게 그 자리를 차지하는 거야. 새들이 녀석들의 태아를 땅에 고이 잘 묻어두기 때문에 많은 수의 아기가 얼른 껍질을 부수고 나올 수 있거든. 그리고 일단 태어난 아기 나무들은 우리 아기들이 따라잡을 수 없는 속도로 자라서 빠르게 청소년 무리를 형성하고는 자기 자리를 주장하지.

하지만 이 무리 밖에서 태어난 겁쟁이는 어찌어찌 몇 해 여름은 무사히 넘긴다고 해도 결국엔 죽고 말아. 우리의 끈기와 협력이 언젠가는 결실을 봐서 이 외톨이를 협공할 수 있게 되니까. 겁쟁이를 빙 둘러싼 우리 가족이 나뭇가지를 겁쟁이한테로 마구 뻗어서 녀석에게 마지막 남은 빛까지 몽땅 빼앗아버리는 거지. 그러면 겁쟁이는 절망과 두려움에 떨면서 몸통 아래쪽에 다발로 가지를 만들어서 뻗어보지만, 그런 가지는 나올 때도 금방이지만 시들 때도 금방이야.

어두운 곳에서 싹을 틔우지 못한다는 것은 삼척동자도 아는 사실이잖아. 깜깜한 바닥에선 당분을 만들지 못하니까 말이야. 겁쟁이는 그렇게 쓸데없이 힘을 낭비하다가 최후를 맞게 되지. 시든 가지, 큰 조각으로 갈라져 뚝뚝 떨어지는 피부, 썩어가는 몸통은 우리 자리를 노리려던 녀석의 시도가 무모했다는 선언과 다르지 않아.

하지만 무리를 지어 자라면 그중에서 운 좋은 몇 그루는 살아남아서 장수를 누렸어. 이런 겁쟁이들은 눈에 띄지 않게 조심조심 행동하고 숲의 리듬에 맞추어 살았으며 뾰족이와 달리 더 이상의 문제를 일으키지 않았기에 우리는 녀석들을 그냥 내버려두었어. 심지어 우리 아이들도 녀석들의 뿌리 곁에서는 잘 자랐거든. 게다가 나중에 알았지만 녀석들은 우리 공동체에 또 다른 아주 특별한 의미가 있었지.

너희에게 초록 거인들을 일일이 다 설명하고 싶지는 않지만, 한 녀석만은 언급하고 넘어가야겠구나. 생김새는 뾰족이하고 비슷하고, 긴 잠을 자는 동안 작고 얇은 잎을 가지에 그대로 붙여두는 것도 닮았지. 하지만 잎의 생김새가 뾰족하지는 않았고 고약한 짓을 하지도 않았어. 우리 틈에서 한 그루씩 자라기 때문에 거의 방해가 되지 않았던 거지. 녀석에게서 떨어지는 이파리와 가지와 각질은 우리의 쓰레기 처리반도 잘 소화했고, 심지어 털북숭이들도 녀석들이 주는 당분에 만족했어. 그래도 나는 우리끼리만 살면 더 좋겠다고 늘 생각했지.

이름이 전나무인 이 초록 거인들은 키가 정말로 커서 우리 너도밤나무보다 훨씬 컸기 때문이야. 몇몇은 우리 키의 절반

만큼이나 더 위로 솟구쳐올라서 그 위에서 우리를 내려다보았기에, 우리 참된 자들의 어른들이 이제 더는 숲을 다스리는 천하무적 지배자가 아니라는 기분이 들 정도였지. 하지만 한 그루씩 흩어져서 자랄 뿐 무리를 짓지 않아서 약간 어리숙해 보이기는 했어도 사실 나쁘지 않은 이웃이었단다. 곱사등이 이모는 따분한 수업시간에 이런 정보들을 하염없이 되풀이했어. 여전히 졸업하지 못한 꼿꼿이와 나는 이모가 하고 또 하는 그 말들을 하는 수 없이 참고 들어야 했고.

그럼 다시 한때 빈터였던 그 새로운 숲에서 일어났던 일로 돌아가보기로 하자. 앞에서도 말했듯 뾰족이들은 땅으로 떨어지는 빛을 줄여 갈색 죽음을 몰아내려는 노력을 전혀 하지 않았어. 그것 말고도 갈색 죽음이 번성한 이유는 또 있었어. 우리 공동체의 중요한 동맹군, 우리가 회색이라 부르던 늑대가 사라진 거야. 네 발 회색이들은 갈색 죽음을 물어 죽였어. 덩치는 비슷한데 어떻게 그럴 수 있는지는 나도 몰라. 하지만 노인들의 이야기를 들어보면 회색이는 우리가 아기들을 죽이는 갈색 죽음과 싸울 때마다 큰 도움을 주었다고 해. 회색이가 나타나면 갈색 죽음이 걸음아 날 살려라 도망을 쳤다니까. 하지만 그건 이미 오래전 일이었어. 회색이를 마지막으로 본 것이 우리가 긴 잠을 자다가 화들짝 놀라 깨었을 때니까. 털북숭이들 말로는 그때 본 늑대가 마지막이었다는군. 그것이 뾰족이들하고 무슨 연관이 있는지는 알아내지 못했어.

시간이 흐르면서 나는 뾰족이들이 정말로 미워졌어. 녀석들이 끌어들인 두발짐승이 녀석들로 만족하지 않고 우리 가족에게마저 손을 대기 시작했으니까. 처음으로 늙은 너도밤나무가 쓰러지는 순간 나의 세계관도 무너졌지. 그때까지만 해도 나는 우리 노인들은 누구에게도, 그 무엇에게도 흔들리지 않는 천하무적이라고 믿었거든. 거센 폭풍이 불어와야, 아니면 천수를 다 누린 후 나쁜 털북숭이가 달려들어야 겨우 쓰러뜨릴 수 있는 존재라고 말이야. 하지만 인제 보니 두발짐승은 갈색 죽음보다 훨씬 더 위험한 존재였어.

II

이상한 두발짐승

너희에게 두발짐승에 대해 조금 더 상세하게 설명할 때가 왔구나. 그 두발짐승은 날것이나 갈색 죽음하고는 전혀 다르게 생겼어. 두 발로 움직이니 당연하겠지. 안 그랬으면 두발짐승이라는 이름을 안 붙였을 테니까. 그래도 참 이상해. 그렇게 적은 수의 다리로 돌아다니는 짐승은 거의 없거든. 녀석들은 머리통 위에만 털이 붙어 있고 나머지 몸통은 헐거운 껍데기가 덮고 있는데, 그 껍데기를 벗었다 입었다 할 수가 있더라고. 그런 건 처음 봤어.

　　녀석들이 나타나면 코를 찌르는 냄새가 빈터와 숲을 뒤덮었지. 뭔가 짠 내와 죽은 쓰레기 처리반 냄새 같았어. 자주 오지는 않았지만, 한 번 왔다 하면 갈색 죽음하고는 다르게 여럿이 동시에 몰려와서는 뾰족이들 틈에서 (그리고 그때 이후로는 우리들

틈에서도) 일을 벌였지. 처음에는 뇌우처럼 행동했어. 뇌우라니 이상하지만 그것 말고는 달리 표현할 말이 없네.

뇌우 말고 그만큼 강렬한 빛을 낼 수 있는 존재를 본 적이 없는데, 딱 그들이 그런 짓을 했거든. 잠시 주저앉는가 싶더니 초록 거인들의 뼈를 끌고 와서는 어떻게 어떻게 엄청난 열기를 만들어내며 나무를 활활 태워버렸으니까. 보통 그런 일은 천둥 번개가 심하게 치는 날에도 잘 일어나지 않아. 번개는 항상 저 높은 하늘에서 시작되거든. 그럼 눈부시게 환한 줄이 어두운 구름을 뚫고 땅으로 번쩍 내려꽂히지. 이 빛 현상은 귀가 먹먹할 만큼 굉음을 데리고 오는데, 그 소리가 메아리쳐 한참 동안 주변 언덕으로 퍼져나갔단다.

가끔 우리 어른들이 그 뜨거운 줄에 닿을 때도 있지만, 그래 봤자 제일 꼭대기 가지를 지나 비에 젖은 피부를 타고 아래로 내려가 땅속으로 사라지고 말아. 그럼 그 나무와 뿌리로 연결된 주변의 모든 나무는 물론이고 땅속 벌레들과 털북숭이들까지 심한 통증을 느끼지. 하지만 털북숭이도 우리도 몸이 상하는 일은 거의 없어. 다만 땅속에 사는 벌레 몇 마리가 죽기는 하지만 어차피 그런 벌레는 수명이 길지도 않고 또 워낙 빠른 속도로 번식할 수 있으니까 별 문제가 되지 않아. 그런 일이 일어났다고 해서 그 주변에서 나뭇잎이나 떨어진 각질, 죽은 나뭇가지의 청소가 눈에 띄게 더뎌지는 일은 거의 없으니까.

겁쟁이처럼 딴 곳에서 온 거인들은 그렇지가 않은가 봐.

녀석들은 피부가 거칠어서 하늘에서 내리치는 빛이 겉이 아니라 속의 혈관을 지나가거든. 그럼 무시무시한 소리를 내면서 혈관이 터져버려. 엄청나게 많은 뼛조각이 주변으로 날리고 불쌍한 녀석은 평생 긴 흉터를 안고 살아가야 해.

하지만 그럴 때도 뜨거운 불꽃이 일지는 않아. 또 빛이 번쩍이는 시간도 정말 짧지. 두발짐승이 나타나기 전까지는 그런 것을 본 적이 없었어. 물론 우리 어른들(맞아, 곱사등이 이모도 거기에 들어가)은 까마득한 옛날 언젠가 두발짐승이 죽어 떨어진 나뭇가지 틈에서 불을 붙인 사건을 알고 있었지. 불이 너무 뜨거워서 주변 나무뿌리 끝의 일부가 탔는데, 평생 그 상처가 낫지 않았대. 하지만 워낙 옛날 일이기에, 우리 젊은 나무들은 믿기지 않았지. 그런데 갑자기 그 두발짐승이 다시 나타나서 우리 어른들의 기억이 틀리지 않았음을 입증한 거야.

앞에서 두발짐승이 다른 동물들을 데려왔다고 이야기했을 거야. 그중에서도 특히 얼룩이는 새내기를 흔쾌히 도와주었지. 뭐, 흔쾌히는 아니라고 해도 어쨌든 둘이서 여름 내내 함께 빈터를 열심히 오갔거든. 그리고 누가 봐도 둘 다 초록이만 먹고 사는 것 같아서, 우리는 오래오래 그렇게 믿었어. 그런데 얼룩이 다음으로 뾰족이가 빈터에 등장하자 녀석들의 입맛도 달라졌어. 뾰족이는 오랫동안 혼자 절로 잘 자랐는데, 빛을 너무 낭비하는 것 말고는 크게 성가시게 굴지는 않았지.

뾰족이가 워낙 빛을 낭비하니 그 밑에서 온갖 초록이가 번성했고, 그것들을 쫓아 갈색 죽음이 다시 나타났기에 우리는 그 소식을 물어 나르느라 바빴어. 그러다 드디어 두발짐승이 본색을 드러내기 시작했지. 뾰족이들을 잡아먹기 시작한 거야! 아무리 봐도 뾰족이를 지금까지 양식으로 삼던 초록이와 비슷하다고 여기는 것 같았어. 하지만 초록 거인들은 깨물어 먹기가 쉽지 않아. 뾰족이도 몸통이 우리하고 같아서 두껍고 딱딱하거든. 하지만 두발짐승한테는 거대한 이빨이 있어서 그것으로 뾰족이를 쓰러뜨린 후에 조각조각 냈지. 그런데 녀석들은 (회색이와 달리) 이빨을 몸에 붙이고 다니지 않았어. 항상 둘이서 긴 금속 이빨 하나를 사이에 두고 이리저리 밀면서 뾰족이의 몸통을 조각 내는 거야. 그러고는 그것을 뼈 판자에 싣고는 얼룩이한테 끌려서 숲 밖으로 나갔지.

안타깝게도 녀석들의 허기는 뾰족이만으로 달래지지 않는 모양이었어. 어느 날 우리 어머니 옆에 서 있던 이모 한 분도 그 녀석들에게 붙들리고 말았거든. 두발짐승들이 동틀 무렵에 이모의 몸통에 달라붙더니 금속이 붙은 날카로운 뼈로 이모를 마구 때렸던 거야. 잘린 조각이 사방으로 날았고 결국 이모는 땅에 쓰러지고 말았지. 그러고도 녀석들은 이틀을 더 이모를 괴롭혀서 몸통을 조각조각 내더니 싣고 가버렸어. 물론 그 즉시 이모가 돌아가신 것은 아냐. 뿌리는 아직 생생했으니까. 하지만 이모는 몇 해 여름을 시름시름 앓다가 결국 숨을 거두고 말았어.

우리는 너무 놀라 온몸이 얼어붙었지. 한참 후 겨우 정신을 차린 우리는 한목소리로 도와달라고 외쳤어. 하지만 우리 친구도 도우미들도 어찌할 바를 몰랐어. 어찌해야 두발짐승을 몰아낼 수 있는지 아는 이가 하나도 없었지. 이모는 불행하게도 그날의 부상으로 결국 목숨을 잃었는데도 이모에게 당분을 나누어준 가족이 아무도 없었단다. 나는 너무 혼란스러워 그해 여름 내내 정신을 차릴 수가 없었어. 노인은 공동체가 먹여 살린다! 곱사등이 이모만 봐도 알 수 있지 않아? 어머니에게 조언을 구하지 않은 지 벌써 오래되었지만, 이번만큼은 도저히 참을 수가 없어 어머니에게 여쭈었지. 잠시 머뭇거리던 어머니는 그러자면 특별한 우정의 끈이 필요하다고 대답하셨어. 따라서 많은 참된 자들이 그런 불행을 겪은 후에 홀로 운명을 감수할 수밖에 없다고, 적어도 양분 문제는 홀로 감내해야 한다고 말이야. 다만 호시절에 참된 자들을 위해 아주 특별한 공을 세운 나무에게는 나이가 들어서도 당분을 힘껏 지원해준다고. 그렇지 않다면 당분은 자손이나 병자에게만 준다고 해.

곱사등이 이모가 왜 그렇게 대접을 받으면서 아이들 교육까지 맡게 되었는지, 나는 늘 그 이유가 궁금했어. 어머니 입에서 나온 대답은 참으로 놀라웠지. 그 곱사등이 그루터기가 한때 우리 부족의 족장이었다니 말이야. 곱사등이 이모는 어른 중에서도 최고 어른으로 수많은 여름을 거치며 온갖 경험을 했기에 오랜 시간 공동체를 슬기롭게 이끌 수 있었어. 그러나 오래전 여름 태풍이 땅 바로 윗부분에서 이모의 몸통을 부러뜨렸기에, 하는 수 없이 새 지도자를 뽑을 수밖에 없었대. 잎이 없어서 눈도 없고 후각도 잃었기에 이모는 뿌리로만 소식을 접하고 이야기를 전할 수 있었지. 그러다 보니 많은 사건이 너무 심하게 왜곡되었고 더는 정확한 결정을 내릴 수 없었던 거야.

그래도 곱사등이 이모는 오랜 옛날의 사건들을 기억에 담고 있었어. 이모가 아는 온갖 전략은 앞으로 또 쓰일 날이 올 수 있을 테고. 그러니 이모는 숲이 남긴 유언이었고, 옛 조상의 보물을 후손에게 전할 수 있는 유일한 나무였던 거야.

최근까지만 해도 나는 그런 데 별 관심이 없었어. 수업시간마다 폭격처럼 쏟아지는 지혜와 훈계에 아주 넌더리가 났거든. 하지만 두발짐승이 우리 숲에도 들어와서 난동을 피운 이후로는 조금 더 집중해서 이것저것에 관심을 기울이려 애썼어. 특히 이모가 쉬지 않고 되풀이하던 우정의 의미는 오래오래 남아 내 마음을 울렸지. 두발짐승에게 잡아먹히고, 공동체의 친구들에게도 버림받았던 그 불행한 노인이 내게 가만히 있지 말고 행동하라 설득했어. 친구를 찾아야 할 때가 온 거야. 하지만 고르고 말고 할 처지가 아니었어. 우리 학급의 학생 수가 둘로 줄어들었으니 말이야.

12

마침내 어른이 되다

그 재수 없는 짐승 이야기는 이 정도로 충분한 것 같아. 이따금 두발짐승이 나타나 공격을 했지만 그래도 우리 숲(물론 뾰족이는 빼고)의 생활은 평소와 다를 바 없었으니까. 우리 학급 전체를 다 합쳐도 꼿꼿이와 나밖에 안 남았다는 사실도 달라지지 않았어. 나머지 친구들은 다 병들거나 사고로 죽어버렸거든. 머리에 달린 뿔이 유난히 단단한 갈색 죽음한테 공격당한 친구도 많았어. 그놈이 그 단단한 뿔로 여러 친구의 뼈에서 피부를 뜯어내는 통에 어떻게 손을 쓸 수가 없었거든. 이 모든 이야기가 너무 가혹하게 들리지? 내 아이들아, 사실이 그렇단다. 어머니는 내게 말씀하셨어. 그 많은 자식 중에서 하나라도 건지면 큰 복이라고. 평생 하나도 건지지 못해서 죽을 때까지 후손을 남기지 못하는 어머니 나무가 한둘이 아니라고.

대부분의 참된 자는 어른이 되지 못하고 죽어. 그래서 나는 우리 어머니나 곱사등이 이모가 우리 학급 친구들에게 조금 더 일찍 그 말을 해주었더라면 좋았겠다고 생각했지. 그랬으면 일찍 떠난 친구들이 인생을 더 흠뻑 즐기고, 이것저것 부족하다고 툴툴대지 않았을 테니 말이야.

두발짐승에게 해코지를 당한 후 결국 세상을 뜬 그 노인 나무가 남긴 충격은 여전히 내 뼛속 깊이 박혀 있었어. 나는 친구를 사귀면 어떨까 심각하게 고민하기 시작했고. 그렇지만 사실 고르고 말고 할 것이 없었어. 주변에 남은 동년배는 꼿꼿이밖에 없었고, 녀석과의 관계는 아무리 좋게 본다고 해도 적당한 수준을 넘어서지 못했으니까. 뭐 좋아. 우리도 가끔 빈터에서 일어나는 일을 서로에게 들려주었고 몰래 곱사등이 이모를 험담했으며, 위험이 닥치면 다른 나무들과 함께 도와달라는 냄새를 뿜어냈어. 하지만 진짜 우정은 아니었지. 당분을 주고받는 문제도, 아니 무엇보다 그 문제에서는 아무리 좋게 보아도 지인 정도의 관계로밖에는 생각할 수 없었으니까. 하긴 지금껏 우리 둘 다 자기 허기 달래기에 급급했지. 지금껏 내가 사귄 진짜 친구는 비뚤이 하나밖에 없었어. 하지만 녀석과의 추억은 과거의 안개에 가려 서서히 빛을 잃어가고 있었지.

꼿꼿이는 워낙 흉터가 심해서 친구 후보감으로 1등은 아

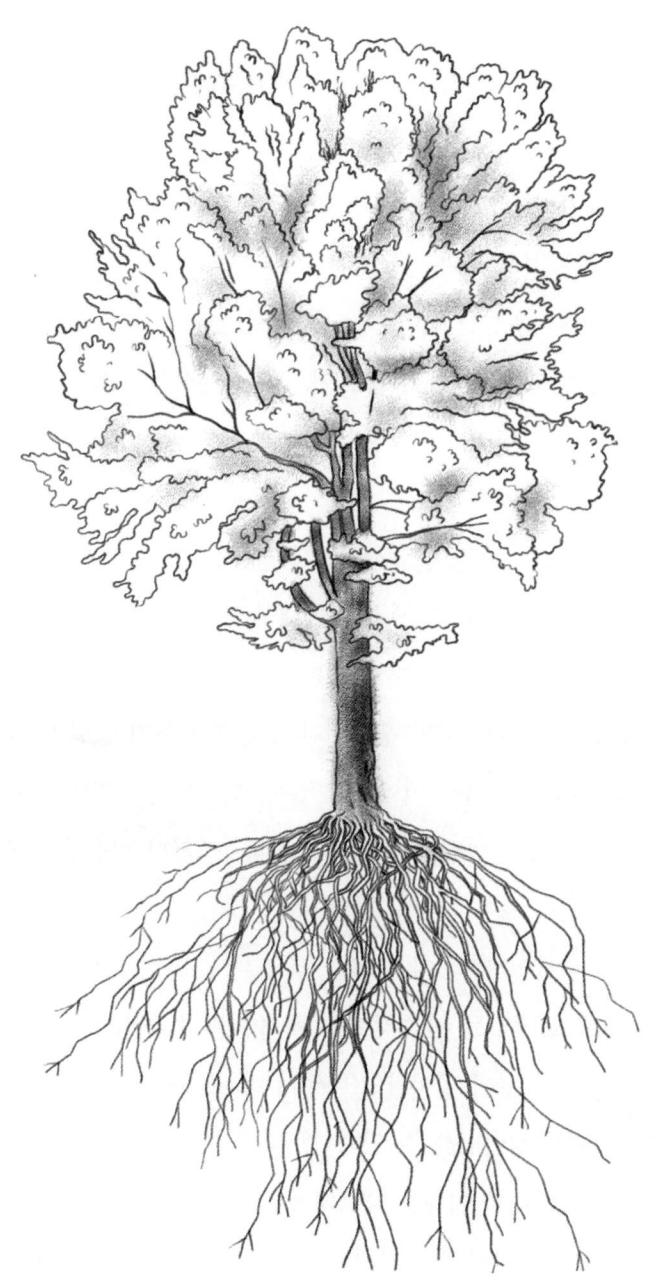

니었어. 더구나 그사이 내가 녀석을 훨씬 앞질렀거든. 당연히 내 잎사귀들이 빛을 더 많이 받았고, 내 혈관에 당분이 더 많이 흘렀겠지. 한때는 학급 1등이었지만 지금은 우정을 맺어본들 일방적인 관계가 아닐까? 나한테서 녀석에게로만 당분이 갈 뿐 돌아오는 당분은 없을 것이 뻔했어.

그러니 우정을 맺어본들 내 체력만 약해질 뿐 득이 있을까? 물론 나도 병이 들어 도움이 절실할 때가 있겠지. 하지만 제 몸 하나 간수하지 못해 빌빌대는 저 흉터투성이 약골이 과연 나를 구해줄 수 있을까?

공동체란, 우정이란 자신보다 상대를 먼저 생각하는 것이며, 나 혼자가 아니라 전체가 함께해야 셈이 맞아떨어진다는 생각을 그때만 해도 아직 하지 못했단다. 어쨌거나 내 삶은 아직 무탈했고, 혹시라도 일이 생기더라도 정말로 허기가 질 때면 조금씩 낭분을 수돈 하는 어머니가 옆에 계셨으니까. 아냐, 아무리 따져도 꼿꼿이는 생명보험이 되지 못해. 그러나 마음을 그렇게 먹어도 불안은 도통 가시지 않았어.

최근 들어 여러 가지 일을 겪고 나니 더는 곱사등이 이모의 훈계를 쓸데없는 잔소리로만 흘려들을 수가 없게 된 거지. 나한테도 무슨 일이 일어나면 어떻게 하지? 나를 아끼는 이웃이 도와주어야만 살아남을 수 있다면?

지금껏 내가 이렇듯 태평하게 우정을 소홀히 했다는 것이 너희 눈에는 이상하게 보일지도 모르겠구나. 우리 학급 친구들이 다 죽고 둘만 살아남았다면 위험이 얼마나 순식간에 닥칠 수 있는지 진즉에 깨달아야 했을 텐데 말이야. 하지만 꼿꼿이를 미워하는 마음에 눈이 멀고 귀가 먹고 코가 막혀서 나는 미처 그런 생각을 하지 못했단다. 하지만 이제라도 늦지 않았을지 몰라. 그게 아니더라도 녀석이 나와 더 가까워지고 싶었다면 자기 쪽에서 먼저 나를 찾았겠지.

상관없어. 어쨌거나 시도는 해봐야겠지. 나는 꼿꼿이가 선 땅 밑으로 내 뿌리 끝을 조심조심 뻗었어.

놀랍게도 녀석은 내가 자기 뿌리를 만지게 내버려두었을 뿐 아니라 자기 뿌리 끝으로 나를 휘감았어. 어머, 깜짝이야! 잠깐 공포가 밀려왔어. 녀석이 나를 덮치는 것 같은 기분이 살짝 들었거든. 하지만 아니었어. 녀석이 정말로 마음을 푹 놓았던 거야. 갈증에 목이 타들어가는 나무처럼 녀석은 내 뿌리를 이용해 털북숭이들에게 우리를 수천 군데에 연결해달라고 부탁했지. 나는 이미 마음을 먹었어. 처음이니까 내가 아량을 베풀어서 당분을 퍼주자고 말이야. 하지만 녀석은 물이나 당분에는 전혀 관심이 없었어. 대화에 목이 말랐던 거야. 벌써 오래전 여름부터 아무도 녀석에게 관심을 보이지 않았고, 아무도 녀석에게 안부를 묻지 않았거든. 물론 우리의 모든 대화와 털북숭이들의 전갈을 몰래 듣고 맛보고 냄새 맡았겠지만, 그런 소통은 너무 일방적이잖아. 녀석에게로 향할 뿐, 녀석에게서 나온 것은 없었으니까. 공동체 한가운데에서 꼿꼿이가 얼마나 외로웠겠어!

불쌍한 녀석은 몇 날 며칠을 두고 이야기도 하고 울기도 하고 농담도 던졌지. 이렇게 쉽게, 무엇보다 이렇게 빨리 우리 사이가 밀착될 줄은 상상도 하지 못했어. 하지만 이건 내가 원했던 것이 아니었지. 안 그래도 주변에서 충격적인 일이 너무 많이 일어나서 도무지 마음을 진정시킬 수가 없었는데, 이제 외톨이의 슬픈 감정까지 물밀 듯 밀려오다니, 도저히 감당이 안 되었어. 봇물 터지듯 밀려드는 이런 감정의 홍수는 막는 게 낫지 않을까? 폭풍 같은 녀석의 접근을 조금 가라앉히기 위해 여기저기에서 녀석의 뿌리 끝과 맞닿은 내 뿌리에 살짝 힘을 빼거나 아예 녀석을 놓아버리면?

며칠이 지난 어느 날이었어. 마침 꼿꼿이가 또다시 자기가 한때는 학급에서 1등이었다는 이야기를 혼자서 늘어놓고 있었지. 갑자기 녀석이 말을 멈추었어. 두툼한 나뭇가지 하나가 저 위에서 툭 떨어져서 녀석을 바닥까지 산산조각 내버린 거야. 희미한 통증이 녀석의 뿌리를 타고 내게로도 전해졌는데, 며칠 동안 점점 더 심해지다가 서서히 약해졌어.

　　벌써 이렇게 불러도 될까 싶지만, 어쨌든 나의 새 친구는 완전히 내게 의지하는 신세가 되고 말았단다. 사실 나는 꼿꼿이를 필요할 때 내게 양분을 공급해줄 보험으로 삼으려고 했어. 나중에 늙었을 때 말이야. 그런데 저런 상태라면 그럴 수 없을 테고, 설사 된다고 해도 그때까지 내가 계속 양분을 지원해주어야만 할 거야. 그러자면 내가 평생 골골대겠지.

그런 생각이 내 뿌리를 타고 흐르는 동안 꼿꼿이는 꺼져가는 힘으로 더 악착같이 내 뿌리를 붙들려 용을 썼어. 하지만 나는 녀석을 도와줄 수 없었지. 어머니 그늘에 살면서 내 입 하나 채우기도 급급한 청년 주제에, 어디서 당분을 더 구하겠느냐 말이야. 어떻게 친구를 계속 먹여 살릴 수 있을 만큼 넉넉히 가지를 치겠어. 꼿꼿이는 자신을 버리지 말라며 울면서 애원했지만, 나는 무거운 마음으로 움켜쥔 친구의 뿌리를 놓고 말았지.

햇빛 가득한 저 높은 곳에 건장한 수관을 펼쳐서 불쌍한 장애아에게 음식 조금 나누어줄 수 있는 어떤 이모가 녀석을 돌봐줄 수는 없을까? 하지만 이모들은 도와주려는 기미가 전혀 보이지 않았고, 이런 비상상황을 알아차렸다는 신호조차 보내지 않았어. 결국, 친구가 될 뻔했던 나의 학우는 두발짐승에게 잡아먹힌 할머니 나무와 같은 운명을 맞이하고 말았지. 녀석은 그해 여름을 넘기지 못하고 외롭고 쓸쓸하게 죽었단다.

이 불행의 원인은 작년 여름부터 부쩍 말수가 줄었던 우리 어머니였어. 그제야 고백을 하셨는데, 어머니는 뼈 질환을 앓고 계셨지. 말굽버섯 같은 나쁜 털북숭이가 어머니 몸을 잡아먹고 있었던 거야. 그럼 그냥 통증으로 그치지 않아. 몇몇 가지가 잎을 떨구면서 바짝 말라버리고, 아직 숨이 붙은 가지에서도 잔가지 형태가 달라지지. 싹이 짧아서 신나게 하늘을 향해 뻗어나가지 못하고 통증으로 비틀어지는 거야. 이런 가지에 달린 잎은 크기가 아주 작아서, 어머니가 쇠약해졌다는 것을 만천하가 알게 돼.

어머니는 누가 봐도 정말 힘겹게 긴 잠에서 깨어난 것 같았고, 남은 당분이 위태로울 정도로 적어서 젖먹던 힘까지 다 짜내 겨우겨우 옹색한 잎을 만들었어. 그제야 나는 어머니가 지금껏 얼마나 헌신적으로 나를 지원했는지 불현듯 깨달았단다. 여전히 이따금 약간의 당분이 어머니의 뿌리에서 내 뿌리로 흘러왔으니 말이야. 도무지 채워지지 않는 나의 허기를 달래주기 위해, 또 내가 어른이 될 가능성을 높이기 위해서였지. 그런 사정을 다 알면서도 나는 거절하지 않았어. 너희도 경험할 테지만, 허기란 정말 힘이 세고 이기심을 부추기는 느낌이거든.

뼈를 갉아먹는 털북숭이들은 느리지만 꾸준히 어머니의 늙은 몸을 갉아먹었어. 어느 날 어머니는 더는 죽은 가지를 붙들어둘 수 없었고, 그것이 꼿꼿이의 죽음을 불러왔던 거야. 그 가지가 끝이 아니었기에, 한때 그렇게나 웅장하던 어머니의 수관에도 구멍이 뻥 뚫렸어. 어머니의 시대가 끝났다는 사실을, 나는 슬프지만 인정하지 않을 수 없었지. 온갖 위험을 이기고 지켜온 나의 어린 시절이 저물고 있었어. 자유와 빛은 더 풍성하겠으나 어머니의 도움은 없는 그런 시간이 다가오고 있었어.

여름 햇빛이 잎 지붕에 뚫린 큰 구멍을 통해 내게로 떨어지자 처음으로 당분이 강하게 쏟아졌지. 하지만 나는 이 달콤한 당분의 강물을 한껏 즐길 수가 없었어. 눈부신 빛줄기가 내 연약한 잎을 태웠던 거야. 이듬해 봄이 되어서야 내 잎사귀와 거기에 붙은 눈들이 겨우 새로운 환경에 적응했지. 그해 봄, 어머니는 깨어나지 못하셨어. 처음에는 어머니가 그냥 잠을 오래 주무신다고 믿었지만, 그 희망은 여름이 가면서 무너지고 말았지. 조각조각 난 어머니 피부가 죽은 뼈에서 뚝뚝 떨어졌고, 이제 나는 온전히 쏟아지는 빛을 받으며, 튼튼히 무장한 잎을 매달고서 거대한 우리 공동체의 완전한 구성원으로 살아갈 삶을 눈앞에 두었던 거야. 그 사실을 내게 알려주며 단맛에 취한 나를 깨워준 이는 곱사등이 이모였어.

이모는 이렇게 말씀하셨어. 그냥 부른 배를 두드리며 이 순간을 즐기는 것도 너무 좋을 것이다. 하지만 어서 최선을 다해 숲의 제일 꼭대기 잎 지붕을 덮어야 한다. 안 그러면 이웃 이모들이 가지를 키워 차츰 어머니가 내놓은 구멍을 덮어버릴 것이다. 어머니의 죽음은 너에게는 기회다. 그 기회를 낚아채 끝없는 기다림을 마무리하라고 어머니가 주신 마지막 선물이다.

하지만 어떻게? 어찌해야 서둘러 위로 자랄 수 있지? 곱사등이 이모는 마음 넓게도 이미 여름마다 수도 없이 되풀이했던 내용이지만, 옛 학급에서 유일하게 살아남은 나를 위해 다시 한번 그 방법을 요약해주겠노라 말했지. 이웃이나 털북숭이가 전하는 이런저런 소식에 한눈팔지 말고 정신을 최대한 집중해 온 힘을 꼭대기 싹에다 쏟아부어야 빨리 자란다고 말이야. 이모는 다시 한번 다른 이모들을 언급했어. 이모들은 나를 기다려주지 않는다고, 내가 빨리 그 빈 자리를 차지하지 않으면 이모들이 금세 나누어 가진다고. 물론 그렇게 되어도 내가 죽지는 않겠지만, 나는 또다시 온갖 위험을 감수하며 오래오래 기다려야 한다고. 내 주변 이모 중 하나가 어머니 뒤를 따라가서 잎 지붕에 다시 틈이 생겨야만 겨우 다시 기회를 노려볼 수 있다고. 물론 그것도 내가 그때까지 살아 있어야 가능한 시나리오겠지만 말이야.

다가올 여름 내내 어떤 소식에도 귀 기울이지 말아야 한다니, 나는 더럭 겁이 났어. 나쁜 벌레나 마음씨 고약한 털북숭이가 공격하면 어쩌지? 지금까지는 제때 도착한 경고 덕분에 대비할 시간이 넉넉했거든. 그 시간 동안 독성 액체를 혈관에 펌프질해 넣어서 공격자의 입맛을 떨어뜨리면 되었으니까. 그에 더해 뿌리와 털북숭이의 결합을 더욱 단단히 해 무장했고, 그러면 공격받은 가족 구성원이 병들어도 얼른 양분을 지원해줄 수 있었어. 그런데 온 힘을 새로운 임무에 쏟아붓는다면 나쁜 벌레가 쉽사리 나를 덮칠 수도 있잖아. 물론 보다시피 그런 일은 일어나지 않았지만 말이야.

그래서 나는 이모의 충고에 따라 서둘러 성장하기 시작했고, 거기에 정신을 집중하느라 우울한 고민은 할 틈이 없었어.

심지어 허기가 사라졌다는 사실도 깨닫지 못했지. 여름이 다시 올 때마다, 가지가 더 길어질 때마다 고도를 높이는 빛 덕분에 나는 늘 배가 불렀어. 나는 늘 위를 쳐다보면서 나와 틈을 두고 경쟁하는 이모들 가지를 눈에서 놓치지 않았어.

지금 와서 보면, 그것은 어른으로서의 책임에 진지하게 임하겠다는 내 의지를 시험하는 마지막 관문이었던 셈이야. 하지만 그때는 다들 나를 미워한다고 느꼈고, 미움이라면 이미 충분히 받았노라고 생각했지. 마지막으로 또 한 번의 여름이 오자, 내가 틔운 이파리로 꼭대기 잎 지붕의 바깥을 처음으로 내다볼 수 있게 되었어. 거기엔 빛이 넘쳐났고, 그와 동시에 주변 어른들은 이제 더는 내가 있는 방향으로 가지를 내밀지 않았지. 경쟁은 끝났어. 소식에 귀를 막아야 하는 시간도 지나갔어. 곱사등이 이모가 축하 인사를 건넸어. 이모는 벌써 한참 전부터 우리 다음 학급을 맡아서 열심히 가르치는 중이셨거든.

하지만 나는 아직 털북숭이들이 내 뿌리로 전하는 소식에 신경을 쓰지 못했어. 지금까지의 삶에서 가장 큰 기적 하나가 일어났거든. 내가 멀리 볼 수 있게 된 거야. 잎 지붕 너머의 세상이 얼마나 멋진 경험일 수 있는지, 누구도 말해준 적 없었으니까. 너희에게도 어떻게 설명해야 할지 모르겠지만, 정말로 자유롭다는 느낌이었어. 구름에 가린 초록 언덕이 지평선까지 뻗어 있고,

그 너머로 펼쳐진 눈부시게 푸른 하늘 한가운데에는 당분을 선사하는 태양이 떠 있었어.

언덕은 알고 보니 우리 공동체의 일원이었어. 여기저기 흩어져 서 있는 부드러운 거인 나무들의 검푸른 꼭대기가 언덕 위로 삐죽삐죽 솟아 있었지. 빈터도 여기서 보니 거의 알아볼 수가 없었어. 뾰족이들은 두발짐승이 잡아먹고 남긴 구멍 숭숭 뚫린 검푸른 작은 구름처럼 보였어. 저 멀리서 솟구치는 가느다란 연기 기둥을 보고는 온몸에 소름이 돋았어. 분명히 거기서 두발짐승들이 또 나무를 잡아먹고 있을 테니까. 그래도 까마득히 먼 곳이니 아직 우리까지 위험하진 않겠지.

더 보기 좋은 다른 풍경도 있었어. 아직 비가 시작되지도 않았는데 나는 두꺼운 먹구름이 밀려오거나 번쩍번쩍, 우르릉 쾅쾅 요란 떠는 천둥 번개를 볼 수 있었어. 그런 날에는 어김없이 폭우가 쏟아졌지. 내 몸통이 힘차게 부피를 키웠던 아름답고 무탈한 여름이었어. 아직은 키만 껑충 클 뿐 몸통은 어른만큼 두텁지 않았지만, 그래도 분명 앞으로는 어른 대접을 받을 테고 아무도 나를 무시하지 않겠지.

13

사랑의 기적

어릴 적에도 사랑 이야기라면 많이 들었어. 어른들끼리만 아는 그런 일들 말이야. 물론 그게 뭔지 정확히는 몰랐지만, 후손을 낳아 기르는 일은 참 재미있어 보였지. 몇 년에 한 번씩 우리는 뿌리가 있는 땅속으로 퍼져나가는 흥분을 느꼈고, 주변 어른들이 뱉어내는 먼지구름을 목격했으며, 가을에 땅으로 떨어져 내리는 태아들의 소리를 들으며 이 모든 것이 우리 어머니들에게 자제하기 힘든 욕망의 불을 지핀다고 예감했지. (우리 어머니들이 그런다니) 낯설었지만, 우리도 그 장관에 끼고 싶다는 마음은 무척 컸단다. 하지만 그렇게 집단으로 흥분할 때 정확히 무슨 일이 일어나며 기분이 어떤지 어머니와 곱사등이 이모, 다른 이모들에게 물어봐도, 금방 알게 될 테니 묻지 말라는 대답만 돌아왔지.

그렇게 몇 해 여름을 배부르게 먹고 잎 지붕 너머의 아름다운 풍경을 감상하면서 보낸 후 마침내 원로회의에서 기별이 왔어. 아니, 나한테만 온 것은 아니고 공동체의 모든 어른에게 연락이 온 거야. 다시 사랑의 큰 잔치를 계획할 시간이 되었노라고 말이야. 드디어 비밀이 밝혀질 때가 온 거지.

기별만 듣고도 내 몸에 변화가 생겼어. 나는 당황해서 내 몸을 느껴보았지. 기별을 듣자마자 내 뿌리로 무슨 액체가 들어와서 혈액순환을 촉진하는 걸까? 그게 아니면 나도 모르게 그 노인들이 보낸 향기가 마약처럼 작용하는 걸까? 가지가 간질간질하고 콩콩 뛰기 시작했지만 벌써 긴 잠을 잘 시간이 다가왔어. 흥분으로 마음을 가라앉힐 수 없었어도 낮이 짧아지고 추위가 닥치자 긴장이 절로 풀리고 말았지.

이듬해 봄에는 깨어나자마자 고대하며 잔치를 기다렸어. 잎이 고개를 내밀고 햇빛을 듬뿍 받으며 위로 뻗어나갔고, 내 혈관으로 당분을 듬뿍 흘려보냈지. 잔뜩 먹고 정신이 말짱해지자 나는 궁금증을 참지 못해 둘레둘레 주변을 살폈지만, 여느 봄과 크게 다를 바 없었어. 다가올 한 해를 위해 이미 가지에 갓 돋아난 새싹 몇 개가 약간 생김새도 다르고 두툼하다는 것만 빼면 몸에도 별 변화가 없었지. 하지만 거기에서부터 시작된 간질간질한 느낌이 수천 배로 커져 온 가지 전체로 번져나가 즐거운 긴장감을 더 높였어.

　그래도 일단은 그것으로 끝이었어. 여름 내내 아무 일도 일어나지 않았거든. 옆에 선 이모들에게 대체 언제 시작되냐고 물었다가 괜히 내년 봄까지 참고 기다리라며 야단만 맞았어. 여름은 쨍쨍한 해와 두꺼운 먹구름, 숨 막히는 풍경을 동원해 나의 관심을 돌리려 애썼지만 소용없었어. 내 생각은 오직 그 성년식의 순간을 향해 달려갔으니까.

　물론 사랑이 뭔지 내 나름의 생각은 있었지만, 아주 막연했지. 사랑은 늘 아이들이 볼 수 없는 저 높은 곳의 가지에서 벌어졌거든. 사랑 행위가 한창일 때는 먼지가 너무 자욱해서 밑에 선 우리는 정말 짜증이 났어. 안 그래도 그늘에 가려 당분을 제대로 못 만드는데, 그 시기가 되면 우리 잎사귀에 황록색 가루가 두껍게 내려앉아서 더 배가 고팠거든. 더구나 그런 해에는 어머니들 마음이 콩밭에 가 있어서 먹이도 많이 주지 않았어. 그렇게 자기 자식들마저 내팽개칠 정도면 틀림없이 신나고 아름다운 일일 거야.

　그런 생각으로 나는 또 한 번 여름을 보냈고, 늘 그랬듯 눈앞이 흐려지자 잎을 떨어뜨렸지. 까무룩 잠이 들면서 잠깐 또 한 번 흥분의 파도가 밀어닥쳤지만, 나는 긴 잠에 잠기고 말았단다.

봄의 첫 햇살이 투명한 내 새싹 비늘에 떨어졌고 꿈도 꾸지 않은 추운 계절이 끝났지만, 낮의 길이가 점차 길어지는 것만 빼면 별다를 바 없었지. 해마다 새싹이 부풀어오르기 직전에 그랬듯 혈관에서 압력이 커졌지만, 이번에는 좀 달랐어. 가지에서 기분 좋은 간질거림이 심해졌지만, 정작 잎이 나와 펴졌을 때는 실망했단다. 가지에 매달린 잎의 숫자가 훨씬 적어서 이번에는 당분의 물결이 훨씬 약했거든. 동시에 폭신폭신한 공 모양의 녹색 꽃을 매단 이상한 싹이 나왔는데, 그것이 억제하기 힘든 욕망을 일깨웠지. 원래 잎이 자라야 할 자리를 그 싹이 차지하는 바람에 배를 채울 수 없었던 거야. 그래도 기분이 너무 좋았고, 그 기분이 하루하루 더해갔어.

그리고 마침내 참을 수 없던 긴장이 탁 풀어지면서 기쁨이 폭발했고, 수많은 작은 녹황색 꽃가루 알갱이가 공중으로 날아올랐지. 주변이 온통 먼지로 뒤덮였는데, 그건 우리 부족의 다른 어른들도 똑같았어. 새 생명을 창조하는 녹황색 안개가 허공에 자욱했지. 이웃 나무의 작은 알갱이들이 내 가지에 내려앉자마자 행복의 물결이 내 몸을 타고 흘렀으니까. 하지만 이 물결의 출발점은 가지가 아니라 다른 작은 털뭉치들이었어. 공 모양 먼지 옆에 똑바로 앉아 있는 작은 털뭉치들 말이야. 내가 그것으로 주변 너도밤나무들의 먼지를 정말이지 욕망했던 거야. 그러니까 그것이 바로 그 신비한 사랑이었던 거야.

참된 자들의 공동체 전체가 취한 듯한 상태였어. 한동안 모두가 허기와 위험 따위는 잊어버리고 온전히 먼지에만 푹 빠져 살았어. 그러다 서서히 기분이 잦아들었고 털뭉치들이 모조리 바닥으로 떨어졌어. 기운은 다 빠졌지만 그래도 아주 흡족한 마음으로 나는 며칠 동안 일어난 일들을 곱씹어봤고, 다음번 사랑의 물결은 또 언제 올까 예측해봤지. 다음번에 또 그런 기분이 들면 어떻게 해야 할까? 너무너무 알고 싶었어. 하지만 어디다 물어야 하지? 어머니는 돌아가셨고 곱사등이 이모는 동생들 가르치느라 여념이 없어서 아무런 정보도 알려주지 않으려 했거든. 그러면서도 자신에게 주기로 된 당분 할당량을 내가 아직 주지 않는다며 화를 냈어. 어른이라면 후손을 가르치는 대가로 반드시 이모에게 당분을 드려야 하는 의무가 있었으니 말이야.

그래서 나는 땅속으로 가는 뿌리 몇 가닥을 뻗어 이모의 뿌리를 붙들고는 당분을 살짝 건네주었어. 취한 기분이 더 가라앉자 이제는 견딜 수 없는 허기가 몰려왔어. 왜지? 나는 어른이고 내 이파리들은 거침없이 햇빛 목욕을 할 수 있으니 넘치도록 당분을 만들 수 있어야 마땅한데 말이야. 이런 상황에서 아무리 적은 양이라 해도 당분을 달라는 곱사등이 이모의 요구는 가히 뻔뻔스러울 지경이었지.

어디 물어볼 데가 없다는 깨달음이 새삼 뼈저리게 밀려왔어. 어머니, 곱사등이 이모, 꼿꼿이. 그 모두를 나는 어린 시절과 함께 잃어버렸어. 하지만 완전히 혼자는 아니었단다. 예전 빈터 방향으로, 내 뒤쪽 대각선 위치에 흉터투성이인 중년의(그러니까 나보다는 훨씬 나이가 많은) 너도밤나무 한 그루가 서 있었거든. 피부에 성한 데가 없어서 나처럼 매끈하고 흠잡을 데 없이 은회색인 자리가 거의 남아 있지 않았어. 곪은 상처로 뒤덮여 여기저기에서 악취 풍기는 검은 액체가 줄줄 흘렀지.

사랑이라면 별 아는 것이 없는 나 같은 젊은 성인에게는 쉽게 구할 수 있는 대화 상대였을까? 우리 사이의 거리는 예전 우리 학급 전체의 지름보다 훨씬 더 멀었지만, 그사이 가지와 더불어 내 뿌리들도 맹렬하게—땅 위 몸통보다 훨씬 멀리까지—뻗어나갔지. 그래서 지금껏 닿지 못했던 가족과도 이제는 직접 접촉할 수 있었던 거야.

지금 생각해보니 내가 너희에게 가족이 뭔지를 설명해주지 않았구나. 맞아, 가족은 껍질을 부수고 세상에 나온 이후 뿌리를 타고 흐르는 첫맛이란다. 너희도 말로 표현할 수 없는 그 푸근한 기분을 이미 느껴봤을 테지. 따지고 보면 아주 간단해. 가족이란 다른 참된 자들하고 같은 조상을 나눈다는 뜻이지. 그것이 얼마나 먼 과거의 일인지, 그 이후로 얼마나 많은 세대가 탄생했는지에 따라 서로를 묶는 끈이 더 단단하거나 더 느슨해지는 것이고. 엄밀히 말하면 우리 공동체 전체가 하나의 가족이지만, 그래도 어머니와 자식처럼 특별히 밀접한 관계가 있는 법이야.

내 뒤편의 흉터쟁이와 나의 공동 조상은 분명 오래전 과거의 어둠 속에서 살았을 거야. 어쨌든 그녀에게 특별히 끌리는 느낌은 없었어. 그래도 나는 호기심을 이기지 못하고 어두운 땅속을 지나 그녀의 털북숭이들 틈으로 내 뿌리 끝을 더듬더듬 밀어넣으면서, 그녀가 직접적인 접촉을 허락해주기를 바랐지. 놀랍게도 그녀는 금방 나를 받아주었어. 아마 상당한 외로움도 한몫했을 거야. 그녀 뒤편으로는 쌀쌀맞은 뾰족이들뿐이었고, 참된 자들의 숲 방향으로는 내가 첫 나무였거든. 이제 어른이 된 나의 힘찬 새 뿌리들은 결합을 허락했고, 흉터쟁이는 너무 성급하다 싶을 만큼 그것을 움켜쥐었지.

나는 곱사등이 이모가 가르쳐준 대로 간단히 내 소개를 마친 후 에두르지 않고 그녀에게 첫 번째 사랑의 해에는 일이 어떻게 진행되는지 물었어. 여름이 깊어질수록 허기가 점점 더 심해져서 당분 부족의 원인을 알고 싶었거든. 흉터쟁이는 잠깐 멈칫하더니 간단명료하게 대답했어. "너 임신했어." 임신? 그게 뭔데? 흉터쟁이는 먼지를 흡수해 부풀어오르는 솜털 뭉치를 가리켰어. 솜털 뭉치들이 벌써 더 두툼하고 더 둥글어진 데다 온몸이 가시투성이였거든.

잠시 더럭 겁이 났어. 나를 빨아먹으려고 낯선 생명체가 습격한 줄 알았으니까. 그녀도 내 마음을 읽었는지 웃으며 설명을 곁들였지. 단어 하나하나에 힘을 주면서 말이야. "네가 엄마가 된다고!" 수천 개의 태아가 내 위에서 자라면서 내 기운을 다

앗아갔던 거야.

부끄러운 마음에 나는 아무 대꾸도 하지 못했어. 그 수많은 너도밤나무 아기들이 어디서 왔겠어? 당연히 나도 어른들의 몸에서 떨어지던 그 수많은 각진 갈색 물건을 목격했지. 봄이면 거기서 명랑한 아기 나무들 한 무리가 태어났고. 하지만 그게 앞선 사랑의 도취와 관련 있는 줄은 미처 몰랐어. 아마 곱사등이 이모가 그 부분을 설명할 때 비뚤이하고 또 무슨 장난을 칠까 계획하고 있었겠지. 그러니까 이제 내가 엄마가 된다는 거였어. 아직 모성애를 느끼지도 않는데 말이야. 느껴지는 것은 계속되는 허기뿐이었고, 여름이 깊어질수록 허기는 더욱 심해졌지.

우리 어른들이 임신으로 기운이 없다 보니 날아다니는 작은 바구미들의 공격도 날로 심해졌어. 바구미들이 우리 잎을 갉아 구멍을 숭숭 냈고, 우리 잎에서 새끼를 키웠지. 크기가 워낙 작고 납작하다 보니 정말로 우리 잎 안으로 들어가 살았고, 그러다 보니 혈관을 타고 흐르는 당분의 물결이 막혔던 거야. 대가가 이렇게 혹독하다면 이제 더는 사랑을 하고 싶지 않다는 생각이 절로 들었지.

간질거리는 흥분의 감정은 기억 저편에서 색이 바랬고, 여름이 끝날 무렵이 되자 우리는 크게 안도했어. 태아들이 가시 박힌 껍질에서 나와 우리 뿌리께에 쌓인 낙엽 속으로 털퍽털퍽 떨어졌거든. 동시에 긴 잠이 다가왔지. 우리는 속을 비우고 낙엽을 떨어뜨렸고 모두 함께 지친 몸을 이끌고 꿈도 없는 검은 잠 속으로 빠져들었단다.

이듬해 봄에는 다시 정신을 차리기까지 평소보다 시간이 조금 더 걸렸어. 잠을 자는 동안 당분이 줄어서 통 기운을 차릴 수 없었거든. 그래도 어찌어찌 펌프질로 물을 길어올려 싹을 틔웠더니 혈관으로 달디단 물결이 힘차게 흘렀고 가지에는 다시 평소처럼 잎만 빼곡 매달렸지. 기운이 돌자 그 황홀한 사랑의 기분이 다시 그리웠지만, 그다지 유쾌하지 않았던 결과가 아직은 너무도 또렷하게 기억에 남아 있었어.

문득 수천 군데에서 내 뿌리를 건드리는 느낌이 들었어. 놀라 땅바닥을 내려다보았더니 거기에 너희가 있었지. 너희 형제자매 말이야. 뭔가 뭉클한 마음이 내 몸을 타고 흘렀고 나는 땅속의 내 뿌리에서 기쁨의 '가족'을 내보냈어. 그리고 주변의 수많은 신생아 중에서 누가 내 자식인지 조심조심 살폈지. 정말 정말 많았어! 그래도 나의 마음은 나뉘지 않았고 오히려 확인한 숫자만큼 자꾸만 커졌지. 아니 뭉클한 마음 이상이었어. 그건 사랑이었지. 작년 여름의 사랑과는 전혀 다른 사랑, 더 오래가지만 덜 몽롱한 그런 사랑. 작년 여름의 그 모든 희생을 보상해준 사랑이었어. 사랑과 함께 걱정도 커갔지. 갓 태어난 아기 나무를 노리는 위험이 무엇인지, 경험으로 잘 알았으니까.

예상대로 며칠 지나지 않아 갈색 죽음이 우리 아이들에게 달려들었고, 불과 몇 명만 남기고 다 잡아먹혔지. 절망이 밀려왔지만 도와줄 방도가 없었어. 하지만 우리 공동체도 보기와 달리 그저 속수무책이기만 한 것은 아니었어.

14

멧돼지 막는 법

앞에서도 말했듯이 갈색 죽음, 그러니까 노루를 막으려면 어두워야 해. 그래서 우리 어른들은 햇빛이 땅으로 들어가지 못하도록 빽빽한 잎 지붕으로 숲을 덮어버렸지. 그러면 갈색 죽음이 엄청 좋아하는 초록이와 알록달록이가 숲에서 뿌리를 내리지 못하거든. 그러니까 우리 공동체가 건강하면 위험한 노루를 만날 일이 드문 거야.

태어나 처음 며칠은 태아 적에 몸에 담아둔 당분이 아직 넉넉해서 갈색 죽음이 우리 신생아들을 정말 좋아해. 하지만 조금 시간이 흘러 허기가 닥치면 잎에 저장된 당분이 거의 남지 않기 때문에 인기도 시들해지지. 아무리 그래도 태어난 직후에 잡아먹히는 숫자는 정말 어마어마해.

이제, 내가 온전한 어른임을 입증해서 아이들을 무사히

낳았고, 더불어 완벽한 사랑의 주기도 거쳤으므로 원로회의가 내게 기별을 했어. 건장한 몸집을 자랑하는 원로회의 회원들은 일부는 너무 연로하고, 또 병으로 이미 속이 텅 빈 분들도 계셔서 워낙 말수가 적은 데다, 지금껏 나에게 직접 말을 걸어온 적은 한 번도 없었어. 뿌리를 직접 맞닿기에는 다들 너무 멀리 계셨으니까.

하지만 털북숭이들도 역시나 고령이어서 산비탈 절반가량의 땅속을 자기들 조직으로 점령하고 있었으므로 자발적으로 우리의 소통을 맡아주었지. 그제야 나는 왜 우리가 그 황홀한 사랑의 행위를 해마다 되풀이하지 않는지, 이유를 알게 되었어. 나도 직접 경험했듯이 첫째는 너무 힘이 많이 들어서 해마다 반복하다가는 수명이 급격하게 줄어들 거야. 임신으로 축난 몸을 회복하려면 여러 해가 걸리니까. 첫 번째 이유 못지않게 중요한 또 하나의 이유는 골치 아픈 짐승을 최대한 숲에서 몰아내기 위해서지.

멧돼지라고 부르는 그 짐승은 내가 아는 짐승 중에서 제일 막돼먹은 놈들이야. 떼를 지어 숲으로 몰려와서는 산 것은 무조건 닥치는 대로 먹어치우거든. 땅을 환기하는 지렁이, 죽은 벌레는 물론이고, 가끔은 갈색 죽음의 새끼까지 잡아먹으니까 말이야(물론 노루 새끼를 잡아먹어주면 우리야 좋지만). 또 가을이면 우

리의 도우미 털북숭이들한테서 알록달록한 작은 궁전을 빼앗고, 심지어 이웃 빈터의 초록이들까지도 가만두지 않았어. 하지만 녀석들이 제일 좋아하는 음식은 역시나 우리 태아들이었지.

지금껏 나는 갓 태어난 아기들만 걱정했는데, 흉터쟁이는 가을이 더 문제라고 했어. 사랑을 나눈 해에는 여름이 저물어 우리들 이파리가 누렇게 변하고 극심한 피로가 몰려들 때면 엄청나게 많은 태아가 땅에 떨어졌지. 그럼 시끄러운 날것들이 떼로 몰려와서 우리 태아들을 쪼아먹었어. 하지만 멧돼지에 비하면 날것들은 그야말로 새 발의 피였지. 멧돼지들은 두껍고 날카로운 이빨을 매단 원반 모양의 주둥이로 냄새를 흡입해 확실하게 먹잇감을 찾아내. 그러고는 꿀꿀대며 쌓인 낙엽을 헤쳐 거의 모든 태아를 찾아내거든.

내가 이걸 다 어떻게 알았냐고? 털북숭이들은 추운 계절에도 잠을 안 자고 깨어 있다가 이듬해 봄에 우리가 깨어나면 지난 몇 달 동안 일어났던 일을 들려주지. 물론 무지막지한 멧돼지들이 먹이를 찾다가 털북숭이들의 연결망을 찢어놓는 바람에 소식 전달에 장애가 생기기도 하지만 말이야. 그래도 다행히 우리가 긴 잠을 자는 시기에는 횡포가 그렇게 극심하지는 않지만, 어쨌든 찢긴 연결망을 다시 이어붙이느라 우리 도우미들이 여간 고생하는 게 아니야.

멧돼지에게 집중 공격을 당한 후 맞이하는 봄은 실로 암울해서, 사랑의 결실이라 할 아기들의 재잘대는 소리가 사라진 침묵의 봄이 되고 말지. 그러나 우리도 전혀 대책이 없지는 않아. 멧돼지들이 끔찍한 잔치를 벌이지 못하도록 사랑의 해를 최대한 드문드문 잡는 거야. 사랑을 나눌 때 기분이 아무리 좋아도 사랑의 해를 5년에 한 번꼴로 줄이는 거지.

사실 한 해 걸러 한 번씩 사랑을 나누어도 휴식은 충분할 거야. 하지만 멧돼지를 최대한 오래 굶기기 위해 원로회의는 사랑의 횟수를 훨씬 더 줄였어. 그러나 그보다 더 중요한 규칙은 원로회의가 사랑의 해를 선포하면 모든 어른이 그 뜻을 따라야 한다는 거야. 하기는 다들 너무 좋아해서 공동체 전체가 빠짐없이 참가하기 때문에, 그렇게 좋은 일에 굳이 엄격한 규칙이 필요할까 싶어. 어쨌든 오랜만에 사랑을 나눈 해의 가을에는 많은 태아가 태어날 테고, 숲에는 배가 고파 다 죽게 생긴 멧돼지 몇 마리만 남아 어슬렁댈 테니 떨어진 태아를 다 잡아먹지는 못해서 이듬해 봄에 엄청난 숫자의 아기가 태어나겠지.

대신 원로회의의 발표가 없는 해에는 사랑의 솜털을 만들고 먼지를 뿜어내면 절대 안 돼. 그런데 안타깝게도 어디를 가나 규칙을 지키지 않는 것들이 있기 마련이거든. 나도 주변에서 여러 번 본 적이 있어. 사랑의 행복에 너무 목이 말라서 발표가 없었는데도 다른 배신자들과 앞다투어 먼지를 뿜어대는 거지. 하지만 여름이 지나면 이 배신자들은 반드시 멧돼지한테 벌을 받아. 가을에 태아를 떨어뜨리는 어른 나무가 몇 그루 안 되니까 멧돼지들이 태아를 샅샅이 찾아내서 다 먹어버리거든. 그러니 이듬해 봄에 아무리 아기를 기다려봤자 헛수고야. 게다가 이런 배신자들 탓에 우리 공동체는 절대로 멧돼지를 싹 다 굶겨 죽이지 못해. 이게 다 그 잠깐의 황홀한 순간을 위해서라니 참 안타까운 노릇이야!

나는 그런 행동이 너무 위험해 보여서 공동체의 리듬을 잘 따르며 살았어. 더구나 휴식 시간이 나한테는 아주 유익했지. 몸통이 우람해지고 잔가지가 사방으로 뻗어나갔으며 큰 가지에는 잎이 잔뜩 매달렸거든. 어린 시절 배곯던 기억이 차츰 바랬지만 완전히 잊지는 않았어. 그 기억은 여름의 햇살과 넉넉한 당분에 가린 어두침침한 그늘처럼, 악몽처럼 내 마음에 남아 있었어.

참 좋은 시절이었지! 진짜 친구는 아직 사귀지 못했지만 어쨌든 몇 그루 다른 어른 나무를 알게 되었어. 허공의 가지보다 훨씬 더 멀리 뻗어나간 땅속 뿌리를 이용해서 나는 주변 숲의 넓은 지역을 탐색했지.

털북숭이들은 이제 나를 아주 공손하게 대접했어. 나도 자기네들에게 당분을 나누어주는 주요 공급원이었으니까. 그 대가로 녀석들은 더 많은 정보를 제공했고 나쁜 털북숭이들이 들어오지 못하게 열심히 나를 지켰으며, 가늘디가는 실로 땅속 아주 작은 구멍에서도 물을 길어서 항상 내게 넉넉히 물을 건네주었지.

여름의 악천후는 또 다른 흥분을 선물해주었어. 무서운 먹구름이 달려와 물 폭탄을 투하하기 전에는 먼저 강풍이 몰아치거든. 천둥 번개가 우르릉 쾅쾅 내리치면 작은 폭풍이 숲으로 휘몰아쳐. 그럼 우리 모두 심하게 흔들리기 때문에 균형을 잡으려고 애를 쓴단다. 그런 폭풍은 번개처럼 빠른 속도로 방향을 바꾸기 때문에 땅 위의 몸통 전체를 완전히 뒤틀어버릴 수가 있어. 바람을 맞은 나무는 몸통이 산산이 부서져서 그루터기만 남기도 하지. 다행히 그런 일은 아주 드물지만, 겨울보다는 특히 여름에 폭풍으로 쓰러질 가능성이 커. 돌풍이 잎을 매단 가지를 단단히 붙잡아서 엄청난 힘으로 우리 몸통을 짓누르거든.

그런 여름 악천후 때도 공동체는 큰 도움이 된단다. 더 정확하게 말하면 우리 모두가 세상 단 하나밖에 없는 특별한 존재들이기 때문이야. 처음 돌풍이 불 때는 모두 같은 방향으로 휘어지지만, 휘었다 돌아오는 속도가 나무마다 다 다르거든. 수관이 크냐 작으냐, 줄기가 하나냐 둘이냐, 몸통이 똑바르냐 휘었냐에 따라 동작이 달라져서 바람은 같아도 모두가 동시에 신음하지 않는 거지. 우리 가지와 몸통 전체가 격렬하게 이리저리 흔들리는데, 그런 난리통 덕분에 앞으로 갔다 뒤로 돌아오는 나의 위쪽 가지들이 마침 내 쪽으로 휘어지던 이웃 나무와 부딪히고, 그렇게 우리는 서로의 속도를 늦추어 위험할 정도로 몸이 휘지 않을 수 있단다. 물론 그 와중에 가지 한두 개는 부러지고 작은 상처도 생기겠지만, 누구도 몸을 심하게 다치거나 치명적인 부상을 입지는 않는 거야. 그렇게 나는 모든 나무가 완벽하고 똑같은 모양인 것이 절대로 바람직하지 않다는 사실을 배웠지.

배웠다는 말이 나왔으니 하는 말이지만, 이제 나는 공동체의 완벽한 구성원이었으므로 다른 젊은 성인 몇과 함께 원로회의에 참석하라는 초대장을 받았어. 물론 아직 발언 자격은 없었고 그냥 듣기만 하는 처지였지만, 참석한다는 사실만으로도 벌써 가슴이 두근거렸지. 그곳에서 우리 가족이 이 언덕에 터를 잡은 것이 불과 몇 세대 전이라는 사실을 알았단다. 정말 깜짝 놀랐어. 지금껏 내 주변 세상은 예나 지금이나 똑같다고 생각했으니까. 그런데 어른들 말씀을 들어보니, 우리 조상이 처음 이곳에 온 때가 약 열 세대 전이었고, 와서 보니 그때는 다른 초록 거인들, 즉 겁많은 참나무들이 여기를 차지하고 있었다고 해. 하지만 똑똑한 우리 조상들이 뛰어난 공동체 의식과 지능으로 숲을 차지하고는 척척 잘도 돌아가는 지금의 생활 공간으로 만들어놓았지.

  우리의 제일 첫 조상은 먼 곳에서 살았다고 해. 누가 도와주지 않으면 절대로 여기 올 수 없는 아주아주 먼 곳에서 말이야. 그곳에 날것들이 찾아와서 도움을 주었지. 옆구리에 작은 파란 줄무늬가 있는 갈색 어치가 태아들을 해가 절대 뜨지 않는 방향으로 물고 갔던 거야. 거기에 참된 자들의 숲이 새로 생기자, 어치는 다시 태아들을 계속해서 다른 곳으로 데려갔고, 결국 우리 언덕에도 첫 번째 조상이 오게 된 거지. 우리 조상들은 어치에게 감사의 뜻으로 집을 제공하고 약간의 태아를 양식으로 바쳤대.

　우리 젊은 나무들이 듣기에는 소름 끼치는 내용이었지만, 우리가 여기서 뿌리를 내리려면 다른 방법이 없었다고 해. 맞는 말이야. 나도 그 날것을 본 적이 있는데, 다른 짐승이 우리 숲에 들어오면 사납게 울어대곤 했지. 받은 것이 있으니 돌려주는 것이 도리겠지만, 이미 오래전부터 이 숲의 지배자는 우리인데 굳이 우리 태아를 딴 곳으로 데려갈 필요가 있을까? 이제 그만 날것의 서비스를 포기하고 보상도 그만하면 안 될까?

　내 뿌리 끝에서 이런 의문이 떠올랐지만, 꾹 참을 수밖에 없었어. 그러던 어느 날 노인 한 분이 연결의 실을 다시 이어 나의 의문을 풀어주셨어. 그분 대답은 이랬지. 앞일은 알 수가 없으므로 앞으로도 날것에게 집을 제공하는 것이 현명하다. 먼먼 옛날에도 참된 자들이 이곳에서 살았는데 끔찍한 추위가 닥치는 바람에 다 죽고 말았다. 먼 곳으로 떠났던 몇 그루만 살아남았다. 그런 일이 되풀이되지 않으리라고 누가 장담하겠는가.

그렇지만 나는 이 방법이 정말 마음에 들지 않았어. 우리 참된 자들이 다른 초록 거인들보다 훨씬 똑똑하다면서 왜 더 영리한 방법을 개발하지 못했을까? 언젠가 또 한 번 도움이 필요할지 모른다는 막연한 추측만으로 사랑의 잔치를 벌일 때마다 태아의 일부를 날것에게 바치다니, 너무 잔인해 보였지. 다른 방법이 전혀 없는 것도 아니었어. 전나무, 그러니까 우리 틈에 (더 정확히 말하면 우리 위에) 한 그루씩 서 있는 그 부드러운 거인들은 가지에 작은 통처럼 생긴 솔방울을 만들어. 그리고 거기서 작은 날개를 단 태아를 떠나보내지. 태아는 아래로 떨어지는 순간 곧바로 회전하기 시작하므로 절대 떨어지지 않고 둥둥 떠다니다가 살짝 가벼운 바람이 불면 그 바람에 실려 멀리 날아가는 거야.

나는 그 방법이 훨씬 마음에 들었어. 일단 태아를 희생하지 않는 데다 조금만 깅힌 바람이 불어도 아기가 저 멀리 날아갈 수 있으니까. 또 다른 거인들의 태아는 정말로 작고 보송보송한 솜털이 붙어 있어서 살짝만 바람이 불어도 위로 올라가 숲 너머로 멀리멀리 사라졌지.

그 방법도 아기를 잡아먹는 날것이 필요하지 않잖아. 그래서 나는 우리 부족이 과연 그렇게 남보다 많이 잘났나 의심이 들기 시작했어. 원로회의에선 물어볼 수도 없고 또 그래서도 안 되었지만, 흉터쟁이는 벌써 많은 대화를 엿들었을 테니 이 무시무시한 계약의 이유를 알지도 모르겠다는 생각이 들었어. 그래서 물어보았더니 흉터쟁이는 재미있다는 반응을 보였지. "너는 가족 울타리에서 자라고 싶지 않아? 엄마 뿌리 사이에서 형제자매에 둘러싸여서 말이야." 무슨 그런 질문이 다 있담. 안 그러고 싶은 나무가 어디 있어? 그러나 그게 아니었지. 다른 많은 거인들은 자식을 멀리 떠나보내. 태아에 달린 날개만 봐도 알 수 있잖아. 하지만 어머니 곁에서 자라고 싶다면 바람에 실려 딴 곳으로 날려가면 안 되니까 똑바로 떨어져서 그 자리에 가만히 있어야 하는 거야.

　이제야 다른 거인들은 우리만큼 가족끼리 뭉치지 않는다는 사실을 깨달았어. 털 달린 아기를 우리가 사는 이 멋진 언덕 너머로 멀리멀리 보내버리면 아기가 자라는 걸 볼 수가 없을 테지. 아기를 멀리 보내려고 심지어 태아를 달콤한 빨간 조직으로 꽁꽁 싸매는 거인도 많거든. 그럼 날것들이 그걸 먹고 딴 곳에 가서 배설―우웩!―을 하면 그 안에 태아가 숨어 있다가 나오는 거지.

　그러니까 그것이 우리의 강점이자 딜레마였던 거야. 우리 참된 자들은 가족애가 너무 강해서 위험이 닥쳐도 우리 태아들을 멀리 보낼 수가 없었던 거지. 큰 추위가 닥쳐도 우리 아기들을 멀리 데려가는 날것들이 있어야만 이동할 수 있었던 거고. 그렇게 항상 대비하는 대가로 일부 아기를 희생시켰던 거야. 그런 사실을 알고 나니 태어나자마자 느꼈던 그 '가족'이라는 말의 맛이 살짝 떨어졌단다.

15

달콤한 피

흉터쟁이와는 자주 이야기를 나누었어도 진정한 친구가 되지는 못했어. 물론 나는 여전히 우정을 바라고 있었지. 내 나이 또래 나무들은 벌써 하나 아니면 둘, 심지어 셋까지 친구를 사귀어서 아주 끈끈한 관계를 유지했거든. 서로 뿌리를 단단히 연결해서 마치 한 그루 나무처럼 행동했어. 생각도 같고, 좋아하는 것도 같고, 조건 없이 서로를 지원했으니까.

진정한 친구가 있다면 사는 것이 훨씬 편안할 수 있을 테지만, 물론 그것도 정도는 있겠지. 털북숭이들이 전해준 소식을 들어보면 계곡 저 아래에 사는 한 커플은 비극적인 죽음을 맞이했다는 거야. 두발짐승들이 와서 금속 이빨로 둘 중 하나의 지상 몸통을 잘라서 싣고 가버렸대. 그랬더니 남은 나무가 중병이 들어서 금방 따라 죽고 말았다는구나. 혼자 살기에는 빛도 물도 아주 넉넉했는데 말이야. 하지만 비극적이긴 해도 그런 사연은 늘 감동적이었지. 둘이서 함께 사랑하며 살 수 있다면 나라도 함께 망하는 위험 정도는 기꺼이 감수했을 테니까 말이야.

안타깝지만 우리는 환경을 고를 수 없어. 어디에 떨어져서 누구랑 함께 태어날지는 운명이 결정하거든. 그런 점에서 보면 동물들은 훨씬 유리하지. 마음에 안 들면 그냥 다른 공동체를 찾으면 되니까. 숲 안쪽에 자리잡은 이웃들은 나한테 관심이 없는 것 같았고, 빈터 쪽으로는 어쨌든 대화에는 응해주는 흉터쟁이가 하나밖에 없었어. 흉터쟁이도 다른 선택권이 없었겠지. 지능이 낮아서 우리랑 소통할 수 없는 뾰족이들하고 한편을 먹고 싶지는 않았을 테니까.

그게 아니더라도 뾰족이들이 또 골치를 썩이고 있던 참이었어. 다리가 여섯 개 달린 작은 벌레 무리가 뾰족이한테 꼬이기 시작했거든. 바로 불개미야. 이 녀석들은 해를 너무너무 좋아하는 것 같았어. 늘 해가 아주 많이 땅으로 떨어지는 곳에다가 뾰족이들의 죽은 잎으로 작은 언덕을 쌓았으니까. 그 언덕에 숨어 있다가 다른 작은 벌레를 사냥해서는 언덕으로 끌고 가서 잡아먹었지.

불개미가 어떻게 살건 말건 중요하지 않았지만, 이듬해 여름이 오자 상황이 달라졌어. 이제 녀석들이 긴 열을 지어서 우리 숲까지 들어온 거야. 개미들이 제일 꼭대기 가지까지 기어오르자 우리는 의심의 눈으로 녀석들을 지켜보았어. 하지만 처음에는 별 피해를 주지 않았고, 오히려 우리를 자주 괴롭히는 골칫덩어리에게 관심을 보이는 것 같았지. 우리 이파리를 덮쳐서 잎에 코를 박고 피를 빨아먹는 작은 벌레, 진딧물 말이야. 녀석들이 피를 빨면 여기저기 수많은 곳에서 동시에 누가 점을 찍는 것처럼 기분 나쁜 통증이 느껴졌어. 녀석들은 마실 수 있는 한껏, 아니 그보다 훨씬 더 많이 피를 들이켜지. 워낙 욕심이 많다 보니 계속에서 녀석들의 똥구멍에서 단물이 흘러나와 잎이 서로 들러붙어. 그 소중한 당분이, 우리의 단 피가 우리 눈앞에서 하릴없이 낭비되는 거야.

그나마 몇 년에 한 번씩만 출몰해서 다행이지만, 숫자가 많을 때는 당한 나무한테서 엄청나게 많은 기력을 앗아버리지. 그래서 불개미가 저음 뾰족이 숲에 등장해서 언덕을 쌓았다가 우리한테까지 기어오자 우리는 신이 났어. 녀석들이 긴 열을 이루어 숲 바닥을 행진하면서 걸리적거리는 작은 장애물을 싹 다 치웠기 때문에 녀석들의 노선이 훤히 보였지. 녀석들은 우리 몸통을 타고 올라와 제일 꼭대기 가지를 타고 잎까지 진출했어. 잎 아랫면에는 진딧물들이 위험이 다가오는 줄도 모르고 오글오글 모여 있었고 말이야.

개미가 잎 위로 기어왔기 때문에 우리는 아주 정확하게 녀석들을 볼 수 있었어. 몸에 작지만 아주 효율적인 펜치가 붙어 있어서 진딧물을 수월하게 썰어버릴 것 같았지. 과연 개미는 진딧물을 더듬더듬 만졌어. 그런데 말이야. 아무 일도, 정말 아무 일도 일어나지 않았어! 더 기가 막혔던 건, 우리는 녀석들이 우리를 도와줄 줄 알고 이미 뿌리를 통해 어떻게 하면 이 쓸모 있는 작은 벌레를 우리 숲에 계속 붙들어둘지 의논까지 마쳤다는 거 아냐. 하긴, 아무 일도 없진 않았어. 무슨 일이 일어나기는 했지. 우리 코앞에서 녀석들이 진딧물의 똥구멍에 붙은 진한 설탕물을 마시기 시작한 거야. 순식간이었어. 모든 진딧물에 매달린 방울이 차례차례 사라졌지. 개미도 분명 진딧물 못지않게 우리 피를 좋아했어! 하지만 코가 없으니까 우리 이파리에서 직접 빨아먹지는 못하고 그냥 진딧물의 배설물을 먹는 거였지.

희망이 부서진 것은 말할 나위 없었고, 그보다 더 나쁜 일도 있었어. 원래는 가끔 다른 벌레들이 와서 진딧물을 잡아먹었거든. 진딧물을 아예 없애버릴 만큼 자주는 아니어도 그 덕분에 우리도 숨을 돌릴 수 있었지. 그런데 이제는 개미들이 와서 진딧물을 잡아먹는 벌레를 쫓아내기 시작한 거야. 녀석들은 진딧물을 철통같이 지켰어. 항상 몇 마리는 잎에 남아서 다른 벌레들이 진딧물에게 해를 가하지 못하게 감시했으니까. 그 후로 여름마다 진딧물이 늘어나서 우리가 아주 큰 고생을 했지 뭐야.

개미는 개미를 잡아먹고 사는 큰 날것을 끌어들였어. 머리통이 붉고 몸통은 검은 큰 새인데, 이름이 까막딱따구리야. 녀석들이 개미 언덕을 열심히 헤집어서 개미 알을 먹어치웠거든.

이번에는 진짜로 우리가 목 빼고 기다리던 친구가 온 것일까? 개미가 줄면 진딧물도 줄 테고 우리 혈관에 당분이 많이 남을 테니 말이야. 진딧물은 생명의 즙만 앗아가는 것이 아니라 우리에게 병도 옮기거든. 그래서 녀석들에게 당한 나무는 진딧물이 다 사라지고 나서도 이상하게 기운이 없고 축축 늘어졌어. 그래서 나는 날것이 나타나서 한마디로 무척 기뻤고, 드디어 골칫덩이 진딧물이 줄어들겠구나 기대했단다.

아, 그러나 삶이란 얼마나 복잡한지! 우리를 도와주는 새들이 어느 날 숲속 우리 곁에 아주 남기로 결심했는데, 그 소식이 흉터쟁이에게는 결코 좋은 소식이 아니었어.

16

두발짐승이 숲에 눌러앉다

딱따구리가 눌러앉기 전에 예전 빈터에서 이상한 일이 또 일어났어. 몇 해 전 여름부터 통 보이지 않던 두발짐승들이 갑자기 나타나더니 부산을 떠는 거야. 한 무리가 우르르 몰려와서는 아주 많은 뾰족이들을 베어내는 바람에 그 자리에 다시 작은 빈터가 생겨버렸지. 녀석들은 뾰족이의 두툼한 몸통에만 관심이 있는지, 가지를 따로 모아 큰 무더기로 쌓더니 거기다 불을 붙였지 뭐야. 높은 불길 위로 짙은 연기가 피어올라 우리한테로 밀려왔지. 그 냄새라니! 숨이 제대로 안 쉬어져서 너무너무 무서웠어. 아무도, 원로회의 회원들도 어떻게 해야 할지 몰랐으니까. 숨을 틀어막는 연기와 함께 도움을 청하는 향기가 가지 사이로 떠다녔고 갈색 죽음조차 큰 소리로 울면서 언덕 아래 계곡으로 달아나버렸지.

다행히 며칠 지나자 연기는 사라졌어. 나뭇가지가 모두 불에 타 재가 되어버리는 바람에 남은 것은 바닥에 찍힌 더러운 검은 얼룩뿐이었어. 물론 뾰족이 대부분은 살아남았지만, 녀석들 한가운데에 입을 쩍 벌린 빈터가 생겼지. 거기 땅에다 두발짐승들이 큰 구멍을 파기 시작했어. 이빨이 날카로운 작은 쥐처럼 땅속에 집을 지으려는 걸까? 지금까지는 이 짐승들의 행동을 관찰할 기회가 그리 많지 않았어. 가끔 와서 숲과 빈터에서 약탈을 하기는 했지만 오래 머물지는 않았으니까.

뾰족이 가시 사이로 살펴보았더니 구멍이 정말로 깊고 아주 넓었어. 두발짐승들은 구멍을 다 파자마자 돌을 쌓기 시작했지. 나는 저렇게 큰 돌을 옮길 수 있는 짐승을 본 적이 없어. 녀석들은 돌을 높이높이 쌓아서 뾰족이의 제일 높은 가지만큼이나 쌓아올렸지. 그러고는 그 속을 숲이나 빈터에서는 본 적 없는 오렌지색 돌로 채웠고, 그제야 숲에는 다시 평화가 찾아왔어.

두발짐승들은 다시 숲을 떠났지만 남은 작은 무리는 아예 빈터에 터를 잡았지. 대부분은 자기들이 만든 돌 동굴에 처박혀 있었고, 나오면 부지런히 초록 거인의 뼈를 가지고 놀았어. 금속 이빨로 뼈를 잘라서 여름 내내 돌 동굴 옆에 차곡차곡 쌓았지.

그런데 봄에 우리가 잠에서 깨어나면 항상 그 뼈 무더기가 온데간데없이 사라져버렸더라고. 그러다가 한 번은 좀 일찍 잠에서 깬 덕에 녀석들이 그 뼈로 무엇을 하는지 확인할 수 있었어. 그해에는 우리가 이제 막 첫 잎을 틔우자마자 하얀 눈송이와 함께 꽃샘추위가 밀어닥쳤어. 두발짐승들이 열심히 들락거리면서 뼈를 동굴로 끌고 들어갔지. 그러자 바로 위쪽 뚜껑으로 매캐한 흰 연기가 흘러나왔어. 녀석들이 나뭇가지를 없앨 때 봤던 바로 그 연기였어. 나무를 연기로 바꾸면 뭐가 좋을지, 지금까지도 나는 궁금해. 아마 두발짐승들이 배를 채우는 방법인 것 같아. 초록 거인의 뼈나 초록이, 죽은 벌레를 바로 먹지 않고 환하고 뜨거운 불꽃으로 만들어서 먹는 거지. 따지고 보면 우리도 따듯한 빛을 이용해서 먹고사니까 우리랑 비슷할지도 모르겠어. 우리도 빛이 없으면 혈관으로 당분의 물결이 흐르지 않을 테니 말이야. 그게 사실이라면 두발짐승의 몸에는 거대한 당분의 물결이 흐를 테고, 그것이 그들에게 어마어마한 힘을 선사할 거야.

어쨌거나 녀석들은 돌 동굴에 들어앉아 있을 뿐, 다른 큰 짐승들처럼 나돌아다니지 않았어. 다른 짐승들은 어디 한군데 터를 잡지 않고 숲을 쏘다니기만 하는데 말이야. 신기한 일은 그게 다가 아니었지. 어느 날은 요란한 거인 날것이 시끌벅적 소리를 내며 숲으로 날아와서는 우리 가족 몇 그루에게 상처를 입혔어. 뼈가 사방으로 튀었는데, 정신을 차리니 벌써 그 날것은 어디로 갔는지 없더라고. 어떻게 그런 짓을 했는지도 모르겠어. 너무 순식간에 일어난 일이었거든. 하지만 그 날것은 다른 날것들과 달리 땅에 내려앉지 않고도 상처를 입혔어. 그래도 그 뒤로는 두 번 다시 나타나지 않았으니 얼마나 다행인지 몰라.

그 후로 한참은 조용했지. 두발짐승은 번식을 하기는커녕 오히려 숫자가 줄어서, 어떤 때는 한 마리만 남아 있을 때도 있었고, 또 더는 성가시게 굴지 않았지. 그래서 우리도 관심을 끄고 다시 원래의 숲 생활로 돌아갔어. 특히 나한테는 또 하나 놀라운 사건이 일어났거든. 무슨 일인지는 금방 이야기해줄 테지만, 이 한 가지만은 미리 알려줄게. 누구보다 흉터쟁이가 큰 역할을 맡은 사건이라고 말이야.

17

피부에 난 구멍

검고 빨간 날것 역시 우리 숲에서 살기로 작정했어. 우리는 좋았지. 진딧물을 지키는 작은 펜치 벌레를 잡아먹었으니까. 그렇다고 해서 날것이 돌 동굴을 지은 것은 아닌데, 차라리 그랬더라면 더 나았을지도 몰라. 이것들도 다른 새들처럼 땅보다 높은 곳을 좋아해서 흉터쟁이의 몸을 쪼아 구멍을 내기 시작했거든. 처음에는 대수롭지 않게 똑똑 노크하는 것 같았어. 그런 종류의 날것들은 특히 봄에 그런 짓을 많이 하니까. 똑똑 두드려 죽은 가지를 찾아내서는 뾰족한 부리로 엄청나게 빠른 속도로 가지를 쪼는 거야. 그럼 우리 몸이 뿌리까지 진동하고, 그 소리가 저 멀리 숲까지 울려퍼졌지.

그런데 이번에는 소리가 목적이 아니었어. 물론 처음에는 천천히 신중하게 흉터쟁이의 몸을 여기저기 두드렸지. 그러나

이내 작정하고는 피부에 구멍을 뚫었어. 흉터쟁이는 너무 아파서 뿌리를 통해 격한 물결을 보내 우리에게 사실을 알렸지만 안타깝게도 도와줄 수가 없었어. 구멍을 뚫는 날것을 막을 방법이 우리에게는 없었거든. 독도 소용없고 빛을 차단하거나 쓴 물질을 내보내도 녀석을 막을 수는 없었어. 게다가 우리 바람과 달리 작업을 얼른 끝내지도 않아.

흉터쟁이 주변 바닥에 연한 빛의 뼛조각이 쌓여갔고, 구멍은 점점 더 깊어졌지. 작업을 마친 날것이 사라져서 이듬해 봄까지 나타나지 않자, 아주 느린 속도였지만 상처도 아물기 시작했어. 하지만 구멍이 워낙 크다 보니 나쁜 털북숭이들이 들어와 터를 잡아버렸어. 흉터쟁이가 그 구멍을 다시 메우려면 많은 여름이 필요하니까 말이야. 털북숭이들은 뻥 뚫린 뼈에서 느릿느릿 잔치를 열기 시작했어.

그런데 이듬해 여름이 되자 딱따구리가 다시 나타나더니 구멍을 더 넓히기 시작했어. 이번에는 진척 속도가 훨씬 빨랐지. 털북숭이가 먹어치우는 통에 상처 주변의 뼈가 물러서 부리만 대면 조각이 뚝뚝 떨어졌거든. 날것과 털북숭이가 짜고 일을 꾸민 게 아닌가 의심이 들었어. 아마 우리가 우리 털북숭이와 서로 도우며 살듯, 저것들도 단단히 뭉쳤을지 몰라. 구멍이 빠른 속도로 깊어지더니 이제는 까막딱따구리가 그 안으로 쏙 들어갈 수 있을 정도가 되었지. 그날부터 녀석은 수많은 여름을 내내 흉터쟁이의 구멍에서 살았어. 거기서 새끼도 낳아 길러 여름이 끝날 무렵이면 저 멀리 떠나보냈지. 그렇게 몇 해 여름을 딱따구리가 거기서 살았어. 불쌍한 흉터쟁이가 구멍을 메우려고 안간힘을 쓰면 딱따구리가 바로 구멍 가장자리를 다시 쪼아서 원래 크기로 돌려놓았지. 물론 그런 구멍이 생긴다고 당장 죽지는 않아. 그래도 나는 흉터쟁이가 빨리 죽은 것은 그 구멍 탓이라고 확신해.

너희의 형제자매들과 많은 해의 여름을 참 아름답게 보냈단다. 물론 그 애들은 이제 살아 있지 않지. 너희가 듣기엔 황당하겠지만, 엄마가 된다는 것은 참 행복한 일이야. 껍질을 부수고 나오는 아기를 지켜보는 일, 그 연약한 뿌리가 땅속을 더듬어 언젠가 내 뿌리 끝을 건드리기를 기대하는 일, 그리고 내가 아기들에게 나누어주는 첫 당분. 그 무엇도 놓치고 싶지 않아. 그래, 맞아. 갈색 죽음이 날뛰거나 다른 불행이 찾아와 뿌리의 손을 놓고 작별해야 할 때는 참 힘들었지.

 너희도 이제는 알 테지만, 엄마가 된다는 것은 정말 극소수에게만 돌아가는 행운이고, 설사 엄마가 된다고 해도 기쁜 일만 있지는 않아. 하지만 행복의 순간을 오래오래 간직하고, 힘들 때도 그 순간을 떠올리며 감사할 줄 아는 것, 그것이 잘 사는 기술인 것 같아. 몇 살까지 사는가는 중요하지 않아. 더 중요한 것은 자신에게 주어진 시간으로 무엇을 이루었느냐 하는 거지. 아

쉽게도 나는 그 말을 명심하며 살지 못했어. 그래서 너희는 나와 같은 실수를 저지르지 않기를 바라는 마음에서 이런 이야기를 들려주는 거야.

흉터쟁이가 심한 부상을 당한 그해 여름에 나는 내가 얼마나 행운아인지, 운명이 얼마나 나를 총애했는지 뼈저리게 깨달았어. 나는 태양을, 당분을, 무엇보다 내 아이들을 흠뻑 음미하고 누렸으니까.

　이듬해 봄이 되자 흉터쟁이의 몸 상태는 급속도로 나빠졌어. 묵은 상처가 다시 도지는 바람에 피를 토하는 간격이 점점 짧아졌고, 그 때문에 몰골도 말이 아니었지. 게다가 구멍을 통해 나쁜 털북숭이들이 계속 들락거리면서 속도 많이 다쳤는데, 일단 한 번 들어앉은 털북숭이는 내쫓을 방도가 없었지. 악취 나는 액체가 피부를 타고 흘러내리며 커다란 검은 얼룩을 남겼고, 다리가 여섯 개인 작은 날것들이 몰려와서 밥맛 떨어지는 상처 진물을 욕심 사납게 빨아먹었어. 하지만 그 더러운 것들이 나한테 달려들어 진물 범벅인 다리로 내 이파리를 더럽히지만 않으면 나는 그리 위험하다고 느끼지 않았어.

　그처럼 비참한 상황이었지만, 나는 흉터쟁이에게 굳이 당분을 건네줄 필요가 없었어. 몇 개 안 남은 작은 이파리로는 당분을 만들기 힘들었지만, 워낙 몸이 쇠약해지다 보니 양분이 거의 필요하지 않아서 허기도 못 느낀다고 했거든.

내가 당한 일은 아니었어도 언젠가부터 나는 다시 운명을 원망하기 시작했어. 흉터쟁이가 다른 곳에서 태어났더라면, 그 대신에 완벽한 이웃이 내 곁에서 자랐다면 얼마나 좋았을까? 허약한 나무는 불행을 부르지. 우리를 잡아먹으려는 짐승은 수없이 많아서 늘 적당한 후보감이 없나 찾아다니니까. 우리 피에는 당분이 많아서 정말 맛이 좋거든. 다리가 여섯 개인 작은 날것들만 우리 피를 찾아다니는 게 아니야. 크고 알록달록한 날것들도 우리를 노리지. 그것들은 해마다 봄이 되면 피부가 아직 얇고 연한 어린 나무를 골라내는데, 가만히 보면 꽤 까다로워. 만날 고르는 나무만 고르거든. 초록 거인 중에도 상처에서 나오는 진물 맛이 아주 좋은 것이 있나 봐. 한 번 간택을 당한 나무는 해마다 계속해서 당하니까.

　물론 그 나무들도 처음에는 상처가 전혀 없지. 딱따구리가 먼저 상처를 내. 뾰쪽한 주둥이로 피부를 쪼아서 여러 줄의 작은 구멍을 내는 거지. 그것도 우리가 겨울잠에서 깨어나는 시기에 그렇게 하거든. 우리가 싹에서 잎을 밀어낼 때는 혈압이 마구 치솟는데, 이 당분 도둑놈들이 그걸 아나 봐. 우리를 덮치고 나서 화창하고 따뜻한 봄날을 가만히 기다리는 것을 보면 말이야. 불쌍한 어린 너도밤나무가 힘껏 힘을 주면 어린잎만 나오는 게 아니라 뚫린 구멍에서 당분도 새어나오겠지. 그럼 날것들이 그걸 신나게 핥아먹어.

　보아하니 흉터쟁이는 어릴 적에 온갖 당분 도둑들한테 손쉬운 먹잇감이었던 것 같아. 흉터 중에서도 진한 부위는 껍질에 가로줄로 찍혀 있었거든. 당분 도둑놈들이 좋아하는 모양 딱 그대로였어. 아마 녀석의 피가 너무 달아서 날것들이 우리 주변을 떠나지 않았던 것 같고, 덕분에 다른 나무들까지 위험해졌지. 물론 흉터쟁이도 묵은 상처를 어쩔 수는 없었을 거야. 그 때문에 어른이 된 지금도 심한 고통을 받고 있으니까.

　하지만 시간이 흐르면서 딱한 마음은 줄고 짜증이 늘었지. 진짜 친구를 얻기는커녕 문제만 늘어났으니까. 하긴 지원이 더 필요하긴 했어. 녀석의 상태가 급속도로 나빠졌거든. 피부가 터지고 새로 생긴 상처에서 거의 흰색에 가까운 연갈색 혹이 자라났어. 그게 무슨 뜻인지, 우리 어른들은 다 알고 있었지.

　혹은 반달 모양이 되더니 순식간에 커졌어. "뼈 잡아먹는 놈들이야!" 그 말이 빠르게 퍼져나갔지. 그 균류가 온몸으로 퍼지면서 몇 년, 몇십 년에 걸쳐 몸을 허약하게, 무르게 만들다가 마침내 밖으로 뚫고 나오면, 남은 시간은 불과 1~2년이야. 그 시간 안에 나무는 죽고 말아.

　흉터쟁이도 당연히 자기 운명을 알았겠지. 그래도 녀석은 한탄하지 않았고 도와달라 애원하지도 않았어. 어느 해 여름, 엄청나게 비가 퍼붓던 날 녀석의 약한 몸은 결국 두 동강이

나고 말았지. 나는 녀석의 몸통이 나한테로 넘어올까 봐 사색이 되었는데, 다행히 잎을 많이 매단 녀석의 수관이 천둥 같은 소리를 내면서 비스듬한 방향으로 넘어져 빈터로 떨어졌어. 그런데 떨어지면서 녀석의 가지가 뾰족이 몇 그루를 때렸고, 그 바람에 무거운 가지에 눌린 뾰족이들이 그 자리에서 완전히 쓰러져버렸지.

흉터쟁이가 죽으면서 나한테는 오히려 좋은 일이 생겼어. 해가 뜨는 방향으로 길이 생기는 바람에 빛이 더 많이 들어오게 된 거야. 충격에서 헤어나 정신이 돌아오자 나는 잠시 이웃의 비극적인 운명을 다시 한번 애도했어. 하지만 이내 깨달았지. 앞으로는 내가 원하기만 하면 아침마다 당분을 더 많이 만들어 더 편하게 살 수도 있겠다고. 작은 규칙 하나만 깨면 되는데, 그럴지 말지는 결국 나의 선택이었단다.

치명적인 기회

흠 없는 매끈한 피부가 얼마나 중요한지는 앞에서도 누누이 이야기했어. 피부를 그렇게 가꾸려면 그늘이 많이 지는 아래쪽 가지를 버려야 해. 빠를수록 좋지. 가지가 아직 가늘 때 버려야 금방 새살로 상처를 덮어버릴 수 있거든. 그래야 외모가 출중할 테고, 무엇보다 오래 살 수 있어. 가지가 자라 두꺼워지면 상처가 아무는 시간이 오래 걸려. 그래서 그사이에 그곳으로 뼈를 잡아먹는 벌레가 들어올 수 있는데, 한 번 들어오면 막을 방도가 없으므로 아주 위험하지.

내가 이 말을 하고 또 하는 이유는 나 자신이 중요한 규칙 하나를 어겼기 때문이야. 잎이 달린 마지막 가지 아래로는 절대 새 가지를 만들지 마라! 흠집 없이 깨끗한 피부가 아주 기다랗게 이어지면, 절대 그곳에는 싹을 틔우지 마라! 당연히 곱사등이 이모가 오래전에 여름마다 염불 외듯 되뇌던 말이었지만, 이모의 수업은 그저 희미한 기억으로 남아 내 뿌리 끝에서 나풀거릴 뿐이었어. 굳이 변명하자면, 어린 시절에 너무 많이 굶어서 당분이 생길 기회만 오면 도저히 마다할 수 없었다는 거지. 지금이 그런 기회였어.

예전 빈터와 나 사이에 생긴 틈이 너무도 유혹적이어서 나는 그 방향으로 내 몸 길이보다 더 길게 새 가지를 뻗었어. 몇 해가 걸렸지만 해가 갈수록 가지는 두꺼워졌고 잔가지도 많아졌지. 잎을 가득 매단 가지들은 순식간에 당분을 안겨다주었어. 사실 전혀 필요하지 않은 당분이었지만, 혈당이 오르는 그 기분, 그 황홀한 기분은 말로는 표현할 길이 없단다.

어쨌거나 빈터 가장자리의 다른 나무들도 위에서 아래까지 가지가 빼곡했어도 무사히 살아남지 않았어? 사실 이 방법은 예로부터 태풍에 위쪽 가지들이 부러져서 생존이 위태로울 때 써먹던 전략이었어. 그럴 때는 모든 나무가 반만 남은 몸통, 그러니까 밑에서부터 다시 새롭게 시작해서 나뭇가지 우산을 펼칠 수 있어야 하니까.

나는 그것이 지나치게 조심스러운 규칙 중 하나라고 자신을 설득했지. 그게 아니더라도 이미 때는 늦었어. 여름마다 가지는 더 두꺼워졌고 달콤한 액체가 혈관을 타고 흘러서 그동안 머리를 꽉 채웠던 어두운 생각들을 싹 몰아내버렸으니까. 어른이 되고 난 후 두 번째로 나는 해방감을 느꼈고 삶을 한껏 즐겼단다. 더구나 나는 이제 바닥까지 닿는 초록색이 나하고 아주 잘 어울린다고 생각했어. 그리고 어쨌거나 한쪽이잖아. 빈터로 향한 쪽만 가지를 낸 거니까. 어두운 숲과 우리 가족이 있는 쪽은 여전히 흠집 하나 없이 매끈한 피부를 유지했으니까.

이듬해 여름이 깊어가는 동안 뾰족이들 사이에 작은 틈이 더 많이 생겼어. 두발짐승들의 식욕이 다시 왕성해졌거든. 녀석들이 이번에도 금속 이빨을 달고 와서 몇 그루의 몸통을 싹둑 베어버린 거야. 하지만 남은 밑동을 사방에 그대로 남겨두는 통에 그루터기들이 계속 자랐고, 그래서 내 어린 시절의 빈터만큼 완전히 환해지지는 않았지. 그래도 해의 위치에 따라 빛이 장시간 피부를 태웠어. 아니. 내 피부를 태웠다는 말은 아니고. 내 피부는 두꺼운 잎을 매단 가지들이 잘 보호해주었으니까.

 가장자리에 선 노인 나무 한 그루가 뜨거운 열기 때문에 심한 고초를 겪었지. 그분은 이웃 나무들처럼 규칙을 잘 지켜서 빈터 쪽으로도 매끈한 피부를 유지해 맨 위쪽에만 넓게 가지를 펼쳤거든. 게다가 지금껏 오랜 세월 뾰족이의 그늘에 가려 있다가 갑자기 열기에 노출되다 보니 피부가 엄청 예민했던 거야. 순식간에 표면이 갈라지고 터져서 피부가 조각조각 몸에서 떨어졌지. 평소에는 양분을 공급하던 뜨거운 햇빛이 이번에는 피부에 화상을 입힌 거야. 노인은 남은 생 내내 그 큰 상처를 치료하려 사투를 벌였지만, 끝내 상처는 완전히 아물지 않았어. 그렇게 심한 햇볕 화상은 극히 드문 일이었지만, 나는 착각에 빠져서 가지를 많이 내기로 마음먹기를 참 잘했다고 안심했지.

땅바닥에 이르기까지 몸 전체를 풍성하게 장식한 두꺼운 가지는 내게 오래오래 행복한 시절을 선사했어. 하지만 흉터쟁이의 몸통이 쓰러지면서 뾰족이 한 무리를 넘어뜨리는 바람에 생긴 틈이 서서히 다시 커져갔어. 그때 두발짐승들이 그 쓰러진 뾰족이들의 뼈를 잘라 돌 동굴 옆에 쌓아두었다가 나중에 연기로 변신시켰는데, 그 후로 녀석들이 뾰족이들을 처음 데려올 때처럼 그 작은 빈자리도 다시 빠른 속도로 어린 뾰족이들로 매워 나갔지.

이제는 두발짐승이 어린 뾰족이와 한편이라는 것을 잘 알기에 나는 정신 바짝 차리고 녀석들이 하는 꼴을 지켜보았어. 내 뿌리 바로 옆, 내 몸통에서 가지 하나 길이만큼 떨어진 곳에 녀석들이 구멍을 파고는 아기 뾰족이 하나를 쑥 집어넣었어.

그렇게 녀석들이 계속해서 같은 짓을 되풀이하더니, 결국 나의 작은 빈터는 다시 규칙적인 간격을 두고서 낯선 초록 아이들로 덮였지. 새로 온 아이들은 예전의 뾰족이와는 달랐는데, 뾰족 잎이 달린 것은 비슷했지만 훨씬 길이가 짧았고 회청빛이 감돌았지. 물론 하는 짓은 이 회청색 뾰족이도 다른 뾰족이랑 별 차이가 없었어. 그냥 혼자서 조용히 자랐기 때문에 나는 별 관심을 두지 않았지. 하지만 잘 살펴봤어야 했어. 녀석들이 자라면서 문제를 일으켰는데, 그로 인해 벌써 한참 전부터 나를 무척 힘들게 했고, 지금 내가 서둘러 너희와 작별할 수밖에 없는 이유도 그 문제 탓이거든.

작은 회청색 뾰족이들은 해가 갈수록 키가 자랐어. 하지만 처음에 온 뾰족이들만큼 순식간에 자라지는 못했지. 해를 온전히 받을 수 없었으니까. 비록 그사이에 듬성듬성해지기는 했어도 먼저 온 뾰족이들이 해의 위치에 따라 이리저리 그늘을 드리웠기 때문이야. 또 오후에는 쭉 뻗은 내 가지들이 녀석들에게 짙은 그늘을 드리웠고. 그런 식으로 제동을 걸면서 나는 녀석들의 경쟁을 크게 걱정하지 않았지만, 그래도 녀석들은 한 해 한 해 조금씩 위로 뻗어올랐지.

처음 몇 해 동안은 해가 뜨는 시간에만 잠시 녀석들이 해를 가렸지만, 갈수록 그 시간이 길어져서 결국 내 아래쪽 가지들이 온종일 그늘에 잠기게 되었어. 그늘에 있는 가지는 떨어지고 말아. 누구도 막을 수 없는 일이지. 가지가 불쾌하게 무거워지기 시작하고 이상하게 무감각해지더니 결국 아래에서 위로 하나씩 죽어갔지. 잎이 시들었고, 가을에 불어닥친 폭풍에 마른 가지가 휘날렸어.

묵직한 기분은 오래갔어. 가지를 자르는 털북숭이들이 죽은 가지를 무르게 만들어서 가지가 우지직 소리를 내면서 바닥으로 떨어지기까지, 아주 오랜 시간이 걸렸거든. 그래도 나는 다른 어른 이웃들처럼 넉넉한 단물을 만들어냈어. 위쪽 가지는 여전히 뜨거운 햇빛을 한껏 받았고, 거기 높은 곳에서는 햇빛을 뺏어갈 경쟁 상대가 하나도 없었으니까.

황홀할 정도로 넘치던 당분이 서서히 줄기 시작했지만 지난 몇 해의 여름을 거치며 몹시 급하게 불어난 몸집은 내 나이치고는 정말이지 대단해서 사방에서 감탄사가 쏟아졌단다. 작은 일탈이 어쨌거나 큰 성과를 올렸던 거지. 물론 이제 내 피부는 매끄럽지 않아. 부러지고 남은 두꺼운 가지 끄트머리가 혹같이 불룩한 큰 흉터를 남겼거든. 하지만 그건 빈터 쪽에서만 보였을 뿐, 우리 가족들 편의 반쪽은 여전히 규칙에 맞게 매끄러운 회색이었지. 천진하던 어린 시절에 붙어 있다 사라진 가느다란 가지들이 머리카락같이 가는 줄무늬만을 남긴 예쁘고 고운 피부 말이야.

그런 만큼 나는 뼈에 희미한 압박감이 느껴졌을 때조차도 내가 옳았다고 확신했단다. 그 느낌이 아주 서서히 진행되었고 조금씩 심해졌기 때문에 오래도록 무시할 수 있었던 거야. 이제 더는 젊지만은 않은 뼈가 강풍이라도 불면 약간 심하게 삐걱대기는 했어도 그것만 빼면 나는 여전히 삶을 한껏 누렸지.

회청색 뾰족이들은 역시나 얌전했고 위로 마구 자라지도 않아 내 위쪽 가지들을 훼방 놓지 않았어. 아마 두발짐승들이 계속해서 회청색 뾰족이들을 괴롭혔기 때문일지도 몰라. 아직

다 자라지도 않은 회청색 초록이들을 베어서 싣고 가버렸거든. 그런데 우리 모두 난생처음 본 새로운 짐승이 돌 동굴에 나타났어. 평소와 달리 내 질문에 응했던 원로회의조차도 며칠 고민 끝에 저런 건 기억나지 않는다는 짧은 대답만 내놓고 말았지.

　　내가 직접 본 적이 없어서 어떻게 설명해야 할지 잘 모르겠네. 우리 아이들이 가을에 나보다 훨씬 오래 가지에 잎을 매달고 있다가 이듬해 봄에 그때 목격한 사건을 들려주었거든. 어느 날 문득 그것이 나타났는데 굴러가는 원반을 밑에 붙이고서 이리저리 움직이는 금속 동굴 안에 앉아 있었다고 해. 그것이 멈춰 서면 동굴이 열리면서 두발짐승이 툭 튀어나왔대. 그러고는 금속 이빨을 들고서 어린 회청색 뾰족이 몇 그루를 베어서는 동굴에 집어넣더니 자기도 다시 그 안으로 기어들어가 휙 사라져버렸다는 거야. 우리 아이들도 그것 말고는 아는 게 없어서, 지금까지도 나는 정말로 그것이 굴러다니는 동굴인지, 아니면 뾰족이와 두발짐승을 꿀꺽 삼키는 다른 무엇인지 무척 궁금해. 어쨌거나 회청색 뾰쪽이들이 심하게 퍼져나갈 수 없었으므로 이런 사태가 나한테는 나쁘지 않았어. 물론 두발짐승한테 안 잡아먹히고 살아남은 회청색 뾰족이들도 있었지만, 내 코앞에 서 있던 녀석들조차도 내 키를 따라오려면 한참 멀어서 잘려나간 가지 자투리만 붙은 줄기 아래쪽에만 겨우 그늘을 드리우는 정도였거든.

　　그런데 그 아래쪽 몸통에서 욱신거리는 통증이 점점 더

심해졌어. 상처는 잘 아물었고, 오래전 내가 했던 짓을 입증하는 것은 큰 혹 몇 개밖에 없었는데도 말이야. 곱사등이 이모가 하던 말이 이제야 뿌리를 스치고 지나갔지. 이모가 규칙을 어긴 나무를 벌하는 뼈 잡아먹는 괴물 이야기를 했었거든. 가만히 내 몸을 느껴보면 저 깊숙한 곳에서 간질간질한 느낌이 들었어. 이상하게 가벼운 느낌이었는데 폭풍우가 치는 날에는 겁이 더럭 났지. 혹시라도 부러질까 봐 말이야. 다행히 그런 일은 일어나지 않았고, 이듬해 여름이 되어 몸에서 느껴지던 감각이 사라지면서 나는 그 모든 것을 차츰 잊고 말았단다.

    그래도 이제는 예전보다 자주 죽음을 생각했어. 내 삶의 끝, 그리고 그 이후에 일어날지도 모를 일에 대해서 말이야.

19

무덤

우리 참된 자들도 언젠가는 죽는다는 것을 나는 일찍부터 경험으로 알았단다. 죽음은 평생의 동반자여서, 어른이 되기까지 나는 이미 많은 지인과 친구를 잃었으니까(삐뚤이만 생각해봐도 알 수 있잖아). 그러나 이상하게도 그때까지는 굶주림 같은 온갖 위험은 늘 생각했어도 죽음은 물론이고 죽음 이후에 대해서는 거의 생각하지 않았지.

하지만 굳이 묻지 않아도 대답은 늘 우리 눈앞에 있었어. 일부나마 우리 조상이 여전히 우리 틈에 서 있었으니까. 그 우람한 몸통들이 과거 세대의 말 없는 증인이 되어 도저히 못 보고 지나칠 수 없는 모습으로 숲속에 서거나 누워 있었으니 말이야. 죽은 지 몇 년 되지 않아서 살았을 때와 거의 똑같은 나무도 많았어. 바짝 마른 가지에 잎이 하나도 붙어 있지 않은 것만 빼

면 산 나무와 다를 바 없었지.

물론 쓰레기 처리반(이 맥락에서는 정말 구역질 나는 단어이기는 하지만)과 다른 털북숭이들한테 이미 많이 잡아먹혀서 원래 모습을 겨우 짐작만 할 수 있는 나무들도 있었어. 껍질은 뚝뚝 떨어지고 뼈는 부서져 구멍이 숭숭 뚫렸고, 몸통은 점점 연하고 물러서 처음에는 제자리에 서 있었다 해도 언젠가는 털썩 땅에 주저앉고 말아.

그럼 이제 이 조상들은 공동체에 소중한 존재로 다시 태어나는 거야. 운이 좋아서 부서져가는 조상 위에서 깨어난 아기들에게 뿌리내릴 아늑한 집을 제공하니까. 죽어 연해진 몸통에는 물과 귀한 소금이 듬뿍 들어 있어서 이 아기들은 어려움 없이 잘 자랄 수 있어. 또 모두가 갈증에 시달리는 여름 가뭄에도 죽은 나무는 뿌리가 닿는 모두에게 물을 선사했단다.

죽은 나무는 털북숭이들에게도 정말로 귀한 보물이어서 자기들끼리 소유권을 두고 치열한 다툼이 벌어지기도 해. 혹시라도 진짜 쌈닭 둘이 만날 때는 아예 검은 장벽을 세워서 상대가 맞난 먹이에 접근하지도 못하게 막아버리지. 그래서 세월이 많이 흘러 이미 오래전에 모든 것이 다 분해되어 부슬부슬하고 양분 많은 흙이 되었어도 그 검은 선은 남아 한때의 갈등을 입증한단다.

다시 우리 조상들한테로 돌아가보기로 하자꾸나. 그분들은 깊은 땅에도 흔적을 남긴단다. 한때 그분들이 열심히 움직이며 부드러운 뿌리로 땅속 왕국을 탐험하던 곳에는 미세한 길이 나 있어서 후손도 쉽게 들어갈 수가 있어. 경험해봐서 아는데 정말로 편안하거든. 그래서 그런 곳으로 들어갈 때는 그곳에 아직도 그분들의 메아리가 희미하게 남아 울리는 것 같았단다.

내 자리에서 잔가지 하나 길이만큼도 떨어지지 않은 곳에 흙무더기가 있었어. 오래전 어느 해 여름에 일어났던 극적인 사건의 증거였단다. 그 흙더미는 흙을 파헤치는 짐승이나 두발짐승이 만든 게 아니야. 내가 태어나기도 전에 폭풍으로 노인 나무 한 그루가 쓰러지면서 생겨났지. 쓰러지면서 대부분의 뿌리도 함께 흙 밖으로 딸려 올라갔던 거야. 대체로 그런 사고는 치명적이지. 아직 땅속에 남은 뿌리로 어떻게든 살아보려 아등바등하는 것조차 극소수에게만 허락된 행운이니까.

내 옆의 흙무더기는 그 나무가 금방 죽었다는 증거였어. 그 우람하던 몸통에서 남은 것은 겨우 부식토뿐이었는데, 그 흙의 일부는 지렁이(땅 환풍기)가 깊은 땅속으로 끌고 들어갔지. 뿌리에 붙어 있다 사고 날 때 밖으로 튀어나온 흙을 쓰레기 처리반이 잘게 부수어 흙무더기가 쌓인 거야. 흙을 양식으로 삼는 생물은 없으니까. 그러니 당당한 우리 조상들은 갓 태어난 신생아조차 힘들이지 않고 들어갈 수 있을 만큼 흙을 부드럽게 바수어서 죽어서도 또 한 번 우리 공동체에 크게 이바지하는 거지.

하지만 그보다 훨씬 더 중요한 것이 있었어. 무수한 세대를 거치며 차곡차곡 쌓아 전해온 태고의 지식 말이야. 우리 모두의 내면에서 잠자는 지식이지. 하지만 그 시절에는 그저 예감으로만 느꼈을 뿐이고, 그마저 완전히 까먹어버릴 때도 많았어. 곱사등이 이모가 수업시간에 지나가는 말로 우리는 원래 다 알지만 기억을 못할 뿐이며, 그래서 할 일도 많고 걱정도 많다고 말한 적이 있었거든.

그때는 이해하지 못했지만, 어느 날 나는 우리와 협력하는 동맹군 중에서도 제일 크기가 작은 녀석들에게로 눈을 돌렸단다. 바로 박테리아야. 박테리아는 너무너무 작아서 쓰레기 처리반마저도 옆에 세우면 엄청나게 크게 보일 정도거든. 쉽게 볼 수도 없어서, 나도 뿌리 끝을 이용해 녀석들을 처음 만났지. 아마 너희는 아직 전혀 알아차리지 못했을 테지만 너희도 뿌리로 앞을 볼 수가 있어. 그게 무슨 소용이에요. 어차피 땅속은 온종일 어두운데? 아마 너희는 이렇게 항의하겠지. 기다려봐. 언젠가 너희도 나처럼 땅속을 더듬어 멀리까지 나아갈 테니까.

땅속에서 처음으로 빛을 본 것은 어른이 된 후였어. 나는 위로 가지를 뻗듯 땅속으로도 신나게 뿌리를 뻗어나갔고, 이웃들의 뿌리 틈을 더듬으면서 얼마나 깊이 들어갈 수 있는지 시험했지. 너희도 나이가 더 들어서 더 깊이 뿌리를 뻗어보면 알 테지만, 부드러운 흙으로 이루어진 층은 생각만큼 두껍지가 않단다. 그 아래로 단단한 돌, 바위가 들어앉아 있어서 밀고 들어가려는 우리 뿌리를 무자비하게 막아버리거든.

그래서 바위를 넘어 옆으로 뻗어나갔는데, 갑자기 앞이 환해지는 거야. 잎에 비친 빛과는 달리 아주 불쾌한 빛이었어. 원인을 찾기 위해 나는 위쪽 가지에서 내려다보았는데, 참 난감하게도 내가 산비탈 끄트머리에 이르렀다는 사실을 발견했지. 이 방향으로는 더 뻗어나갈 수가 없었던 거야.

그것 말고 빛을 보았을 때는 늘 짐승들이 땅을 파헤쳤기 때문이었어. 지표면 바로 아래에는 맛난 소금이 특히 많아서 내 뿌리도 거기서 아주 활발하게 일을 하거든. 그런데 누군가 얇게 덮인 나뭇잎과 부서진 찌꺼기를 걷어내버리면 강렬한 햇빛이 예민한 뿌리 끝을 강타해.

뿌리가 마르면 일이 더 심각해지지. 우리 몸의 기관은 밖으로 노출되면 순식간에 습기가 사라져 죽어버리기 때문에 아무 것도 느낄 수가 없게 돼. 물론 상상하는 것만큼 심각하지는 않아. 사실 우리는 매일 새 뿌리를 만들어서 잃어버린 뿌리를 대신할 수 있거든. 그래도 그때는 참 불쾌한 경험이었어.

그런데 가끔 저 깊은 곳에서 나지막이 꿀럭꿀럭 소리가 들렸어. 그래서 어느 날인가 뿌리 끝을 소리 나는 방향으로 밀어보았지. 바위에 생긴 틈으로 들어갈 수 있어서 나는 앞으로 계속 더듬어 나아갔단다. 소리가 커졌고, 습도가 높아졌어. 갑자기 뿌리가 얼음처럼 차가운 물에 푹 잠긴 거야.

어찌나 놀라고 어찌나 기분이 좋던지! 나는 찬물이 좋아.

그래서 목이 마르지 않았는데도 찬물을 발견해서 정말 신이 났어. 그런 물 저장고가 필요한 날이 언제 올지 누가 알겠어. 요즘에는 워낙 자주 그렇지만, 그때에도 비가 잘 안 내리는 여름이 있었으니까 말이야. 그때는 일단 조금만 마셨어. 너희와 달리 나는 벌써 키가 엄청나게 커서 뿌리의 작은 부분에만 물이 닿았으니까. 그래도 어쨌건 흙의 위층이 마르는 만일의 사태에는 어디를 찾아갈지 알았으니까, 그것으로 됐다고 생각했지.

아무리 그래도 뿌리를 물에 오래 담가둘 수는 없었어. 물속에는 공기가 없어서 그대로 두면 뿌리가 질식하거든. 내 자리에서 몸통 몇 개만큼 떨어진 움푹 팬 땅에 서 있던 친구가 기억나. 비가 억수같이 퍼부어서 그곳으로 엄청나게 모인 물이 한 달 넘게 빠지지를 않는 거야. 불쌍한 친구는 오래오래 신음하다가 서서히 질식하고 말았지. 아마 지금 너희는 내 말이 안 믿길 거야. 우리는 잎으로도 숨을 쉬니까 공기를 충분히 마실 수 있는데 왜 질식하느냐고. 하지만 땅이 물에 잠기면 우리의 사고 기관 전체가 금방 죽고, 따라서 몸 전체도 죽고 말아.

내가 무슨 말을 하려고 했지? 또 샛길로 빠졌네. 미안. 아, 그래. 뿌리 끝과 보는 이야기를 하고 있었구나. 이렇게 뿌리로 보는 것은 완전히 달라. 정말로 미세한 변화도 알아차리거든.

그런 변화가 뿌리 끝을 따라서, 그리고 뿌리 위로 움직이는 작은 벌레들일 수도 있어. 이것들은 진짜 너무너무 작아서 엄청나게 애쓰지 않으면 알아차리기도 힘들어. 하지만 아무리 작아도 영향력은 대단하지. 가령 그것들이 너희 안에도 숨어 잠자고 있는 우리 조상들의 오랜 지식을 떠올리도록 도와줄 수 있거든. 내가 그걸 처음 경험한 것은 참으로 고단했던 시절이란다.

20

불행이 시작되다

 어느덧 나도 인생 황금기에 도달했고, 그 점에서는 정말로 고마운 마음뿐이었지. 걱정하던 몸 상태가 다시 나빠졌지만, 이제 더는 불쾌하지 않았어. 전혀 그렇지 않았지. 좋은 땅이 제공하는 맛있는 소금과 온갖 귀한 양분을 실컷 먹을 수 있었으니까. 그것들은 맛도 좋지만 우리 건강에도 꼭 필요해서, 가령 당분을 아주 많이 공급하는 반짝거리는 초록 잎도 다 양분이 넉넉한 덕분이지. 그렇지만 땅에 든 양분이 무한정인 것은 아니란다.
 그래서 나이를 먹을수록 땅속 소금과 양분이 줄어들게 돼. 나이를 먹는 동안 주변 땅을 샅샅이 뒤져 소금을 찾아내 빨아먹고는 그중 다량을 몸에 저장해두니까 말이야. 낙엽 같은 몸의 작은 일부가 쓰레기 처리반의 도움으로 다시 땅으로 돌아가기는 해도 대부분은 계속 우리 뼈에 붙들려 있는 거지. 그러니까 이 소금은 중요한 임무를 다 마쳤지만, 동시에 우리를 딜레마에 빠뜨리는 거야. 계속 성장하려면 소금이 더 필요하거든. 성장을 멈추면 우리는 죽어. 하지만 그것이 다음 세대에게는 크게 비극적인 일은 아니야. 죽은 우리 몸통이 품고 있던 온갖 보물이 다시 땅으로 돌아가니까.

그런데 이제 내게 아주 우아한 해결책이 생긴 셈이지. 쓰레기 처리반이 낙엽을 부수듯 뼈 잡아먹는 벌레들이 내 속을 갉아먹었던 거야. 그럼 소금이 배출되지만 아직은 좋은 소식은 아니야. 분해된 늙은 뼈 덩어리 전부가 여전히 내 몸 껍질 안에 붙들려 있었으니까. 처음에 나는 이런 과정에 대해 아는 것이 하나도 없어서 아주 가끔이지만 거기서 무슨 일이 일어나는지 걱정만 했어. 뼈 잡아먹는 벌레가 느릿느릿 다 자라면 순식간에 죽음을 불러올 수 있다는 사실을 모르는 나무는 없었으니까. 더구나 폭풍이 불 때면 내 몸통이 더 흔들리는 기분이 들었어. 평소와 달리 뼈가 삐걱거렸고 더 둔탁하고 큰 소리가 들렸거든. 이웃들이 그 소리를 듣고 나와 관계를 끊어버리면 어쩌나 걱정되었던 거야.

어느 날, 이 걱정을 싹 해결해준 사건이 일어났어. 시작은 아직 완전히 아물지 않은 오래된 가지의 상처였지. 다른 튼튼한 가지들처럼 그곳으로도 털북숭이들이 들어와서 뼈를 갉아 썩은 덩어리로 만드는 바람에 그 자리가 움푹 패어버렸어. 나는 위쪽에 달린 몇 개의 잎으로 그 광경을 볼 수 있었는데 바람이라도 불면 거기에서 오싹하는 귀신 울음소리가 들렸지.

내가 구멍을 메우려고 하도 애를 쓰다 보니 그 패인 자리에 심지어 새 피부가 돋았지 뭐야. 그런데 거기서 내 평생 듣도 보도 못한 일이 일어났어. 거기 위쪽에서 새 뿌리가 자랐던 거지. 뿌리라니! 우리의 사고 기관은 땅속 지표면 아래에서 자라고, 예민해서 빛과 공기를 싫어해. 이건 아무리 반복해서 외워도 모자람이 없는 사실이야. 그런데 땅 위 내 몸통 길이의 3분의 1쯤 되는 높이에서, 그것도 내 몸 안에서 뿌리가 자라나다니!

나는 그 뿌리로 움푹 팬 구멍을 볼 수 있었고 심지어 속을 들여다볼 수도 있었어. 뿌리 끝에도 눈 같은 것이 달려 있거든. 그렇지만 뿌리가 서둘러 안으로 들어가버리는 바람에 금방 어두워져서 더는 아무것도 알아차릴 수 없었지. 대신 점점 더 맛이 느껴졌어. 바깥 숲 바닥의 맛은 아니었고, 약간 더 단조로운 대신에 더 강렬한 맛이었지. 아마 숲에서는 수천 종의 생명체가 죽어 처리되고, 우리 뿌리가 그것들을 이용하기 때문일 거야. 하지만 여기 몸속에서 숲 바닥의 재료가 될 만한 것이라고는 뼈 덩어리밖에 없었지.

물론 숲 바닥이라는 말이 정확하지는 않아. 순전히 목질로만 이루어진 바닥이니까. 그 덕분에 나는 그동안 열심히 모아 저장해두었던 모든 소금을 다시 한번 쓸 수가 있었지. 몸도 튼튼해져서 잠시나마 건강 걱정을 잊을 수 있었고.

잊어? 아마 너희는 이렇게 생각할 거야. 진짜로? 뼈 잡아먹는 괴물이 속을 전부 다 부수지는 않았던 거야? 다행히 다는 아니었어. 적어도 당분간은 그랬지. 처음에는 녀석들이 몸 제일 안쪽에 갇혀서 오래전에 생명을 잃은 뼈 부분으로 만족했거든. 그 부분은 바깥 피부층처럼 죽어서 감각이 없으므로 통증도 느껴지지 않았어. 껍질 바로 아래층, 혈관이 지나가고 땅속 물을 가지까지 실어 나르는 가장 나중에 만들어진 뼈 층만 생명과 물을 담고 있으니까. 털북숭이는 대부분 물을 너무너무 싫어해서 물이 뼈 혈관을 지나가는 동안에는 그곳으로 뚫고 들어올 수가 없어. 한마디로 녀석들은 어차피 별로 유용하지 않은 조직은 부수고 나머지는 보호하기 때문에 녀석들의 활동이 심지어 내게 활력을 불어넣어주었던 거지.

나는 사랑의 잔치에 상냥한 양의 먼지를 보탤 수 있었고, 나의 태아들은 대단히 크고 실했단다. 껍질을 부수고 나온 아기들도 기운이 넘쳐서 삶을 향해 힘차게 출발했지. 그 시절에 태어난 작은 무리가 지금 청소년으로 자라서 너희들 뒤편 해지는 방향의 비탈에 서 있잖니.

  어쨌든 나도, 날로 세를 더해가던 우리 가족도 아주 잘 지냈고, 우리는 몇 해의 여름을 그렇게 멋지게 보냈단다. 옆에 살던 두발짐승들은 이 시기에는 도통 두문불출이었어. 자기네 돌 동굴에 박혀 있거나 그 주변만 돌아다닐 뿐, 내 옆에 있던 뾰족이들에게도 거의 손을 대지 않았거든. 나아가 갈색 죽음이 예전 빈터로 들어오지 못하도록 울타리 비슷한 것도 설치했지. 그것이 어떻게 작동하는지는 몰랐지만, 아마 털북숭이들의 차단기와 비슷했을 거야. 털북숭이들도 가늘디가는 실로 우리 뿌리 주변을 막아서 나쁜 놈들이 들어오지 못하게 보호해주니 말이야.

두발짐승들도 그런 일을 할 수 있어서 크기만 엄청나게 키워 그런 울타리를 만든 것일까? 어쨌거나 그 울타리도 아주 얇아서 거의 눈에 보이지 않았어. 이러나저러나 갈색 죽음이 좋아하는 장소에 들어갈 수 없어서 우리 숲에도 자주 오지 않으니 참 좋았지. 어차피 우리 숲에는 녀석이 먹을 것도 거의 없었으니 말이야.

그런 아름다운 여름은 그날이 그날이다 보니 기억에서 흐물흐물 녹아 구분하기 어려워. 나는 안정된 상태를 좋아해서 그 시절을 누구보다 흠뻑 즐겼지. 사실 내 이야기는 공정하지가 못해. 그런 시절은 들려줄 내용이 거의 없고, 반대로 똑같은 나날과 확연히 구분되는 부정적인 사건들은 너무 큰 비중으로 다루어지거든. 기억에게 이렇게 외치는 거지. 이건 꼭 뿌리 끝에 간직해둬! 하고 말이야.

그런 사건 중 하나가 내 삶에서 처음 겪은 극심한 가뭄이었단다. 그해 겨울에는 유난히 잠이 길고 깊었어. 봄이 되어도 여전히 추위 잠에서 깨기가 정말 힘들었지. 물론 그것만 힘들었던 건 아니야. 아주 드문 일은 아니었으니까. 나는 평소보다 조금 늦게 틔운 초록 싹들을 햇살에 팔락이며 당분을 채웠고 적절히 몸집도 키웠지. 땅은 날로 말라갔지만, 이조차 특이한 일은 아니었어. 비는 매일 골고루 내리는 것이 아니어서 때로는 구름이 한동안 파란 하늘에게 자리를 내어주고 휴식을 취하기도 하니까.

그리고 나는 파란 하늘이 너무너무 좋았어. 그런 빛은 곧 당분이 늘어난다는 뜻이고 달콤한 강물이 내 몸을 타고 흐른다는 뜻이며, 그렇게 당분이 풍성하게 흐를 때면 온갖 시름을 다 잊을 수 있었거든. 하지만 그것도 하루이틀이지, 워낙 오래 계속되다 보니 결국 갈증이 밀려왔지. 갈증이 심해지면서 강물처럼 흐르던 당분도 실개천으로 줄었어. 물이 없으면 양분도 없으니까. 곱사등이 이모기 입이 닳도록 되풀이하던 그 만고의 진리가 그제야 떠올랐지. 목이 마르면 잎에 달린 입을 다물어야 해. 숨을 쉴 때마다 계속해서 수증기가 달아나거든. 그래도 뿌리로 힘차게 숨을 쉴 수 있어서 질식할 위험은 없지만, 뿌리로 들이마신 공기가 잎까지 가지는 않기 때문에 잎은 혼자 알아서 공기를 마셔야 해. 그래서 땅 위에서 숨을 참으면 당분을 만들 수가 없는 거야.

왜 그런지는 미안하지만 설명해줄 수가 없어. 그러나 그때는 나도 내 운명을 수굿하게 받아들이지 않았지. 다른 방법이 있었거든. 나는 뿌리 끝을 쫑긋 세워 바위틈에서 들리는 소리에 귀를 기울였어. 혹시 어디서 약한 물소리가 들리지 않나 해서 말이야.

원로회의에서 처음으로 경고가 날아왔지. 비가 내릴 때까지 물이 떨어지지 않게 물을 더 아껴 쓰라고. 같은 숲이라고 해서 사정이 같지는 않잖아. 흙이 깊지 않아 물을 많이 저장하지 못하는 땅도 있고, 흙 밑에 바위가 앉아서 뿌리가 뚫고 들어갈 수 없는 곳도 있으니까.

하지만 아무리 열심히 귀를 기울여봐도 이번에는 별 소용이 없었지. 익숙하던 물소리는 희미한 메아리로만 들려왔고 가는 바위틈에도 물기가 거의 남아 있지 않은 데다 그마저 정말로 용을 써야 겨우 빨아먹을 수 있었거든. 한 달 내내 하늘에는 구름 한 점 없었어. 우리 기우제도 통하지 않았으니까 정말 이상한 일이었지. 기우제는 언제나 통했는데 말이야. 맞다. 너희한테 아직 기우제 이야기를 안 했구나. 꼭 알아야 하는 일인데 말이야.

21

비를 부르는 방법

내가 어른이 될 때까지도 비는 믿을 수 없는 손님이지만 그래도 결국에는 늘 충분하게 내린다고 생각했단다. 해가 뜨고 지는 것을 우리가 어떻게 할 수 없듯이 구름의 종류나 비가 내리는 지역을 고민하는 것도 별 의미가 없다고 말이야.

가뭄은 불규칙한 간격으로 들르기는 해도 잊지 않고 우리를 찾는 숲의 동반자란다. 그럴 때는 물을 아끼면서 비가 올 때를 기다려야 해. 하지만 먼 옛날 어느 해 여름에 가뭄이 도저히 견딜 수 없는 지경에 이르자 우리 선조들은 특히 심한 가뭄을 영원히 우리 숲에서 몰아내는 의식을 생각해냈다고 해.

그때는 봄에도 여름에도 비 한 방울 내리지 않아서 땅이 쩍쩍 갈라졌대. 참된 자들 모두가 끔찍한 갈증에 시달렸고, 가뭄을 못 견뎌 목숨을 잃은 아이도 한둘이 아니었다지. 그해 겨울에는 우리 가족이 긴 잠을 자는 동안 비가 아주 많이 내려서 봄에 깨어났을 때는 땅이 약간 촉촉했다고 해. 그래서 온 가족이 약간 숨을 돌리고 힘을 길어낼 수 있었지. 하지만 고통의 시간이 다가오리라는 조짐이 없지 않았어. 이보다 더 화창할 수 없는 하늘이 안타깝게도 너무 오래 이어졌으니까.

그래서 원로회의는 도움을 기원하는 향기를 내뿜기 시작했지. 점점 더 많은 어른 나무들이 뜻을 같이했고, 숲 위의 대기는 도움의 외침으로 가득 찼어. 그러자 기적이 일어났지. 잎 지붕 위로 수증기가 뭉쳐 탑처럼 엄청나게 쌓였고 그곳으로 세찬 바람이 불어왔거든. 밤이 오려는 듯 한낮의 빛이 사라지더니 거친 소나기가 퍼붓기 시작했어. 동시에 하늘에서 번쩍번쩍 빛이 떨어지고 눈부신 빛줄기가 수없이 우리 몸통 사이로 내려꽂혔지만, 다행히 피해는 없었어. 땅은 구멍마다 물로 가득 찼고 모두가 몸이 터질 때까지 물을 들이켰지.

그날 이후 이 기원 의식이 해마다 치러졌어. 뭐하러 해마다 치렀는지 궁금하지? 그렇게나 많은 아이를 가뭄으로 잃지는 말아야겠다고 원로회의가 결심했거든. 그래서 모두는 구름이 나타나더라도 여름 내내 거듭거듭 함께 기원했지. 덕분에 몇 해의 예외를 제외하면 더는 심한 가뭄이 없었고, 가벼운 갈증을 빼면 대부분이 생명을 위협할 정도의 갈증은 느끼지 않았어.

그렇듯 강한 우리 공동체를 목격할 때마다 내 마음에는 감동이 밀려왔단다. 우리는 강했어. 더위도 몰아낼 수 있을 만큼 강했지. 더위를 몰아낼 때는 굳이 의식까지 치르지 않아도 돼. 해가 사정없이 내리쬘 때는 우리 모두 땀을 흘리니까 그것으로 충분하거든. 물론 우리는 빛을 좋아하지. 하지만 한여름에는 낮 동안 내내 너무 뜨거워. 그럴 때는 잎의 열을 내리기 위해 물이 많이 필요한데, 그 물이 다 도망가버리면 안 되잖아. 그래서 너희도 알다시피 우리는 그 물을 다시 기우제로 불러왔던 거야.

나무 한 그루가 땀을 흘리면 그 주변만 약간 시원해지지만 모두 함께 땀을 흘리면 정말로 기온이 뚝 떨어진단다. 그렇게 서늘해진 숲에서 풍성한 햇빛을 받고 가끔 비도 내려주었기에 우리는 여름을 흠뻑 즐길 수 있었지. 다만 뾰족이들과 두발 짐승의 돌 동굴이 있는 빈터 방향은 기온이 확연히 높았어. 그 방향에서 숲으로 연신 더운 공기가 불어와 우리가 애써 시원하게 만들어놓은 공기를 비탈 아래쪽으로 쫓아버렸기에 나로서는 손해가 이만저만 아니었어. 뾰족이들이 날씨를 조절할 수 없는 것인지, 아니면 더운 걸 좋아하는 것인지, 그때만 해도 나는 통 알 수가 없었지.

하지만 지난 몇 년간 우리 능력도 점차 힘을 잃어서 원로회의가 큰 걱정을 했어. 어떨 때는 기원도 소용이 없어서 몇 주 동안 구름 한 점 볼 수가 없었거든. 원인을 알아내기 위해 원로회의는 온갖 수단을 총동원해서 정보를 수집했지. 뿌리로 이웃들에게 물어보고 털북숭이의 실을 이용해 멀리 떨어진 곳까지 수소문했어. 맞아, 나 같은 젊은 성인도 이제는 의견을 말할 수 있었거든. 실제로 나는 비탈 끄트머리의 맨 꼭대기에 서 있었으므로 수수께끼 해결에 조금이나마 이바지할 수가 있었어.

      잎 지붕 너머로 멀리 내다보니 우리 숲의 초록 지붕에 구멍이 뻥뻥 뚫려 있는 거야. 내가 어른이 된 초기에는 없었던 구멍이었어. 그 구멍이 자라서 빈터가 되었고 끝없이 이어지던 우리 공동체를 쪼그라뜨렸지. 그런 빈터가 무엇을 의미하는지, 늘 이웃을 지켜본 나는 너무나 잘 알았단다. 숲이 없는 지역에서 솟구쳐오르는 가느다란 연기는 그곳에 두발짐승들이 있다는 뜻이었고, 그들이 하는 짓은 이미 넘치도록 보았으니 말이야. 산비탈을 따라 계곡까지 뻗어 있던 우리 가족은 아직 큰 타격을 입지 않았지만, 공동체의 기원이 하늘에 가닿으려면 숲이 얼마나 커야 할까? 이웃들도, 곱사등이 이모도 답을 알지 못했어. 그래서 내가 발견한 사실을 원로회의에 알렸지만, 원로회의는 끝끝내 아무 대답도 없었지. 나의 정보를 귀담아들었다면 그 이후의 사건들을 막을 수 있었을까? 지금까지도 나는 잘 모르겠어. 어쨌든 숲이 사라지는 게 그런 사건들에 일조했다고 나는 생각한단다.

큰 가뭄

그러던 차에 큰 가뭄이 닥쳤지. 조짐은 있었지만 우리는 아무런 준비도 없이 가뭄을 맞이했어. 봄에 잠에서 깨어났을 때만 해도 땅이 바람직할 정도로 물기가 많지는 않았어도 어쨌든 살짝 촉촉하기는 했거든. 잎 지붕 위로 파란 하늘이 펼쳐져 있었고, 우리는 평소보다 약하기는 해도 혈관을 타고 흐르는 달콤한 당분의 강물을 느꼈지.

한 달이 지나도 비가 내리지 않자 우리는 서서히 불안해졌어. 모두 비를 기원했지만, 그 기우제마저 구름 한 점 불러오지 못한 채 바람에 날려가고 말았지. 그런 적은 처음이었어. 숲은 날이 갈수록 건조해졌지. 우리도 견디기가 너무 힘들어서 수분 증발을 막기 위해 잎을 닫고 당분 생산을 멈춘 채로 가만히 기다릴 수밖에 없었어. 어린 시절로 돌아간 기분이었지. 주린 배를 움켜쥔 채 허기를 참아야 했던 그 시절 말이야. 그래도 아직 걱정할 수준은 아니었어. 적어도 당분간은 그랬지. 몸에는 아직 당분이 충분했지만, 배가 너무 고프다 보니 이제 곧 긴 잠이 인정사정없이 닥칠 것이라는 사실이 절로 떠올랐어. 그때까지 모든 참된 자가 충분한 당분을 모아두어야 어두운 계절을 무사히 견디고 이듬해 봄에 깨어날 수 있을 텐데 말이야.

가뭄은 끝나지 않았어. 땅이 쩍쩍 갈라져서 그 틈으로 들어온 빛이 예민한 뿌리 끝을 건드렸지. 얼마나 눈이 부시던지! 뿌리가 공연스레 찍찍 찢어지기도 했는데, 우리는 너무 흥분한 탓에 아픈 줄도 몰랐어. 잎을 닫고 있어도 물은 조금씩 증발하는데, 어려울 때는 한 방울이 귀한 터라 나는 다른 친구들처럼 제일 위쪽 가지의 이파리들을 미리 버리기로 마음먹었지. 늦여름에라도 비가 제대로 내려서 한숨 돌릴 수 있을지 모른다는 희망도 그 낙엽과 함께 접을 수밖에 없었어.

  물론 위험한 결정이었어. 사실 아직 배가 충분히 부르지는 않아서, 긴 잠에 필요한 에너지를 모으려면 계속해서 단물을 많이 만들어야 했거든. 하지만 그럴 수가 없었어. 잎을 다 갖고 있다가는 가을에 목이 타서 죽고 말 테니까. 이웃 나무들도 똑같이 잎을 버렸어. 아니 이웃 나무뿐 아니라 온 숲이 그랬지.

  겁쟁이들도 엄청나게 많은 잎을 던져버렸어. 심지어 너

무 서두르느라 아직 초록인 채로 던져버린 잎도 있었지. 이보다 더 무서울 수는 없었어. 귀한 초록 색소를 제때 거두어들일 수 없었던 이는 참나무만이 아니었지. 우리 중에도 미처 채비를 못한 채 잎을 떨어뜨리는 친구들이 늘어났으니까. 옆 동네 뾰족이들조차 점차 누렇게 뜨고 뾰족한 얇은 잎이 우리 이파리와 함께 땅으로 우수수 떨어졌지.

고요한 숲이 점점 무서워졌어. 아지랑이처럼 피어오르는 더위를 숲에서 몰아낼 바람은 구경도 하기 힘들었지. 땀도 흘릴 수가 없어서 기온은 더 치솟았어. 잎을 다 떨구는 모험에 뛰어든 친구들도 나타났어. 지금 비가 온다면 그 친구들은 비를 활용할 수 없으므로 무조건 지금껏 피부와 뿌리에 모아둔 양분으로 버텨야 할 거야. 나는 아직 잎을 일부 매달고 있었어. 무슨 대단한 결심을 해서가 아니라 그사이 너무 약해져서 판단을 내릴 수가 없었기도. 가지에 남은 잎들이 점점 말라서 도르르 말렸기 때문에 시야도 점점 더 흐려졌지.

원로회의는 침묵했어. 평소 그렇게 떠들어대던 털북숭이들조차 말을 잃었지. 우리와 손을 맞잡고 있기는 했어도 녀석들 역시 우리 못지않게 힘들었던 거야. 그런 가뭄에는 습기 많은 화려한 궁정을 지을 수가 없었으니까. 더구나 우리한테 당분을 얻어먹지 못해서 형편도 말이 아니었을 테고.

옆 동네 빈터의 뾰족이들도 백기를 들기 시작했어. 어느 날 아침 옅은 구름이 몰려오자 다들 희망에 들떴지. 안개와 다를 바 없이 가는 빗방울이 숲에 떨어져 매달린 가지를 적셨으니까. 하지만 잎에 모인 빗방울이 가지를 타고 내려가기도 전에, 우리가 몇 달 만에 겨우 물 한 모금 마셔보기도 전에 하늘은 다시 개었어. 정말 미칠 것 같았어. 물을 눈으로 보고 몸으로 느끼는데도 마실 수가 없다니 말이야.

그러나 옆 동네 빈터에서 들려오는 괴성과 신음이 말해주듯 비가 아무 일 없이 지나간 것은 아니었어. 빈터로 맨 먼저 실려온 뾰족이들 중 하나인 건장한 뾰족이가 아주 느리게 기울어지기 시작했거든. 그런데 천둥소리를 내며 땅으로 쓰러지기 전 녀석의 수관이 우리 이웃들의 가지를 스치는 바람에 그들의 뼈 일부가 산산이 부서져버렸지. 잠시 먼지와 이파리가 회오리치며 솟구쳤지만 이내 다시 숲은 정적에 휩싸였어. 보아하니 메마른 땅속에서 찢어진 뿌리가 너무 많아서 그 늙은 뾰족이한테는 빗방울의 작은 무게마저 버거웠던 것 같아.

이제 녀석은 그리 길지 않은 삶을 내려놓고 땅에 드러누워 있었지. 빈터의 아침 해를 가려 성가시기는 했어도 젊은 시절부터 내 곁을 지킨 녀석이었어. 정이 들어서 가끔 쳐다보기도 했었고 변치 않는 모습에 감탄하기도 했었지. 하루가, 한 달이, 여름이 규칙적으로 오고 가는 것만큼 안심되는 것이 없고, 갑자기 찾아와 오래 끄는 변화만큼 불안한 것도 없는 법이니까.

물론 진짜 연민을 느끼진 않았어. 뾰족이는 우리하고 다르니까. 그래도 지금 장기가 찢어진 채로 쓰러진 녀석을 보고 있자니 녀석의 운명이 저 깊은 곳 내 뿌리 끝을 살짝 흔들었지. 내 상태가, 뼈 잡아먹는 벌레가 새삼 떠올랐어. 하지만 너무 기력이 없어서 정신을 집중할 수 없었어.

여전히 비는 내리지 않았고 가을에라도 물을 좀 얻어 마시고 배를 채워 당분의 강물을 되돌릴 수 있으리라는 희망도 사라졌지. 나는 지친 몸을 이끌고서 마지막 남은 힘을 끌어올려 아직 붙어 있던 이파리를 떨구었어. 당분을 너무 적게 저장해두어서 긴 잠을 견딜 수 있을까 하는 걱정마저 기운이 없어서 하지 못했지. 나는 그냥 꾸벅꾸벅 졸았고 마지막으로 기억하는 것은 말로는 다 할 수 없는 갈증이었어.

저 깊은 곳에서 물소리가 들렸어. 몽롱한 정신으로 나는 환한 봄 풍경을 흐릿하게 쳐다보았지. 물을 들이켜 내 몸을 채우고 천천히 싹을 틔우기까지 정말로 엄청난 노력이 들었단다. 잎들이 낑낑대며 밖으로 나왔고, 드디어 당분이 다시 내 혈관을 타고 흘렀지. 그제야 정신이 돌아온 나는 마침내 긴 잠이 끝났고 내가 살아남았다는 사실을 깨달았어. 주변 친구들도 서서히 다시 초록으로 변신했지. 그래도 몇몇 아이는 끝끝내 긴 잠에서 살아 돌아오지 못해 꼼짝도 하지 않았어.

그리고 또 하나, 생명의 신호를 보내지 않는 이가 있었어. 바로 곱사등이 이모였지. 충격이 내 뿌리를 타고 흘렀어. 작년 여름에 이모를 보살필 책임자 순번이 나한테 돌아왔거든. 굳이 변명하자면 나 먹을 것도 없는 상태였지만, 가뭄과 굶어 죽을지 모른다는 공포 탓에 노인 먼저라는 철칙을 완전히 뒷전으로 미루었던 거야. 나는 겁에 질려 뿌리 끝으로 땅속을 더듬어 닿을 수 있는 모든 연결망을 두드렸고 어른 털북숭이들에게도 물어봤지만, 결국 더는 부인할 수 없었지. 곱사등이 이모가 돌아가신 거야.

23

곱사등이 이모

당연히 곱사등이 이모도 날 때부터 곱사등이 그루터기는 아니었으니 너희처럼 열매에서 태어났겠지. 어린 시절과 젊은 시절에 이모가 어땠는지는 아무도 아는 이가 없지만, 분명 지금껏 산잠된 사 기운데 아주 당당한 한 나무로 성장했을 거야. 그루터기의 지름만 봐도 그 위에 거대한 몸통이 떡 버티고 서 있었으리라 충분히 짐작할 수 있거든. 적어도 어른이 된 후 이모가 어떻게 살았는지는 원로회의의 이야기를 듣고 알았어. 그런데 왜 원로회의가 나와 같은 '평범한' 참된 자에게 갑자기 그렇게 말을 많이 해주었냐고? 그렇지는 않아. 그 이야기는 조금 있다가 해줄게.

　이모가 자라던 때는 두발짐승들이 막 숲을 망가뜨리기 시작한 무렵이었어. 지금도 그렇지만 그때도 초록 거인들이 없어

진 자리에 보기 흉한 구멍이 생겼지. 두발짐승들이 참된 자들도 미친 듯 잡아먹었는데, 어느 날 문득 녀석들이 공격을 멈추었어. 누구 때문이고 무엇 때문인지는 지금까지 확실하지 않지만, 어쨌든 그 이후로 몇백 년 동안에는 듬성듬성 모습을 보였을 뿐이야. 숲의 상처가 다시 아물었고 잎 지붕이 이 지평선에서 저 지평선까지 닿았지. 아마 무척 행복한 시절이었을 거야. 그때는 참된 자들이 편안하게 몇백 년을 살 수 있었거든. 분명히 기우제도 한몫 단단히 했겠지. 수천 그루가 동시에 기원하면 비가 넘치도록 내렸고 여름 더위도 참을 만했을 테니까.

그렇게 곱사등이 이모는 멋진 나무로 자랐어. 주변에서 제일 우람한 나무였지. 몸통이 그 정도로 우람하려면 나이도 먹을 만큼 먹어야 하지만 경험도 아주 많아야 해. 그래서 이모는 사백 살이 되자 원로회의에 선출되었고, 그곳에서도 예의 그 뛰어난 가족애와 이타심을 한껏 발휘했지. 도움을 청하는 약골이나 병든 나무가 있으면 빠짐없이 상당한 양의 당분과 함께 도움의 손길을 내밀었으니까.

하지만 이모도 원로회의 의장님만큼은 구하지 못했다고 해. 그분은 키는 많이 크지 않았어도 나이는 월등히 많은 나무였지. 뼈 잡아먹는 벌레가 오래전부터 몸속에서 날뛰었는데, 반달 모양의 균류로 뒤덮인 몸통이 결국 어느 날인가 까닭도 없이 부러지고 말았어. 뿌리마저 병으로 산산이 부서져서 그루터기라도 남겨보려던 희망마저 허사로 돌아갔지. 핏기없는 죽은 몸통

안으로 작은 벌레의 새끼들이 기어 들어갔어. 뚫린 구멍에서 흰 먼지가 새어나왔고, 빗물에 씻겨 땅속으로 스며든 그 먼지를 쓰레기 처리반이 생명 순환의 고리로 되돌려놓았지.

신임 의장 선거는 예상한 결과로 끝이 났어. 후계자는 곱사등이 이모였단다. 숲은 달라진 것이 별로 없었지. 삶은 여전히 유유히 흘러갔고, 참된 자들은 지금은 절대 불가능한 긴 수명을 누렸어.

그래도, 아니 그랬기 때문에 더더욱 곱사등이 이모는 자손을 기르지 못했어. 이웃 나무 모두가 이모만큼 건강해서 짙은 그늘을 땅에 드리웠고, 갈색 죽음을 멀리 쫓아버렸지. 황홀한 사랑의 축제를 벌였고, 겨울잠에 들기 전에 무수한 태아를 떨어뜨렸지만, 아이들은 어머니를 따라잡지 못했어. 그러자면 노인이 자리를 만들어줘야 했으니까.

장수하는 참된 자들이 모여 사는 이 오래된 숲에서 그건 정말 드문 일이었거든. 그래서 이모의 아이들은 무수한 여름을 견디다 못해 결국 삶을 포기하고 다시 흙으로 돌아가버렸지. 물론 언젠가 우람한 노인 나무 한 그루가 물러나 그 틈으로 빛이 땅까지 충분히 들어오기는 했지만, 그건 정말 아주 오랜 시간이 흐른 뒤였어. 이모의 아이들이 살아남기에는 너무나도 긴 시간이었지. 그리고 그 자리를 하필이면 이모 자신이 마련하는 바람에 정작 자기 아이들은 그 기회를 활용할 수가 없었어.

종말의 시작은 두발짐승이 아니라 여름 태풍이었어. 엄청난 돌풍이 불어와 이모의 몸통을 뒤흔들었던 거야. 거기에 폭우까지 내려 잎으로 엄청난 양의 물이 떨어지면서 가지로 감당할 수 없는 무게가 실리자 결국 견딜 수 없게 되었지. 돌풍이 소용돌이치며 잎 지붕을 지나면서 가지를 잡아당기는 바람에 이모는 쓰러지고 말았어. 땅바닥 바로 위쪽 뼈가 부러져 산산조각 났고 우람하던 몸통이 굉음을 내며 쓰러졌어. 들쑥날쑥 볼썽사나운 밑동만 남기고 줄기가 다 잘려버린 거지.

    주변 이웃들이 당장 도움의 손길을 내밀어 이모의 뿌리를 더 단단히 부여잡고서 당분을 보냈어. 덕분에 일부 뿌리는 건졌지만, 나머지 뿌리는 다 죽고 말았고 더불어 그 안에 든 엄청난 지식도 사라지고 말았지. 그래도 이모는 원로회의 회원 자격을 유지했어. 그런 처참한 상태로도 값진 조언을 해줄 수 있었거든.

땅 위에서는 불행의 흔적이 사라졌어. 우람하던 몸통은 여느 무덤 자리처럼 솜 같은 토르소로 변했다가 우리 뿌리가 좋아하는 고운 흙이 되었지. 자연의 막강한 힘을 경고하던 그루터기 역시 보드라운 흙이 되고 말았어. 테두리에는 그래도 아직 은회색 피부가 뼈를 덮고 있었지만, 이모는 너무 약해져서 불행을 겪은 다른 나무들과 달리 새 가지조차 만들 수 없었어. 그때부터 한때 우두머리였던 생명체가 남긴 지상의 자취는 원을 그리며 놓인 작은 돌들처럼 알아보기조차 힘든 테두리가 전부였지. 하지만 땅 밑에서는 여전히 친구들과 관계를 맺었고 쉬지 않고 대화를 나누었단다.

이모는 원로회의 활동도 이어나갔어. 물론 이제는 그녀의 대답을 들으려면 시간이 훨씬 많이 걸렸지만 그래도 모두가 이모의 경험을 소중히 여겼지. 그러다가 이모에게 딱 맞는 임무를 찾아냈어. 태어나는 아이들에게 공동체 의식을 심어주고 인고의 삶을 준비시키는 막중한 임무를 맡긴 거지. 이내 아이들은 그녀를 "이모"라고 불렀고, 나 역시 태어나면서부터 이모로 알고 살았어.

그런데 지금 그 이모가 돌아가셨어. 나 때문에.

24

가혹한 판결

한동안은 이모의 죽음을 숨길 수 있었어. 너희도 예상할 수 있겠지만, 그렇다고 해서 내 마음이 더 편하진 않았단다. 그래 봤자 진실의 날을 뒤로 미루었을 뿐, 나의 고통이 커지기만 했으니까. 이런 종류의 두려움은 평생 겪어본 적이 없었어. 허기와 갈증도 끔찍한 고통이고 극심한 두려움을 동반하지만, 이것과는 달랐지. 그건 모두가 겪는 위기이고, 함께 참다가 결국 함께 이겨냈으니까.

발각될지 모른다는 공포는 훨씬 더 심했어. 나는 혼자였고 나쁜 의도는 없었어도 내가 그 불행의 원인이었으니까. 원로회의가 어떤 결론을 내릴지는 알 수 없었지. 지금껏 여기 숲에서 그 누구도 경험하거나 보고한 적 없는 사건이었으니까. 나는 죄가 없다고 되뇌며 어떻게 상황을 설명해야 최대한 무사할 수 있을지 끊임없이 고민했단다.

　　지난여름에 곱사등이 이모는 자주 휴강을 했고, 심지어 아예 온종일 수업을 안 하기도 했지. 나이 탓에 몸이 허약해져서 자주 쉬어야 했거든. 같은 말을 하고 또 하는 수업이 없는 날이면 학생들은 좋아라 신이 났고, 어른들은 그 문제에는 무관심했어. 그냥 느슨하게 연결을 유지할 뿐이어서, 필요하면 개입할 수는 있겠지만, 이모에게 당분을 공급할 차례가 아닐 때는 굳이 연결에 신경을 쓰지 않았거든. 그런 이유로 이모의 죽음은 몇 주가 지나도 발각되지 않았던 거야.

　　나도 차츰 비밀이 드러날지 모른다는 걱정을 잊고 다시 일상으로 돌아갔어. 큰 가뭄은 적지 않은 상흔을 남겨서 학생 수는 줄고 어른들도 쇠약해졌지. 피부에 난 검은 점은 몸이 심하게 마르고 여기저기 터져서 생긴 상처였어. 대부분은 건강을 회복했지만, 운이 좋지 않았던 몇몇은 뼈 갉아먹는 벌레에게 먹혀서 이듬해 여름을 넘기지 못하고 황망한 죽음을 맞고 말았지.

살아남은 나무들이 기력을 회복하자 긴 잠에 들기 직전 원로회의가 회의를 소집했어. 가뭄이 왜 이렇게 극심했는지, 왜 모두 함께 기원했어도 아무 효과가 없었는지 밝히려는 목적이었지. 회의는 회원들끼리만 진행했지만, 상세한 내용이 나에게도 전해졌어. 털북숭이들도 다시 기력을 회복했거든. 녀석들이 여느 때처럼 호기심을 주체하지 못하고 땅속으로 기어 들어가서 회원들이 주고받는 대화 내용을 조각조각 끌어모았다가 다른 참된 자들에게 주워섬겼지.

원로회의는 관례대로 다른 어른 나무들에게는 침묵으로 일관했어. 그제야 나는 곱사등이 이모가 지금도 원로회의 회원이라는, 더 정확히 말하면 회원이어야 마땅하다는 사실을 깨닫고 공포에 휩싸였지. 이제 다른 회원들이 뿌리 끝을 이모가 있는 방향으로 뻗을 것이고, 이모와 연결하려고 애를 쓸 테지. 나는 내 잘못이 들통날까 봐 매일매일 겁에 질려 떨었지만, 일단은 아무 일도 일어나지 않았단다.

천천히 쌓여 높아져가는 먹구름이 평소보다 위험해 보였어. 평소 같으면 시끄럽게 재잘대며 숲을 오가던 새들도 조용했지. 보통 때는 소란스럽게 잎과 놀던 바람조차 잠시 잦아들었어. 도저히 견디기가 힘들어 내 잘못을 공개적으로 실토하려는 찰나 원로회의에서 공식 질의가 당도했어. 그것을 전달한 털북숭이는 흥분했지. 내 주변에서 그런 것을 받아본 이가 없었으니까. 질의라니! 나는 아무도 모르기를 바랐지만 유감스럽게도 소문은 금방 퍼졌어. 털북숭이들이 워낙 탄탄한 연결망을 자랑하는 데다가 한시도 입을 가만히 못 놔두는 수다쟁이여서 얼마 안 가 숲에 사는 모든 참된 자들이 그 사실을 알아버렸지.

일단 질문의 어투는 지극히 사무적이었어. 내가 원로회의 회원 곱사등이를 큰 가뭄 동안 어떻게 보살폈으며 얼마나 많은 양의 당분을 제공했는가? 내 대답을 입증할 만한 증인이 있는가? 증인이라고? 당연히 이모에게 제공한 당분을 확인해줄 나무를 찾을 수는 없었지. 어차피 나에게는 필요할 때 나를 위해 거짓말해줄 친구도 없었으니까. 거짓말은커녕 털북숭이들은 워낙 청렴결백한 소식 배달부여서 이모가 아무 보살핌도 받지 못하고 굶어 죽었다는 사실을 아주 대놓고 떠들어댈 테지. 아냐, 몸부림쳐봤자 소용없어. 고백하는 수밖에. 그래서 나는 고백했지.

다시 며칠이 흐른 후 원로회의는 다시 나에게 질의를 전달했어. 이번에는 변론을 해보라고 말이야. 할 말이야 태산이지! 나는 나 스스로 갈증과 허기로 죽기 직전이었다고 주장했어. 자다 깨다 몽롱한 상태에서 오직 살아남자는 생각뿐이었노라고. 게다가 땅 위 몸통이 부러진 후 아무런 보살핌도 받지 못하고 굶어 죽은 노인이 어디 한둘인가? 쓰레기 처리반에게 잡아먹혀 부스러진 죽은 그루터기들은 숲 어디에나 널려 있다고.

긴 잠이 사정없이 닥쳐왔지만, 나는 변론에 대한 답변을 듣지 못했어. 잎이 떨어지고 어둠이 닥쳤고, 나는 잠들기 직전까지도 불안에 떨며 내 결정이 어떤 결과를 가져올지 걱정했단다.

잠에서 깨어났어도 원로회의는 여전히 조용했어. 아직 잎이 나기 전이었지. 나는 머뭇머뭇 뿌리로 털북숭이들의 실을 더듬어 찾았지만, 아직 도착한 새 소식은 없었어. 잎을 펼치자 평소처럼 달콤한 강물이 밀려들었지만, 이번에는 마음껏 즐길 수가 없었지. 그러고도 또 한 달이 흐른 후에야 소식이 당도했어.

이번에는 원로회의가 호기심 어린 다른 나무들의 뿌리를 막아주려는 노력을 아예 하지 않았지. 소식의 내용은 이러했어. 충분한 고민 끝에 내가 심각한 잘못을 저질렀다는 결론에 이르렀다. 내가 다른 이들처럼 어려운 처지였다는 사실은 정상참작이 된다. 그러나 아무리 그렇다고 해도 그 무엇과도 바꿀 수 없는 지식의 보고인 원로회의 회원 곱사등이를, 그분을 위해서나 공동체의 안전을 위해서도 헌신적으로 보살필 의무를 다하지 않아도 된다는 뜻은 아니다.

원로회의는 규정에 따라 빠르게 움직였지. 설명이 끝난 직후 바로 판결을 내렸으니까. 앞으로 나는 자식들을 포함해 이웃들과도 일체의 관계를 금지당하고 고립될 것이라고 말이야. 털북숭이들도 내 뿌리와 일체의 원격 접촉을 금지당했어. 당분도 줄 수 없고 소식도 전달해서는 안 된다는 거지. 땅 밑의 내 뿌리 끝에 붙어 자라는 털북숭이들만 겨우 나와 앞으로도 협력을 이어갈 수 있었어.

판결의 효력을 깨닫기까지는 며칠이 걸렸어. 이웃들이 차츰차츰 뿌리를 거두어들였고 언제라도 아낌없이 손을 내밀던 털북숭이들도 연결을 끊고 나한테는 손을 건네지 않았어. 나를 맴돌던 희미한 대화의 신호가 서서히 죽었고 내 뿌리 주위로 짙은 침묵이 퍼져나갔어.

그러자 이런 생각이 들었어. 지금껏 나는 어차피 대부분의 시간을 혼자 보내지 않았던가? 언제나 버림받았는데 새삼 우정이 무슨 소용이란 말인가? 삐뚤이나 흉터쟁이처럼 깊은 정을 나누지 못했던 몇몇 친구도 내게 불행만 안겨주었어. 진정한 관계가 되기도 전에 둘 다 죽고 말았으니까. 어쩌면 내 우정이 상대에게 죽음을 가져다주었을지도 모르지. 그러니 모든 관계를 끊는 편이 더 나을지도. 굶어 죽게 생겼는데 마지막 남은 당분을 늙은 그루터기에게 나누어줘야 한다니, 그것을 지상 최고의 행복이라 부를 수는 없지. 그렇지 않아. 이미 아웃사이더로 빈터 가장자리에서 살아야 했으니 이참에 아예 모든 관계를 끊는 편이 훨씬 더 나을 거야.

나의 반항심은 거기까지 나아가서, 나는 앞으로 내 삶을 오직 내 힘으로 살 수 있게 된 것이 나의 결정(적어도 다정한 운명의 반전)이라고 믿는 지경에 이르렀지. 아이들과 접촉하지 못하는 것은 가슴 아픈 일이었지만, 어차피 살아남을 자식도 별로 없을 테니 그것을 위안으로 삼았어.

그 여름 내내 나는 이런 이기적인 생각에 젖어 있었고, 그 상태로 긴 잠에 빠져들었단다.

25

큰 아픔

잠에서 깨어났을 때 숲은 아무 일도 없어 보였어. 몸속으로 물이 흐르고 이파리들이 밀고 나오자 나는 주변을 살필 수 있었지. 사방이 초록으로 물들고 달콤한 강물이 밀려들자 나는 행복했고 정신이 번쩍 들었어. 그제야 내가 고립무원의 신세라는 생각이 들었지.

고립무원이면 어떻게 되는 걸까? 어쩌자는 것일까? 어차피 우리는 땅속 뿌리로만 소통하진 않아. 향기로도 대화를 나누는데, 향기는 예나 지금이나 변함없이 내 쪽으로도 날아왔어. 또 여전히 눈으로 이웃들을 쳐다볼 수 있어서 그네들의 생활에 동참할 수 있었고. 그러니까 최고의 벌이라는 고립도 그렇게 불편하지는 않았어. 평생 애써 친구를 찾아다녔지만 이제 그런 노력이 필요 없어졌고, 어차피 지원은 필요치 않았지. 활짝 뻗은 내

가지들이 화려하게 잎으로 뒤덮여 있어서 비만 충분하다면 당분은 끝없이 흐를 테니까. 내 속에서 날뛰던 뼈 잡아먹는 벌레들조차 푹 쉬는 것 같았어. 초기에 느꼈던 통증이 오래도록 잠잠했거든.

그렇게 몇 해의 여름이 흘렀지. 어느 날 원로회의가 보낸 기분 좋은 냄새가 온 숲을 뒤덮었어. 곧 사랑의 잔치가 열린다는 소식이었지. 그 매혹스러운 냄새가 내게도 도착했고, 처음에는 망설였지만 나는 이내 그 냄새를 들이마셨어. 그러자 가지에서 간질간질하는 느낌이 샘솟았지. 여느 때처럼 다시 긴 잠을 자고 난 후에는 그 음흉한 싹이 돋았고, 싹은 그해 여름 내내 껍질에 갇혀 있었어.

 여름이 지나고 가을이 오자 드디어 때가 왔어. 모든 어른 나무에게서 폭신폭신한 초록 공들이 나타났고, 내 가지에서도 싹들이 입을 벌리고서 흥분되는 먼지 행사에 참여하겠다고 아우성을 쳐댔지. 나를 꾸짖는 이도, 나를 신경 쓰는 이도 없었기에 나는 온전히 공동의 쾌락에 몸을 던졌어. 고립이 원로회의가 내리는 가장 가혹한 벌이라는 사실에 오히려 신이 날 지경이었지.

 가을이 되자 태아들이 땅에 떨어졌고, 긴 잠에서 깨어나니 내 주위에서 신생아들이 껍질을 부수고 세상으로 나왔어. 뿌리 끝으로 아이들을 보살피려고 했지만, 이웃들의 가는 뿌리에서 배출되는 독성 물질 탓에 내 뿌리 끝이 아파하다가 타죽고 말았지. 그래도 나는 아이들에게 다가가려고 애를 썼지만 그럴 때마다 이웃들은 말 한마디 없이 내 뿌리를 막았고 나를 대신해서 내 아이들을 보살폈어.

  내 새끼들! 마음이 너무나 아팠어. 무슨 짓을 해도 내 뿌리는 인정사정없는 반대에 부딪혔단다. 그제야 나는 처음으로 느꼈어. 정말로 혼자구나. 누구와도 고통을 나눌 수 없구나. 그 쓸쓸한 깨달음을 가슴에 안고서 나는 다시 긴 잠에 빠져들었지.

이듬해 여름에는 참된 자들의 숲에서 일어나는 일에 신경을 끄고 관심을 딴 데로 돌리려고 애를 썼어. 뾰족이들과 두발짐승이 사는 옛 빈터로 눈을 돌렸지. 거기라면 실망할 일이 없었거든. 아예 소통 가능성이 없으니까 관찰자 역할만 하면 되잖아.

  우리 참된 자들끼리는 뾰족이나 두발짐승이 어떤 형태건 지능이 있는지를 두고 논란이 많았어. 설사 있다고 해도 아마 아주 저급한 수준이리라 생각했지.

  그래도 그들이 하는 짓을 쳐다보면 재미가 있었어. 뾰족이들은 여름에 더위 때문에 정말로 괴로운 것 같았어. 무더운 공기가 자주 공포의 냄새를 싣고서 내게로 불어왔거든. 그것은 뾰족이의 끈적거리는 피 냄새였는데, 녀석들의 솔방울에서도 그런 냄새가 풍겼지. 솔방울은 공기가 건조해지면 서랍을 여는데,

그럼 그 서랍에서 작은 날개를 단 태아들이 떨어져나와 바람을 타고 날아갔지. 오색딱따구리가 솔방울을 물고서 나한테로 데려오기도 했는데, 내 가지 틈에 끼우고는 마구 쪼아댔어. 뾰족이의 아기가 날강도 같은 날것들에게 잡아먹히는 광경은 보기만 해도 가슴이 아팠지.

하긴 내 생각이 약간 지나쳤을 수도 있어. 그런 저급한 생명체에게 진짜 모성애가 있을 리 만무할 테니 말이야. 싱싱한 솔방울에는 작은 송진 방울이 달라붙어 있었는데, 거기서 힘들 때 뾰족이들한테서 나는 냄새가 풍겼지. 송진 방울은 또 얼마나 끈적이는지, 발이 여섯 개 달린 작은 벌레가 그 위를 지나다 달라붙으면 절대로 떨어지지 않아.

물론 겁에 질린 뾰족이한테서 나는 냄새는 끈적이는 솔방울 냄새보다 훨씬 강렬했지. 심지어 적갈색 몸통이 온통 반짝이는 핏방울로 뒤덮이기도 해. 이런 나무는 특히 더 심한 냄새를 풍기는데, 이파리에 벌레들이 달라붙었을 때 우리가 하듯 도와달라고 날것들을 부르는 목적일까? 아니면 피부를 먹어치우는 비열한 나무좀을 조심하라고 서로에게 경고하는 걸까? 어쩌면 그저 다친 초록 거인에게서 풍기는 거북한 냄새였는지도 몰라.

날것들이 정말로 오기는 했지만, 반짝이는 뾰족이를 도와주진 않았어. 오히려 뾰족한 잎이 줄줄줄 떨어지는 것으로 보아 방금 세상과 작별한 것 같은 뾰족이만 골라 피부를 쪼아댔지. 그중에는 빨강과 검정이 섞인 날것의 작은 친척들이 눈에 띄게 많았는데, 이 녀석들은 피부가 떨어질 때까지 오래오래 몸통을 쪼아댔어.

뾰족이가 통증을 느끼는지는 모르겠지만, 그런 광경은 보기만 해도 소름이 돋았지. 한 달이 지나자 그 뾰족이의 몸에서 뼈까지 훤히 다 드러났거든. 그나마 오래 참고 보지 않아도 되어서 다행이었어. 두발짐승이 금방 돌 동굴에서 나와서 불쌍한 뾰족이들을 물어뜯어 처리해버렸거든. 그런데 또 하나 흥미로운 사실을 발견했어. 녀석들이 새로운 능력을 배운 거야. 물어뜯을 때 금속 이빨이 우리 이파리가 멍멍할 정도로 시끄러운 소리를 냈는데, 그 소리가 몸 앞에 달고 있는(아니면 몸에서 자라난 걸까?) 빨간 부속품에서 나왔어. 두발짐승들은 그것을 가지고 죽은 뾰족이의 줄기를 순식간에 토막내더니 평소처럼 일단 돌 동굴 옆 나뭇더미에 올려두었지.

구르는 원빈이 밑에 붙은 물건도 새것으로 바뀌었는데 크기가 더 커진 데다 악취를 어마어마하게 풍겨서 깜짝 놀랐단다. 숨을 쉬면 두발짐승들이 뼈를 태울 때 돌 동굴에서 나는 연기 냄새와 뾰족이의 핏방울 냄새가 뒤섞인 악취가 풍겼거든. 정말 구역질 나는 냄새였지.

그 괴물은 두발짐승이 조금 떨어진 곳에다 뾰족이들 틈에 지어준 자기 동굴에서 잠을 잤어. 밤에는 항상 거기 들어가 있었고 낮에도 잘 안 나왔는데, 뭘 먹는지는 볼 수가 없어서 모르겠어. 이따금 깨어나 동굴에서 나와 해 뜨는 방향으로 굴러갔는데, 나무 뒤편으로 사라져버렸으므로 거기서 뭘 하는지는 알 수가 없었지. 이따금 두발짐승의 동굴 앞에 멈춰 서서 옆구리로 두발짐승 하나를 뱉어내기도 했고. 그 모든 일이 두발짐승과 다른 벌레들이 늘 그렇듯 워낙 순식간에 벌어졌으므로 똑똑히 볼 수는 없었지만, 여름 내내 녀석들은 같은 짓을 되풀이했어.

그러다 결국 올 것이 오고야 말았지. 우리 숲이 작은 바구미에게 습격당한 거야. 사랑의 잔치를 벌인 여름이면 우리를 자주 괴롭히던 그 바구미들이었어. 우리의 방어력이 약해지면 녀석들이 냄새로 알아차리는 것 같아. 하지만 이번에는 사랑의 잔치 때문이 아니었어. 앞선 가뭄이 우리 모두의 에너지를 너무 많이 앗아갔던 거지. 이미 몇 해 전 일이었지만, 당분 공급이 그 정도로 심하게 줄면 회복하는 데 평소보다 훨씬 시간이 오래 걸리니까.
 그래서 아직 우리 몸이 허약한 시기에 바구미들이 습격을 시작했어. 주둥이로 잎을 씹어서 거의 모든 잎에 구멍을 뚫었고, 동시에 그 얇은 잎 속에다 알을 까는 바람에 내 혈관의 당분 물결이 점점 더 가늘어졌던 거야. 이웃들은 어떤지, 겉모습만 보고 판단할 수밖에 없었지만, 보아하니 나보다 나은 것 같지는 않았지. 그런데도 그런 비상 상황에서 완전히 땅속 소통을 차단당하니 참 이상했어.

바구미의 공격은 멈추지 않았어. 아니 더 심해졌지. 참된 자들의 잎 지붕에 덮인 숲은 한여름인데도 서서히 갈색으로 물들었어. 이 계절에 갈색은 질병과 죽음의 색이야. 다른 나무들이 이 죽음의 문턱에 얼마나 다가갔는지는 몰라. 혼자가 아니었어도 어차피 대화는 할 수 없었을 거야. 적어도 내 뿌리는 너무너무 허약해져서 당분 말고는 다른 생각을 전혀 할 수가 없었거든. 그렇게 자다 깨기를 반복하다 어느 순간 나는 눈앞이 새까매지고 말았단다.

그다음에 기억나는 것은 내 뿌리를 휘감고 그 안으로 밀고 들어온 힘찬 당분의 물결이야. 천천히 정신이 돌아왔지만, 나는 아직 어리둥절했고, 그러다 더 정신이 들면서 일단 당분의 물결을 즐겼지. 땅속 뿌리 끝이 완전히 정신을 차리자 다른 종류의 당혹감이 밀려들었어. 나 같은 고립자에게 누가 당분을 주었을까? 벌이 끝났는데 나만 소식을 못 들은 걸까?

나는 조심조심 땅속을 더듬어 내 털북숭이와 남의 털북숭이 몇 녀석을 만져보았지만, 나의 소심한 '안녕'에 아무도 대답하지 않았어. 나는 미심쩍어하며 내 뿌리를 지나 혈관으로 흘러온 것을 더 꼼꼼하게 맛보았지. 맞아, 단맛이야. 그런데 어딘지 몰라도 약간 고약한 맛이 느껴졌어. 이게 뭐지? 불안이 솟구치려는 찰나 모르는 종류의 털북숭이 하나가 나타나서 간단명료한 신호를 보냈지. "우리 이야기 좀 하자."

26

이상한 선물

이야기라고! 지난 몇 해 동안 아무도 내게 관심을 보이지 않았어. 참된 자들도, 털북숭이들도, 그 누구도 나랑 말 한마디 섞지 않았지. 내게로 날아오는 냄새 소식, 젖은 땅을 지나 내게로 번지던 소리도 예전처럼 또렷하지 않았어. 덕분에 나의 감각이 특별히 예민해져서 온갖 제약을 뚫고 많은 것을 함께 경험할 수 있었지만, 그래도 그런 소통은 너무 일방적이었지.

대답이란 걸 해본 지가 언제인지 너무 까마득했어. 대답해도 반응이 없었고, 그럴 때마다 내 주변으로 잠깐씩 어색한 침묵이 감도는 바람에 아주 난처했거든. 그럼 모든 뿌리 끝이 내가 얼마나 받아 마땅한 벌로 고통받는지 알아내려고 내 쪽으로 귀를 쫑긋 세웠지.

하지만 이번에는 대놓고 대답을 요구한 데다 메시지가 다시 한번 뿌리 끝으로 밀고 들어왔어. "이야기 좀 하자니까." "어…… 그래." 내 뿌리가 훈련을 통 못 해서 이미 딱딱하게 굳어버렸기 때문에 나는 낯선 털북숭이가 내 말을 알아들었는지 확신이 서지 않았어.

"그 당분은 고귀한 자들께서 보내신 거야." 뭐라고? 내 생각은 이 녀석이 무슨 말을 하는지 이해해보려고 애를 썼어. 나의 땅속 뿌리로 메스꺼운 느낌이 훑고 지나갔어. 나는 내 뿌리에 남아 자라는 털북숭이들에게 정신 좀 차리라고 야단을 쳤지. 물론 녀석들은 대답하지 않았어. 오래전 원로회의가 녀석들에게 내 곁에 남아서 꼭 필요한 일을 살펴주는 것은 허락하되 절대 말하면 안 된다고 명령했거든. 살피라고 했는데도 녀석들이 뒷맛 이상한 당분을 살피지도 않고 뿌리로 그냥 들여보내다니 말이야.

긴 잠에서 깨어난 직후라 정신이 몽롱해서 나는 미처 안아차리지 못했어. 예전처럼 이웃이 보내주었다고 본능적으로 믿었던 거지. 그런데 저 생판 낯선 털북숭이가 고귀한 자니 뭐니 주절거리는 데다, 아무리 봐도 우리와 다른 종의 나무가 만든 당분 같았어. 우웩! 나쁜 물질일지도 몰라. 우리 참된 자들이 가을에 잎을 떨어뜨리기 전에 그 안에다 펌프질해서 집어넣는 액체 똥일지도 몰라. 그런 건 당연히 아무도 안 마실 테지만, 저 정체 모를 생물은 그런 나쁜 액체도 원래보다 더 맛나다고 느낄 수도 있잖아. 완전히 비위가 상해서 토하기 직전, 다행히 털북숭이가 한 마디를 더 던졌단다. "선물이야."

그건 좋은 소식이네. 쓰레기를 선물할 수는 없으니까. 똥이 선물일 수는 더더욱 없을 테고. 보통은 자기가 잘 사용할 수 있는 걸 선물하잖아. 나는 살짝 긴장을 풀었지만, 완전히 마음 놓을 수는 없었어. 누가 보낸 선물인지부터 알아야 했으니까. 누군가 사용할 수 있는 것이라 해서 반드시 내 건강에도 좋으란 법은 없잖아. 하지만 그것만 빼면 누군가와 다시 이야기를 나눌 수 있다니, 정말 가슴이 두근거렸어. 상대가 이상하게 뒤죽박죽 말하는 털북숭이라고 해도 말이야.

"근데 넌 누구야?" 그래서 물었지. 그런데 묻고 나니까, 그리 예의 바른 질문은 아니었다는 생각이 퍼뜩 들었어. 내가 대화 훈련을 못 한 지가 벌써 꽤 되었잖아. 하지만 그 털북숭이는 기분 나빠하기는커녕 곧바로 (내가 느끼기에는 심지어 좋아하며) 대답했어. "나 갖다 줘 당분과 소식, 나 고귀한 자의 친구." 음, 당분과 소식이라니. 참된 자들의 숲 바닥을 훑고 다니는 털북숭이 사기꾼들이 하는 짓하고 똑같잖아. 아 참, 사기꾼이 아니라 거래꾼이지. 실로 오랜만에 나누는 대화인 만큼 아무래도 부정적인 표현은 좀 삼가는 편이 좋겠어.

밤새 거의 잠도 못 자고 오랫동안 고민했어도 나는 이튿날 아침까지 아무 대꾸도 하지 않았어. 이 수다스러운 거래꾼이 우리 털북숭이들과 비슷하게 산다면 고귀한 자는 당분을 준 당사자가 분명했어. 그렇다면 털북숭이의 실이 우리 참된 자들의 뿌리 사이로 밀고 들어가서 내가 받는 벌이 지나치다고 생각하는 신비의 노인들에게서 선물을 전달받았다고 생각할 수 있겠지. 하지만 너무 위험해. 원로회의가 이 사실을 알면 "고귀한 자들"도 고립당할 수 있으니 말이야. 그래서 나는 만남을 중단하는 게 낫겠다고 생각했어. 만일 벌을 받는다면 그 노인들보다는 내가 받을 확률이 더 높았기 때문이지. 애당초 나는 일체의 관계를 금지당했으니 말이야.

나는 골머리를 앓았어. 원로회의가 자신들의 결정을 따르지 않은 내게 어떤 보복 조치로 고통을 더할지 뿌리를 이리저리 굴리며 고민했지.

뾰족이들의 뒤편에서 해가 떠오르자 혈관에 당분이 돌았지만 나는 무작정 좋아할 수가 없었어. "우리 이야기 좀 해!" 안달복달하는 저 털북숭이가 벌써 또 나타났거든. 걱정과 함께 반항심이 불끈 솟구쳤어. 어쩌면 해가 더 높이 하늘로 오르면서 다시 용기가 생겼는지도 몰라. 어쨌든 나는 더는 운명을 그저 감내할 것이 아니라 신중하게 동맹군을 찾아보자고 결심했지. 직접 찾지는 않더라도 기회가 온다면 그 기회를 잡아보자고 말이야.

"좋아, 이야기하자!" 너희에게 내가 나눈 대화 내용을 자세히 들려주지는 않을 거야. 그 털북숭이의 말이 정말이지 너무도 장황해서 무슨 뜻인지 계속해서 캐물어야 했거든. 대화는 거의 한 달 동안이나 이어져서 발각되지 않기가 오히려 힘들 지경이었지. 나는 혹시나 해서 연신 내 뿌리로 참된 자들의 변화를 암시하는 메시지가 없나 살폈어. 하지만 아무것도 느끼지 못했고, 들리는 소리라고는 땅 환풍기가 쩝쩝대는 소리, 쓰레기 처리반의 씹는 소리, 저 먼 곳에서 나뭇가지가 땅에 떨어지면서 내는 천둥같이 큰 소리밖에 없었지. 털북숭이도 자주 대화 시간을 내기가 힘들어 보여서, 사건의 내막이 다 드러나기까지는 적지 않은 시간이 걸렸단다. 그리고 마침내 내막이 밝혀지자 나는 거의 충격에 빠지고 말았어.

　내게 선의를 베푼 고귀한 자는 유감스럽게도 나를 고립에서 건져내자고 뜻을 모아 음모를 꾸민 어떤 노인들이 아니었어. 털북숭이의 설명은 너무도 명확해서 더는 의심의 여지가 없었지. 선물을 준 이는 바로 옆 동네 뾰족이들이었던 거야!

27

새로운 언어

뾰족한 소나무들은 우리만큼은 아니어도 어쨌든 키가 크지만 우리보다 수준 낮은 존재야. 그리고 많은 점에서 우리랑 달라. 함께 비를 부른다? 어림 반 푼어치도 없지! 갈색 죽음이 녀석들 밑에서 어찌나 편안하게 지내는지 뾰족이들에게 봉사한다고 생각될 정도였지. 또 예전 빈터에 두발짐승들이 살게 된 것도 뾰족이들 책임은 아니라 해도 어쨌든 뾰족이들하고 뭔가 관련이 있는 듯했어. 뾰족이는 원시적이고 비사회적으로 행동해. 적어도 내가 우리 식구들하고 접촉을 일절 금지당하던 그 시점까지는 우리 참된 자들 모두 그렇게 생각했지.

뾰족이―이제는 다 알게 되었듯 그 고귀한 자―의 털북숭이와 오래 대화를 나누고 났더니 머리가 지끈거렸어. 전해 들은 내용을 삭힐 시간이 필요했어. 뾰족이를 "고귀한 자"라고 부르다니, 그 이름이 약간 거만하게 들렸거든. 뭐가 고귀하다는 거야? 우리보다 고귀하다는 말이야?

하지만 뾰족이들이 우리 생각처럼 아주 멍청하지는 않은 모양이었어. 어쨌거나 털북숭이를 이용해 소통도 하고 간단한 메시지를 전달할 수도 있으니 말이야. 오랜 시간 고립된 상태였던 내게는 고마운 일이었고, 게다가 깜짝 선물로 당분까지 주었잖아. 그러니 녀석들을 너무 비판적으로 보고 싶지는 않았어.

그래도 미심쩍은 마음이 다 가시진 않았지. 무슨 이유로 뾰족이들이 선물을 건넸는지 모르니까. 자고로 선물이란 사심이 없어야지, 안 그러면 선물이 아니라 호의에 대한 보상이거든. 지금껏 나는 자기도 모자랄 당분을 아무 의도 없이 내주는 나무를 본 적이 없어. 사실 세상 그 무엇도 사심이 없을 수는 없잖아. 곱사등이 이모의 수업조차도 그랬으니까. 이모의 수업도 참된 자들의 공동체 안에서 우리 각자가 자기 자리를 찾고 자기 임무를 맡을 수 있게 준비시키려는 목적이었어.

고립되기 전까지 내가 무슨 임무를 맡았느냐고? 앞에서 함께 올린 기우제 설명을 벌써 잊어버렸구나. 함께 기원해 비를 부르고 갈색 죽음이 오지 못하게 숲 바닥을 깜깜하게 만드는 일. 나는 가지를 널리 뻗어 둘 다 잘 해냈고 고립된 후에도 마찬가지였어.

하지만 그 이야기는 이쯤하고 선물로 되돌아가보자. 선물의 속 내가 무엇이었을까? 힘들겠지만 그 털북숭이하고 한 번 더 대화의 문을 열 수는 있겠지. 하지만 과연 녀석이 사실대로 털어놓을까? 내가 뾰족이의 말을 알아듣는다면 진위를 가리기가 더 수월할 텐데 말이야. 물론 뾰족이들도 나를 속일 수 있겠지만 털북숭이들과 달리 나무의 거짓말은 오래 숨길 수가 없어. 참된 자들이건 뾰족이들이건 초록 거인은 계속해서 거짓을 퍼트리지는 못하거든.

공기를 가르는 냄새를 붙잡을 수는 없는 법이잖아. 그러니 이 새 이웃들이 나를 속이고 싶다면 자기들끼리도 대화를 하면 안 돼. 바람이 해 뜨는 방향(그러니까 그네들이 있는 곳)에서 불어올 때면 항상 나도 그 냄새를 맡을 수 있거든. 물론 땅속이라면 나를 속여넘기기가 조금 더 쉽겠지. 털북숭이를 이용해서 자기들끼리 직접 뿌리로 말을 주고받으면 내가 모를 테니까. 이렇게 나는 혼자서 마음을 달래려고 이런저런 궁리를 해봤지만 사실 별 도움은 안 되었어. 어차피 녀석들이 나를 속이려 들면 언제나 방법은 있는 법이니까.

그렇게 나는 그해 여름의 절반을 고민하고 또 고민했어. 그러던 어느 날 그 털북숭이가 다시 나타나서 대화의 필요성을 호소했지. 동시에 상당한 양의 당분을 내 뿌리로 펌프질해 넣어주었어. 선의였을지 모르지만 나는 크게 기쁘지 않았어. 이번에는 아주 꼼꼼하게 맛을 보았는데, 황홀한 단맛과 함께 쓴 물질이 들어 있는 것 같았지. 우리가 몸에서 기어다니는 벌레를 막는 용도로 뿜어내는 그런 물질 말이야.

나는 뾰족이들에 대해 조금 더 알아보자고 마음먹었어. 어차피 내가 잃을 게 뭐겠어? 앞으로도 엄청나게 많은 여름을 외로이 혼자 보낼 수도 있을 텐데, 이 일로 더는 숲의 생활에 참여하지 못한다고 해도 뭐 그리 대수겠어.

털북숭이는 내 결심을 듣자 좋아했고 또 안도하기도 했어. 사실은 긍정적인 대답을 들을 때까지는 시도를 멈추지 말라는 확실한 지시를 받았노라 털어놓았지. "그 고귀한 자들이 나한테 원하는 게 뭐야?" 나는 단도직입적으로 물었어. "너무 서두르지는 말고." 털북숭이는 이렇게 대답했고, 우리는 결정을 내렸어. 녀석이 내게 뾰족이의 말을 가르쳐주기로 말이야.

녀석들의 말은 생각보다 간단했어. 물론 지금도 내가 그 말을 술술 잘하지는 않지만, 어쨌거나 몇 해 만에 무사히 내 이웃의 세상으로 들어갈 수 있었거든. 그래, 너희한테 몇 해는 엄청나게 긴 시간이겠지. 하지만 오래 고독했던 내게는 즐겁고 재미난 시간이었단다.

그 털북숭이는 여러 가지 말을 할 줄 알았지. 우리의 털북숭이처럼 다양한 종의 초록 거인들과 협력했으니까. 그런데도 나는 고립 시기에 겁쟁이나 부드러운 거인들 같은 다른 나무들을 한 번도 느껴본 적이 없었고, 그들의 냄새를 맡는 일도 아주 드물었어. 그래서 그들은 그럴 능력이 없거나, 대체로 속내를 잘 터놓지 않는다고 생각했지. 지금은 그게 다 내 탓이라는 걸 알아. 평생 그들에게 관심을 가져본 적이 없었으니(학교에서도 가르쳐주지 않았으니) 그들이 늘 주고받는 대화조차 알아듣지 못했던 거야.

고귀한 자들의 말은 우리 말보다 훨씬 거친 냄새를 풍겼어. 거칠다기보다는 힘차다는 표현이 더 낫겠네. 첫 시식은 녀석들이 작은 벌레에게 습격을 당했던 그 뜨거웠던 여름에 이미 해봤지. 모든 소식이 강렬한 냄새를 풍기진 않지만, 평소보다 더운 여름 낮에는 늘 녀석들의 잎 지붕 위로 약한 향기가 떠돌아. 시간이 가면서 나는 여러 가지 메시지를 구분할 줄 알게 되었고, 냄새에도 익숙해져서 부러 들이마셔도 더는 비위가 상하시 않았어.

땅속에서는 교류가 훨씬 더 편했어. 소식이 당분에 담겨 오는 데다 대다수가 그냥 내 뿌리 끝만 간질였거든. 가끔 이렇게 남의 말을 배우다가 내 모국어를 까먹을지도 모른다는 생각이 들면 화들짝 놀라기도 했지. 그럴 때는 참된 자들의 숲에서 불어온 바람이 내 잎사귀를 쓰다듬자마자 힘껏 공기를 들이마셔 내 마음을 달랬어. 그 미풍 속에는 내 가족의 활기찬 대화가 깃들어 있었으니까. 물론 나랑은 아무 상관 없는 내용이었어도 여전히 다 알아들을 수 있었지. 그러고 나면 얼른 다시 새 털북숭이 친구와 우리의 수업에 집중했지. 안 그러면 마음이 너무 울적해졌거든.

세월이 많이 흐르자 나는 뾰족이의 말을 잘하게 되었어. 간단한 질문도 할 줄 알았고 장황한 대답도 다 알아들었지. 혹시 못 알아들었나 싶을 때는 털북숭이에게 도움을 청했어. 녀석은 굳이 필요가 없는데도 늘 대화에 끼어 있었어. 이 이상한 관계가 맺어진 것이 다 자기 공이라고 생각해서 우리가 서로에 대해 조금씩 더 알아갈 때마다 정말로 좋아했거든. 특히 나랑 대각선 위치에 있는 뾰족이 둘은 가까운 거리 덕분에 아주 친해져서 나는 대부분의 시간을 그 둘과 직접 대화하며 보냈어. 그 둘이 어찌나 많은 이야기를 늘어놓는지 그 이야기를 듣느라 몇 해가 흘러갔거든.

고귀한 자들의 세상에서

나는 지금도 많이 부끄러워. 내가 고귀한 자들을 얼마나 잘못 생각했는지, 우리가—당연히 누구보다 나 자신이—얼마나 오만하게 빈터의 이웃을 무시했던지 참 한심해. 나는 늘 내 신세타령만 하느라 잠된 자들의 공동체가 고귀한 자의 공동체에 비해 엄청난 특혜를 누리고 있다는 사실을 깨닫지 못했어. 갈라진 회갈색 피부의 이 뾰족 거인들은 빈터에 도착하자마자 생존 투쟁을 벌여야 했으니 말이야. 아니, 그 말이 완전히 옳은 표현은 아냐. 그들의 이야기는 훨씬 이전에 아주 먼 곳에서부터 시작되었으니까.

　나의 두 이웃은 이미 세상에 나올 때부터 우리 숲과 이보다 더 다를 수 없는 환경을 맞이했단다. 초록 거인의 잎과 가지라고는 구경도 못 하는 허허벌판에서 땡볕을 받으며 태어났지.

저 멀리 유령처럼 보이던 것이 어머니였을 수 있다는 사실은 훨씬 나중에, 어른이 되어 아이를 낳게 된 후에야 깨달았대. 그들의 아기들도 가족과 멀리 떨어져 어느 빈터에 떨어졌으니 말이야.

하지만 녀석들은 거기서도 오래 살지 못했어. 불과 몇 년 후에 내 옆으로 이사를 왔으니까. 나는 그 말을 듣고 며칠 동안 어리둥절했어. 뾰족이가 어떻게 장소를 이동할 수 있지? 말도 안 되는 헛소리니 거짓말이 분명하다고 생각했던 것은 물론이고, 나도 살다가 어느 날 익숙한 이곳을 떠날 수도 있다는 상상만 해도 엄청나게 마음이 불편했거든.

다행히 이웃들은 내 심정을 눈치채지 못해서 아무렇지도 않게 이야기를 이어갔어. 태어난 곳에서 처음으로 신을 알았노라고 말이야. 신은 뾰족이와 다른 존재들을 다스리는 지배자이고, 그들에게 삶의 자리를 배정해주는 존재라고 했어. 신은 방금 태어난 아기들을 보살피고 아기들을 해치는 초록이와 알록달록이들을 제거해주었대. 비가 내리지 않은 뜨거운 여름에는 심지어 비도 내려주었어. 물론 뾰족이 아이들 위로만 물이 떨어졌다지만, 나는 듣고도 도저히 믿을 수가 없었지. 어쨌거나 신들이 뾰족이들 사이를 이리저리 오가며 가끔 물줄기를 방류했다는데, 우리 잎사귀를 쓰다듬는 부드러운 비보다 훨씬 거셌다고 해.

그렇게 세 번의 여름이 지나고 긴 잠이 가까웠을 무렵, 다시 신들이 나타나 작은 뾰족이들을 땅에서 들어냈어. 당연히 그 과정에서 예민한 뿌리가 많이 상했지. 찢기고 뜯긴 뿌리가 많았고, 멀쩡한 뿌리도 땡볕에 그대로 드러나다 보니 성치 못했어. 그러고는 큰 동굴로 옮겼는데, (내가 제대로 알아들었다면) 동굴이 어찌나 빠르게 움직이는지 바깥 풍경이 휙휙 지나갔다고 해. 나의 두 이웃도 어느덧 세 살이 되자 어김없이 땅에서 끌려나와 내 옆 동네 빈터의 땅에 처박혔지. 그때도 또 뿌리를 타고 통증이 지나갔다고 해. 뿌리를 사방으로 고르게 뻗을 수가 없어서 살펴보니 뿌리가 구멍 안에 한데 뭉쳐 있었다는 거야. 신들은 그 구멍을 발로 지근지근 밟아 다지고는 뾰족이들을 그대로 내버려두고 가버렸다고 해.

이야기를 끝까지 듣지 않아도 나는 이 신들이 누구인지 감을 잡았어. 바로 두발짐승들이었던 거야. 나는 그들이 지극히 평범한 짐승이고, 좀 이상하고 잔혹한 구석은 있지만 그렇게 특별한 존재는 아니라고 반박했지만, 이웃들은 내 말을 듣지 않았어. 녀석들은 신이 자신들의 생사를 결정하는 지배자라고 주장했고, 그 점에선 아주 건강한 어른 뾰족이도 예외가 아니라고 말했지. 어떤 짐승이 뾰족이의 몸통을 순식간에 잘라 죽일 수 있을까? 어떤 짐승이 삶의 터전을 새로 마련해놓고서 단 하루 만에 세 살배기 뾰족이 수백 그루를 멀리 떨어진 다른 장소로 옮겨놓을 수 있을까? 그러니 그들은 절대 평범한 존재가 아니라고 말이야. 신들은 고귀한 자들의 생사만 좌우하는 것이 아니었어. 내 이웃들이 "박피장이"라고 부르는 갈색 죽음의 목숨도 신들은 마음대로 끊어버릴 수 있었으니까. 신들이 하늘의 천둥을 울리게 하면 박피장이가 바로 죽어 털썩 쓰러졌다고 해.

나는 여전히 이웃들 말을 다 믿지는 못했어. 내가 본 두발 짐승들은 특별하기는 해도 우리 생사에는 그리 큰 영향력을 미치지 못했거든. 하지만 왜 그들이 갈색 죽음을 "박피장이"라고 부르는지, 그 이유는 궁금했어. 이웃들은 그 뿔 달린 짐승이 젊은 뾰족이의 껍질을 긁어내기 때문이라고 대답했어. 어릴 적에 그런 일을 당한 뾰족이도 많은데, 그 상처로 인해 목숨을 잃기도 한다고 말이야. 나는 우리 참된 자들 중에는 그런 경우를 한 번도 보지 못했다고 반박했어. 적어도 내 주변과 예전 우리 선생님 주번에서는 없었노라고 말이야. 두 이웃은 깜짝 놀랐는데, 그 이유가 우리를 죽이지 않는 갈색 죽음의 행동 때문이 아니라 우리 종의 이름 때문이었지.

"참된 자?" 뿌리 연결망을 통해 메아리가 울렸고, 나는 더 많은 뾰족이들이 땅속 뿌리 끝을 내 쪽으로 뻗는다는 느낌을 받았어. 그럼 다른 나무들은 전부 "가짜"란 말이야?

그건 한 번도 생각해본 적이 없었네. 솔직히 약간 건방진 느낌은 있었어. 그래도 질문을 뒤집어 이렇게 물어볼 수도 있었지. 그럼 고귀한 자들은 자기들이 다른 나무들보다 우위에 있다고 생각해? 하지만 우리는 며칠 못 가 토론을 중단했어. 그 둘 다 애당초 문제가 많으며, 나와 뾰족이 이웃의 교류를 통해 아무짝에도 쓸모없어진 생각이라는 것을 우리가 금방 깨달았거든.

토론이 끝나자 두 이웃은 하던 이야기를 이어나갔어. 두발 짐승들이 사는 돌 동굴은 그들에게 심각한 트라우마를 안겼다고 해. 친구들이 순식간에 죽임을 당하고 뿌리째 뽑혀나갔으니까. 새로 조성한 작은 빈터 바로 옆에 서 있던 나무들은 "신들"이 땅을 파헤치는 바람에 땅속 잔뿌리들을 심하게 다쳤고 말이야. 돌 동굴 자체도 불쾌하기만 했어. 죽은 뾰족이들의 뼈가 그 안에 들어가 흰 연기로 바뀌어 위로 빠져나가면서 악취를 풍기며 주변 나무들의 뾰족한 잎 사이를 떠돌 때는 특히 더 불쾌했지.

게다가 긴 잠도 우리랑은 완전 달랐어. 녀석들은 해마다 가을이 되면 내가 잎을 다 버리고서 아무 반응도 하지 않는 모습을 아주 흥미롭게 지켜봤다고 해. 자기들 잎은 생김새를 따서 침이라고 부르는데, 제일 오래된 잎, 그러니까 3~4년 몸통에 매달려 있어서 완전히 낡아버린 잎만 버린다고 했거든. 어린잎은 가지에 매달고 있으니까 당연히 (나를 포함해서) 주변을 관찰할 수가 있는 거야.

또 고귀한 자들은 깊게 잠들지도 않아서 기온이 약간만 올라가도 계속해서 깬다는구나. 봄에도 우리보다 훨씬 일찍 정신을 차리고서 당분을 만들어 혈관으로 흘려보내기 때문에 나를 알고 지낸 최근 몇 년간은 연신 내 쪽을 쳐다보면서 내가 언제 다시 말을 할 수 있나 살폈다는 거야. 오래 자지도 않는 데다가 제대로 푹 잘 수도 없다니, 나로서는 도저히 상상하기 어려웠지.

"신들"에 대한 의견은 엇갈렸지만, 일상생활에서는 공통점을 많이 발견했어. 가령 고귀한 자들도 사랑의 잔치를 벌인대. 다만 일정을 원로회의가 아니라 제일 나이 많은 어른이 정하는 점은 달랐어. 그 어른이 준비 신호를 보내면 모두가 해당 싹을 만든다고 해. 그리고 이듬해 봄이 오면 모두 함께 먼지를 뿌리기 시작하지.

안타깝게도 우리가 함께 잔치를 벌일 수는 없었어. 그사이 새 이웃의 신호를 잘 알아듣게는 되었어도 내가 그 신호에 따라 싹을 틔울 수는 없었으니까. 나는 여전히 바람을 타고 내 *게도 오는 우리 원로회의의 냄새 명령에만 반응해서*, 나의 새 이웃이 사랑의 잔치를 열지 않는 여름에도 참된 자들의 숲과 경쟁하듯 먼지를 뿌려댔지.

그러나 사이사이 새 이웃들이 말을 멈추면 문득 걱정이 밀려들었단다. 참된 자들이 우리 말을 엿들었다면 내가 허락도 없이 고립의 벌을 어겼다는 소문이 이미 돌았을 텐데, 그럼 나는 더 무거운 벌을 받게 될까? 하지만 아무리 뿌리 끝으로 탐색해봐도 참된 자들의 숲에서는 나의 행동과 관련된 소식을 전혀 들을 수 없었어.

나는 나 말고는 아무도 고귀한 자들의 냄새와 신호를 못 알아채리라는 생각으로 불안을 달랬지. 내가 바로 최고의 증거였어. 나도 털북숭이가 도와주지 않았더라면 이 세상으로 들어올 수 없었을 테니까. 그전에는 뾰족이의 냄새도, 소리도, 뿌리 신호도 쓰레기 처리반이나 땅 환풍기 소리처럼 그저 배경 소음에 불과했으니까.

29

기대하지 않은 도움

여름이 지나갔고 삶은 다시 변화무쌍해졌지. 그사이 나는 뾰족이의 말을 무척 잘하게 되어서 고립된 처지가 그리 뼈아프지만은 않았어. 참된 자들의 숲에는 거의 신경을 안 쓰고 뾰족이들 사이에서 일어난 일에 더 집중했으므로, 참된 자들의 숲에서 흘러온 냄새 메시지는 아무 의미도 없는 일반적인 숲의 냄새로 바래고 말았지. 사랑의 잔치를 준비하라는 명령만 겨우 예전과 같은 익숙한 반응으로 내 가지들을 자극했을 뿐이야.

    어느 해 봄, 잠에서 깨어나니 땅이 이상하리만치 말라 있었어. 나는 펌프질을 해서 잎을 펴보려고 끙끙 애를 썼지. 겨울에도 거의 잠을 안 잔 내 뾰족이 이웃들이 벌써 두 달째 먹구름이라고는 없는 쨍한 푸른 하늘이라고 알려주었어. 너무 피곤한 나머지 그 말을 듣고도 별 생각이 들지 않았던 데다, 잠시 후 얇은 구름이 밀려와 살짝 비를 뿌렸기 때문에 뿌리가 기분 좋게 촉촉해졌지. 하지만 주변의 참된 자들과 고귀한 자들이 다들 너무너무 목이 말랐기 때문에 물은 금방 동이 났고, 땅은 다시 예전처럼 말라버렸어. 그나마 힘이 많이 드는 사랑의 잔치를 계획해두지 않은 것만 해도 얼마나 다행이었는지 몰라. 계획을 해두었다면 다들 몸이 허약하다고 해서 이제 와 중단할 수는 없었을 테니까.

여름이 왔고 비도 함께 왔지. 그제야 우리는 크게 숨을 쉴 수 있었고 당분에 흠뻑 취할 수도 있었어. 곧 닥칠 긴 잠을 대비해 당분을 열심히 저장하기도 했고. 그런데 봄 가뭄으로 우리가 약골이 되었다는 사실을 들킨 거야. 바구미가 옳다구나 달려왔는데, 이번에는 더 인정사정없이 우리를 덮쳤어. 잡아먹혀서 구멍이 뿡뿡 뚫리지 않은 잎이 거의 없는 데다 이놈들을 물리칠 방도도 없었어. 나는 저항할 힘이 없었는데, 둘러보니 다른 식구들도 다 마찬가지였어.

 이 시절이면 선명한 초록 잎을 반짝이고 있어야 할 참된 자들의 숲이 갈색으로 시들시들했지. 이렇게 끝나고 마는 걸까? 나의 옛 가족이, 내 어린 시절의 세상이 바구미의 공격에 무너지고 마는 걸까? 감각이 흐려졌어. 잎을 돌돌 말고 있어서 거의 보이지도 않는 데다 너무 피곤해서 자고만 싶었기에 나는 서둘러 잎의 일부를 떨어뜨렸어. 마음 저 깊은 곳에서는 그러면 다

가을 긴 잠을 무사히 넘기지 못한다는 경고의 목소리가 울렸지만, 피로에는 속수무책이었지.

당분이다! 당분이 내 뿌리를 타고 흘렀어. 단맛에 떫은 기름 맛이 섞였고 상쾌했지만 낯선 맛이었지.

눈을 뜬 나는 당황했어. 내가 무사히 긴 잠을 견디고 다시 깨어난 걸까? 아니면 여전히 악몽을 꾸는 걸까? 바구미들이 공격을 했고 배가 고팠고 기운이 하나도 없었어. 오래전에도 똑같은 일이 일어났었지. 그러자 고귀한 자들이 나를 구원해주었던 기억도 뒤따라 떠올랐어. 하지만 이번에는 달랐지. 당분의 강물이 흐르고 흘러서 내 뿌리를 지나 내 몸에 붙은 털북숭이에게로 들어가서는 계속해서 흘러 참된 자들의 숲까지 가는 것 같았거든. 약해서 거의 알아듣기 힘든 수많은 메시지가 내 뒤편 해 지는 방향의 땅속에서 들렸어. 모두가 동시에 잠에서 깨어나 아주 수다를 늘어놓는 것 같았지. 피해는 컸지만, 엉망진창이 된 어른들이 몸을 추슬렀고 젊은 아이들조차도 아직 남은 잎을 다시 팽팽하게 펼 수 있었어.

정신이 돌아오자 나는 고귀한 자들에게서 구원의 강물이 왔다는 사실을 듣게 되었지. 맞아, 사실이었어. 그들이 제일 연장자의 명령에 따라 쓸 수 있는 모든 당분 저장분을 나와 내 가족에게 펌프질해서 보냈던 거야. 당분의 강물이 어찌나 막강했던지 숲 저 안쪽까지 흘러가서 다 굶어 죽게 생긴 우리 식구 대부분을 구해주었어.

그럼 자기들은 어쩌고? 고귀한 자들은 바구미의 습격을 받지 않았어. 누가 봐도 바구미는 떫고 가는 뾰족 잎을 싫어했거든. 그래서 여름 내내 평소처럼 긴 잠을 대비해 당분을 만들 수 있었지. 그런데 그 당분의 상당 부분을 우리를 구하는 데 투입했던 거야. 얼마나 남겨두고? 두 이웃에게 물었더니 정말 최선을 다해서 모두의 조직이 짜낼 수 있는 마지막 한 방울까지 우리에게 건네주었다고 해. 그런 일은 난생처음이었기에, 한때 우리가 그렇게 멸시하던 뾰족이들이 왜 우리를 그렇게까지 헌신적으로 도왔을까 궁금해졌어.

우리라고? 이미 오래전에 그 우리는 나와 고귀한 자들이 아니었던가? 위험이 닥치니 본능적으로 다시 예전 식구들을 찾았지만, 누가 봐도 뾰족이들은 참된 자들의 세상과 달리 두 세상을 딱 잘라 구분하지 않는 것 같았어. 뭐, 나와 많은 대화를 나누는 동안 자기들만 뛰어난 지성을 갖춘 종이 아니라는 사실을 깨달았을 테니까. 더구나 지난 몇 해 동안 신들은 물론이고 짐승들, 날씨와도 온갖 문제를 겪었던 터야. 그래서 최고 연장자가 동맹군을 찾을 때가 왔다고 결정한 거였어. 이럴 때 나보다 더 가까운 존재가 누구였겠어?

29 기대하지 않은 도움

아니, 물론 내가 그 정도로 다시 중요한 존재로 떠오른 건 아냐. 그래도 말을 할 줄 아니까 다른 힘있는 생명체와 연결해 줄 수 있는 존재로 인정받았던 거지. 그리고 정말 어려울 때 지원을 해주고, 더 나아가 자신의 생존이 위태로울 정도로 아낌없이 내어주는 것보다 더 자신의 진실한 의도를 설득력 있게 입증할 방법이 있을까?

뾰족이들이 우리를 도와준 이유를 알고 나니 나는 무척 기뻤고 흔쾌히 나서 중재를 해서 이 달콤한 자선에 보답하고 싶었지. 문제는 내가 지금껏 외톨이라는 사정을 뾰족이들에게 숨겨왔다는 거야. 굳이 내 입으로 말할 이유가 무엇이었겠어? 말을 했다가는 뾰족이 이웃들마저 곧바로 나를 멀리할 수도 있잖아.

이런 딜레마 때문에 살짝 짜증이 났어. 내 개인적으로는 이미 감사 인사를 전했고, 그들과의 관계도 이번 일로 더욱 돈독해졌지. 내 편에서는 이미 그들을 친구라고 부를 정도였으니까. 하지만 참된 자들이 여전히 아무런 인사를 전하지 않았기에 내 마음은 많이 울적했어.

물론 참된 자들은 인사를 할 수가 없었을 거야. 어디서 당분이 왔는지 알 길이 없었을 테니까. 보아하니 털북숭이들도 공동체가 다르면 서로 소통을 안 하는 것 같았으니, 두 공동체가 일체 접촉할 수가 없었겠지. 그래서 나는 약간 화가 났어. 참된 자들이 숲에서 (털북숭이들을 빼고) 유일하게 지성을 갖춘 존재라 자부한다면 적어도 한 번이라도 그런 엄청난 양의 당분을 누가 만들 수 있을지 치열하게 고민해봐야 하지 않을까? 저 초라한 초록이들과 알록달록이들이 그렇게 많은 숫자의 초록 거인들을 구할 수는 없었을 테니 말이야. 그게 아니더라도 녀석들 자체가 이미 시들시들했고 완전히 말라버린 녀석도 많았으니까 당분의 출처로는 도저히 생각할 수 없었지. 그러니 아무리 늦어도 지금 정도면 묵은 원한을 잊고 다시 내게 접촉할 때가 되지 않았겠어? 하기는 구원의 원인을 알려줄 이가 하필이면 나라는 사실은 또 어떻게 알겠어?

여름의 끝물에 고귀한 자들은 정말로 힘들어했어. 가을이 되자 평소보다 많은 침엽이 누렇게 변해 가지에서 줄줄 흘러내리는 바람에 속이 훤히 다 들여다보일 지경이었지. 말수도 크게 줄었는데, 내겐 오히려 다행이었어. 나도 피곤해서 긴 잠을 청하던 참이었으니까.

    이듬해 봄에는 눈을 뜨는 데 걸린 시간이 여느 때보다 길었어. 여전히 피로가 뼛속 깊이 박혀 있었거든. 굶주렸던 지난여름이 떠올랐지만, 잎을 틔워 평소처럼 당분이 몸을 타고 흐르자 용기가 솟았고 기분도 좋아졌지. 뾰족이들이 건네준 기름진 단맛이 아직 뿌리에서 맴돈다는 사실이 비현실적으로 느껴졌어. 그들의 행동은 정말 얼마나 헌신적이었는지!

    그런 생각에 젖어서 봄 햇살을 즐기는 동안에도 털북숭이들은 내 뿌리를 재촉하듯 툭툭 건드렸어. 털북숭이들이 뾰족이들의 의뢰를 받고서 이렇듯 간절히 나와 대화를 바란 적은 처음이었어. 하루가 지나자 나도 대화에 응할 마음을 먹었지만, 잔뿌리로 녀석들을 건드렸다가 너무 놀라 얼른 가지를 거두고 말았지. 맹렬히 접촉을 원했던 상대는 고귀한 자들이 아니라 해가 지는 방향에 있는 나의 이웃들, 참된 자들이었던 거야.

오랜 세월 내가 뾰족이들과 대화를 나누었다는 사실이 발각되고 만 거지. 뿌리 끝을 어디로 향해야 할지 몰라 갈팡질팡하다가 나는 본능적으로 방금 접촉한 모든 뿌리 끝을 거두어들이고는 이제 어떻게 할지 고민했어. 고립보다 더 나쁜 벌이 있을까? 고립이라면 이제 무섭지 않았어. 엄밀히 말하면 이미 중지된 것이나 다름없었으니까. 이미 오래전부터 나는 혼자가 아니었어. 가혹한 운명 탓에 죽는 날까지 뾰족이 말고는 누구하고도 이야기를 나눌 수 없다고 해도 상관없었을 거야. 두근거리는 심장을 부여안고 나는 잠시 물러나서 우리 옛 식구들이 어떻게 할지 두고 보며 기다렸어.

그런데 털북숭이 하나가 아주 조심스럽게 다시 나를 툭툭 건드렸어. 어린 시절부터 당분과 이런저런 소식을 전해주던 털북숭이 중 하나였지. 반갑기도 하고 슬프기도 해서 나는 그날 내내 학창 시절의 추억에 젖어 있었어. 수업을 마치고 오후가 되면 세상을 탐구하던 그 천진했던 여름날. 한 달만이라도 그때로 돌아갈 수 있다면 얼마나 좋을까!

하지만 나는 다시 마음을 다잡고 현실의 땅으로 돌아왔어. 그때 내가 진정한 우정을 경험한 적이 있었나? 뾰족이들과의 관계처럼 차츰차츰 깊은 애정으로 발전했던 그런 관계를 한 번이라도 맛본 적이 있었던가?

"내 말 들어!" 털북숭이가 거칠게 내 생각을 잘랐어. 이 털북숭이는 뾰족이의 심부름꾼보다 훨씬 단도직입적이고 무뚝뚝했지. "원로회의가 너에게 전할 말씀이 있으시다." 나는 운명에 굴복해 접촉을 허락했어. "우선 너의 고립을 끝내라는 결정이 있었다." 끝났다고? 오만가지 생각으로 뿌리 끝이 어지러웠어. 더는 벌을 안 받아도 된다고? 어쩌면 이건 상일지도 몰라. 뾰족이들이 우리를 도운 이유를 원로회의가 알았나 봐. 흥분은 되었지만 나는 털북숭이가 다시 입을 열 때까지 가만히 기다렸어. "원로회의는 뾰족이 및 당분 흐름과 관련해 너의 보고를 기다리고 있다."

칭찬이라기보다는 심문처럼 들렸지만, 원로회의 회원들은 원래 간결한 전달로 유명했기에 그 말 이상의 의미는 없었을 거야. 어쨌거나 내가 이 구조 드라마에서 중요한 역할을 했다는 소문이 퍼진 모양이었어. 그래서 나는 꼬박 한 달 동안 고립된 이후의 내 경험담을 털어놓았지. 뾰족이들을 사귀고 말을 배우고 우정을 쌓은 지난 경험을 말이야(맞아, 이 이야기를 하면서 비로소 나는 내가 정말로 진짜 친구를 얻었다는 사실을 제대로 깨달았어).

하지만 이야기를 나만 하진 않았어. 참된 자들의 숲과 다시 관계가 이어지자, 적지 않은 새 소식이 들려왔거든. 뾰족이들이 건넨 당분은 오로지 내 뿌리와 내게 붙어사는 털북숭이들을 거쳐서 참된 자들의 숲으로 들어간 것 같았어. 그게 당연한 일은 아니거든. 어쨌든 예전 빈터 가장자리에는 다른 참된 자들도 서 있으니까, 그들은 뾰족이들한테 직접 당분을 받을 수도 있었을 거야.

털북숭이들을 거쳐서 연락을 주고받으니 좋은 점도 있더구나. 녀석들은 비밀을 지킬 수가 없거든. 원로회의가 나를 정보원으로만 쓰고 다시 고립시키려 했다는 사실도 녀석들의 입을 통해 나온 소식이었어. 그러나 그 소식을 들은 어른 참된 자들이 유례없이 크게 반발했지. 나를 다시 고립시킨다고? 내가 뾰족이들과 잘 지낸 덕에 절체절명의 순간에 구조되었는데? 평소엔 아주 차분하던 뿌리 공간에 전기가 통한 것 같았고, 알아듣지 못할 정도의 강한 자극이 이리저리 전파되더니 차곡차곡 쌓여 분노의 불협화음으로 자라났지.

결국 원로회의는 항의에 굴복해 앞으로도 내가 꾸준히 예전 식구들과 소통해도 좋다고 허락했단다. 물론 대놓고 벌을 중지한다고 인정하고 싶지는 않았을 거야. 원로회의의 결정에 비회원들이 개입한 초유의 사태였으니 말이야.

나야 아무래도 좋았어. 침이 있건 없건 내 이웃들은 모조리 내게 호의적이었으니까.

얼마 만에 느껴보는 행복인지 몰랐어. 정말로 오랜만에 무척 행복했지.

세상이 더 커지다

예전 식구들을 되찾아 정말 기뻤지만 나는 여전히 대부분의 시간을 고귀한 자들과 보냈어. 그들뿐 아니라 그들과 협력하는 털북숭이들에 대해서도 조금 더 깊이 알아갔지. 알고 보니 그 털북숭이들은 우리네 털북숭이들 못지않게 훌륭한 소식 전달꾼이었어. 심지어 내가 어릴 때부터 알고 지내던 녀석들도 많았어. 놀랍게도 녀석들은 이미 오래전부터 참된 자들과 뾰족이들의 경계를 넘나들었던 거야. 아니, 더 정확히 말하면 녀석들에게는 애당초 그런 경계가 없었어.

전달꾼이 으레 그렇듯 녀석들은 정말로 발이 넓었어. 그래서 그들이 없었다면 절대 알지 못했을 또 하나의 세상을 내게 알려주었지. 바로 자칭 비의 친구들이라는 더글러스전나무 숲이야. 비의 친구들이라니, 참 재미있는 이름이지. 함께 간청해 비를 부르는 의식은 내가 아는 가장 감동적인 의식 중 하나였기에, 나는 그 이름을 듣자마자 구미가 당겼어. 초록 거인이 자신들을 "비의 친구들"이라 부른다면 이들 또한 우리 협력자가 아닌지 살펴볼 필요가 있었으니까. 맞아, 살펴볼 가치가 있었지. 뾰족이들 뒤편에서 키가 더 큰 거인들이 우리를 쳐다보고 있었지만, 거리가 너무 멀어서 지금까지 제대로 신경을 쓰지 못했거든. 그들은 생김새가 뾰족이들과는 전혀 달라서 머리끝이 뾰족했고, 가지와 잎은 멀리서 보면 초록 구름 같았어. 수많은 여름을 거치면서 뾰족이들 뒤로 우뚝 자라서 머리끝을 더 높이높이 밀어올린 터라 이제는 뾰족이들보다 키가 훨씬 더 컸지.

비의 친구들과는 연결하기가 아주 쉽지만은 않았어. 그네들을 우리와 연결하려면 털북숭이들이 땅을 뚫고 먼 거리를 달려가야 했으니까. 그 분야 특수 전달꾼인 그물버섯도 달리기 속도가 제일 빠른 편은 아니었거든. 그물버섯은 가을에 갈색 지붕에 흰색 궁전을 짓는 털북숭이 무리 중 하나야. 그래도 나는 비의 친구들에게 내 소식을 전해달라고 그물버섯에게 부탁했어. 그 녀석들은 온갖 초록 거인들과 협상할 줄 알았으니까. 나는 녀석들에게 비의 친구들한테로 달려가서 조금만 더 그들 이야기를 들려달라고 요구하라고 부탁했지.

  털북숭이들은 알았다고 했고, 나는 몇 방울 당분으로 값을 치렀어. 석 달이 지나도록 아무 소식이 없었지만 기다리는 일이라면 나를 따라올 장사가 없었던 터라, 녀석들에게서 다시 연락이 왔을 때 나는 마침 고귀한 자들이 얼마나 아름다운지 생각하느라 온 정신이 팔려 있었지. 그런데 털북숭이들은 답장이 아니고 그저 상황을 보고하러 온 거였어. 우리가 분명 서로 나눌 이야기가 많을 듯해 직접 연결해보려 애쓰고 있다고 말이야. 그렇게 되면 성가시게 중개인을 사이에 두고 에두르지 않아도 더 빠르게 대화를 나눌 수 있을 테니까.

하지만 나는 그 정도까지 호화로운 주문을 한 것은 아니었어. 독점 연결은 가격이 높아서 내 당분 저장량을 초과하므로 값을 치를 수가 없었거든. 나는 정중하게 그럴 필요까지는 없다고 거절했지. 하지만 하루가 지나자 오히려 털북숭이들이 나를 달랬어. "걱정하지 마, 세상을 잇는 위대한 중재자야! 우리가 너를 위해 정말 그렇게 하고 싶어서 그래." 나는 뿌리 끝을 갸웃하며 번지수가 틀린 건 아닌지, 내가 실수로 다른 참된 자와 털북숭이의 대화에 끼어들지는 않았는지 살폈어. 털북숭이는 부드럽지만 단호하게 나와의 연결에 더욱 힘을 실었고, 내가 맞다는 말을 덧붙이며 앞의 메시지를 되풀이했지.

위대한 중재자? 나도 내 이름을 처음 들었던 거야. 보아하니 고귀한 자들이 나도 모르게 내게 붙여준 이름 같았어. 아주 불쾌했지. 약간 바보 같다는 기분도 들었고. 그런데 가만히 생각해보니 지금까지 내게는 이름이 없었어. 주변의 참된 자들은 물론이고 이웃의 몇몇 뾰족이도 이름이 다 있는데 말이야. 하긴 이름이 없으면 대화할 때 누구 이야기를 하는지 어떻게 알겠어? 그럼 나는? 하지만 그 이름은 좀 이상했어. 중재자? 뭐 좋아. 아무려면 어때. 중요한 건, 비를 부르는 자들의 세상과 연결될 수 있느냐는 점이니까.

털북숭이들이 실을 완성하느라 시간이 걸린 탓에 긴 잠을 한 번 더 자고 난 후에야 비를 부르는 자들에게서 첫 소식이 당도했지. 하지만 내게 답을 한 당사자를 내 눈으로 볼 수는 없었어. 그가 설사 자기 생김새를 설명했더라도 내가 선 자리에선 아무 도움이 안 됐겠지. 뾰족이 몇 그루가 시야를 가려서 제일 꼭대기밖에 안 보였을 테니 말이야.

첫 마디부터가 놀라웠어. 더글러스전나무들이 자기들은 비를 부르는 자가 아니라고 확실히 밝혔으니까. 자기들은 이름만 들어도 알 수 있듯 그저 비의 친구들이라고 말이야. 비를 부르는 건 자기들 일이 아니며, 설사 그렇지 않더라도 탄원해 구름을 부르기에는 숫자가 너무 적다고. 그들의 말도 뾰족이의 말과 비슷하게 듣기 이상했고 여기저기 못 알아듣는 부분도 있었어. 그래서 털북숭이들이 나서 통역을 해야 하는 바람에 대화가 약간 지체되었지. 그래도 그때 나는 시간이 무슨 대수냐고 생각했어.

비의 친구들은 말이 아주 많았고 나의 세상을 알게 되어 좋아하는 듯했으며 배려심이 아주 많은 것 같았어. 우리와 마찬가지로 늙은 그루터기를 계속해서 돌보고, 공동체의 모든 구성원을 위해 투쟁하며, 심지어 다른 초록 거인들도 지원해주는 풍습이 있다고 했거든. 그 말을 듣고 나는 살짝 부끄러웠어. 우리 참된 자들은 그런 지원이 예외여서 공동체의 특별한 구성원에만 해당한다는 말을 전할 수밖에 없었으니까. 또 적어도 지금까지는 다른 종의 거인들을 지원한 적도 없는데, 그 이유가 오직 그들을 동등한 가치가 있는 동료로 취급하지 않았기 때문이었으니까. 심지어 뾰족이들에게 통 크게 도움을 받은 후에도 나를 빼면 별 변화를 느낄 수가 없었지.

비의 친구들은 그나마 그런 사회적인 태도 덕분에 삶이 조금 수월한 듯했어. 사실 이 숲에서는 도무지 편하지가 않았기 때문이지. 심하게 가물지 않더라도 해마다 여름이면 너무 덥고 너무 건조해서 고통스러웠다는 거야. 우리가 간청해서 비를 불러온 해에도 마찬가지였다고 해. 뭔지는 모르겠지만 자리를 잘못 잡은 것 같아서 왜 자기들은 다른 초록 거인들에 비해 이렇게 살기가 고달플까 궁금했다지.

수수께끼의 해답은 기억이들이 알려주었다고 해. 너희도 잘 알 거야. 박테리아라고, 정말로 초집중해야만 뿌리 끝 앞으로 휙 지나가는 모습을 볼 수 있는 그 작은 생명체들 말이야. 그 녀석들이 비의 친구들의 어머니들이 겪은 경험을 알려주었다고 해. 그런데 들어보면 그 어머니들은 전혀 다른 장소에서 살았고 여기 사는 이 비의 친구들을 한 번도 본 적이 없는 것 같아.

기억이들이 전한 것은 비의 기억이었어. 넘치게 내리던 비, 서늘한 여름, 거대한 물가의 삶. 어머니들은 우리보다 두 배 이상 큰 거인이었다고 해. 그 아름다운 땅이 얼마나 먼 곳인지는 기억이들도 가르쳐줄 수 없었다지. 그런데 비의 친구들이 어린 시절 이야기를 들려줄 때는 두발짐승들이 그들에게도 악행을 저질렀다는 의심이 들었어.

이제 막 세상에 태어난 비의 친구들은 뾰족이들과 마찬가지로 아무것도 없는 맨땅에서 성장했고, 뿌리를 다쳤으며, 빈터의 땅에 처박혔다고 했거든. 이 빈터는 뾰족이 숲과 우리 숲에 잇대어 있었는데, 크기는 우리 숲이 훨씬 더 커서 저녁 해 방향으로 그들의 숲을 지나 계속 뻗어 있었지. 비의 친구들은 두발짐승을 뾰족이들처럼 신이라고 부르지 않았지만, 자신들이 겪는 고통의 원인으로 생각하지도 않았어. 그들의 세상에선 모두가 그런 방식으로 삶을 시작했으니까.

뾰족이의 숲에는 오래전에 두발짐승들이 발길을 끊었지만, 비의 친구들은 사정이 매우 안 좋아. 이야기를 들어보니 두발짐승은 물론이고 새로운 짐승들까지 몰려와 상황이 훨씬 더 위험한 것 같았거든.

31

좋은 이웃

 그해 여름에 나는 처음으로 참된 자들의 숲에 사는 우리 식구들의 뿌리 끝에서도 "위대한 중재자"라는 내 이름을 들었어. 털북숭이들이 그날에만 그 이름을 불렀기 때문에 어느 사이 거의 잊어먹고 있었거든. 그런데 우리 식구들한테서 그 이름을 들으니 기분이 이상했지. 게다가 궁금했어. 비의 친구들이 나를 그렇게 부른다는 사실을 어떻게 알았을까?

 궁금증은 금방 풀렸어. 털북숭이의 가는 실을 통할 때는 몇 달이 걸려야 겨우 대답을 들었지만, 우리 식구들끼리는 직접 대화를 나눌 수 있으니까. 나는 바로 캐물었고, 뾰족이들에게 크게 신세를 진 후에 우리 식구들이 내게 붙여준 이름이라는 사실을 알게 되었지. 당연히 털북숭이들은 늘 하던 대로 사방으로 귀를 곤두세우고 있었으니까 그 이름을 엿들었고, 기회가 되자 나를 그렇게 불렀던 거야.

뭉클한 감동이 밀려왔어. 이제야말로 진짜 참된 자들의 식구로 돌아왔다는 기분이 들었지.

하지만 그런 기분도 하루뿐, 이튿날이 되자 아무리 식구들이 좋아도 이제 나는 그 무리가 성에 차지 않는다는 확신이 들었어. 고집불통으로 규칙에 집착하는 생활 방식, 여전히 다른 나무들을 품지 못하는 그들의 좁은 마음이 은근 거슬렸고, 무엇보다 더 넓은 세상을 알고 싶은 호기심을 주체할 수 없었기에 나는 뿌리를 뾰족이들의 뿌리 쪽으로 더 멀리 뻗어나갔어. 뾰족이들은 나와의 연결이 단단해져서 좋아했고, 우리가 더 긴밀히 협조할 방법을 열심히 고민했지.

하지만 그해 여름 내내 아무리 머리를 쥐어짜도 묘책이 나오지 않는 문제가 하나 있었어. 두발짐승들이 데려온 새로운 픽꾼이있지. 비의 친구들이 그 정체불명의 존제에 대해 이러쿵저러쿵 설명했는데, 듣다 보니 어디서 많이 본 것 같은 생각이 들었어. 덩치 큰 괴물인데 밑에 검은 원반이 붙어 있어서 이리저리 굴러다니고 유리 같은 뱃속에 두발짐승을 담고 다니다가 가끔 뱉어낸다고 했거든. 그런 괴물이 괴성을 지르면서 비의 친구들 사이를 마구 돌아다니는데, 워낙 무거워서 땅을 짓누른다고 했어. 그 때문에 불쌍한 비의 친구들이 뿌리를 잃곤 하는데, 일부는 찢어지고 으깨지고, 또 일부는 질식해서 죽는다고 해. 괴물이 굴러다닌 곳에서는 뿌리가 숨을 쉴 수 없기 때문이지. 땅속 벌레도 마찬가지 처지여서 목숨을 잃는 숫자가 엄청났다는 거야.

그 괴물은 왜 그렇게 화가 났을까? 아무리 생각해도 배가 고팠지 싶어. 배가 너무 고파서 비의 친구들을 마구마구 먹어치웠던 거지. 괴물이 커다란 외팔로 땅 위로 솟은 친구들의 몸통을 잡아서는 끽끽 소리를 지르며 베어 물었다고 해. 그러고는 두발짐승이 뾰족이의 뼈를 잡아먹는 것과 비슷하게 몸통을 잘랐는데, 속도가 훨씬 더 빨랐다네. 살아남은 친구들 말을 들어보면 단 하루 만에 전체의 5분의 1을 잡아먹었다니까. 이어 약간 생김새가 다른 또 하나의 괴물이 달려와서 자른 조각들을 등에 싣더니 횡하니 사라졌고, 그 후로 몇 해 동안 소식이 없다는 거야.

비의 친구들뿐 아니라 털북숭이들도 난리가 났어. 식성 좋은 괴물이 지나간 자리에서는 연결망이 모조리 망가졌으니까. 찢어진 선, 으깨진 몸통…… 깊이 팬 두 개의 긴 자국은 괴물이 습격한 곳에서 지하 공동체가 쪼개져버렸다는 증거였지. 복구는 불가능했어. 털북숭이들도 숨을 쉬어야 하는데, 다친 뿌리가 그렇듯 숨을 쉴 수가 없었거든.

땅 환풍기가 애써 만들어 관리해온 공기 통로도 무너져 사라졌지. 더는 그곳으로 생명이 돌아오지 않았어. 대신 으깨진 땅에서 흘러나온 더러운 물과 악취 나는 가스가 퍼져나갔어. 땅 환풍기는 그런 땅으로는 절대 들어가지 않아. 쓰레기 처리반도 괴물이 낸 자국은 빙 둘러 다녔고.

지금으로부터 그리 멀지 않은 그 시절에, 물론 좋은 소식도 있었단다. 이런 새로운 문제를 해결하기 위해서는 서로 머리를 맞대는 편이 낫다는 사실을 여러 종의 초록 거인들이 서서히 깨닫게 되었어. 그래서 참된 자들의 숲도 뾰족이들에게 받은 만큼은 아니지만 조금 되돌려줄 수 있었지. (솔직히 양은 많지 않았지만) 당분은 물론이고 무엇보다 물을 많이 선물해주었어.

알고 보니 비를 부를 수 있는 능력은 참된 자들이 월등히 뛰어났거든. 그리고 그 비는 땅속으로도 흘러들었고. 그것이 생각과 달리 절대 당연한 일은 아니야. 너희도 알겠지만 우리는 긴 잠에 들기 전에 잎을 다 떨어뜨리기 때문에 겨울비가 거침없이 떨어져 땅으로 스며들 수가 있어. 그것을 저장해두었다가 어름에 비가 오지 않을 때 마시는 거지. 가뭄이 심하지 않으면 그 방법이 아주 잘 통했어.

하지만 비의 친구들은 뾰족이들처럼 긴 잠을 자는 동안에도 침엽을 몸에 붙이고 있어. 그래서 녀석들의 숲은 너무너무 건조해. 뾰족이 숲보다도 훨씬 더 메말랐어. 빗방울이 땅으로 내려가지 못하고 가지에 매달린 촘촘한 뾰족 잎에 매달려 있다가 금방 다시 증발해버리거든. 녀석들의 고향에선 그래도 괜찮아. 거기는 비가 정말 많이 내리니까. 하지만 여기선 한 방울 한 방울이 귀해서 그런 식으로 행동해서는 절대 안 되거든. 물론 녀석들의 명예를 실추시키고 싶지는 않으니까, 녀석들이 이 장소를 자기 발로 찾아온 것은 절대 아니라는 사실을 다시 한번 강조해두고 싶구나. 녀석들을 억지로 이리로 데려와 심은 장본인은 두발짐승들이거든.

바로 이 문제를 우리 참된 자들이 좋은 이웃이 되어 도와줄 수가 있었던 거야. 우리가 서 있는 땅에는 물이 많아서 비의 친구들이 있는 곳까지 땅밑으로 퍼져갔거든. 물론 거기까지 도착한 물이 아주 많지는 않았어. 비의 친구들은 저 위쪽 평지에 서 있는데, 거기서 참된 자들 몇 그루만 지나면 바로 계곡으로 향하는 산비탈이 시작되거든. 그래서 물이 대부분 그쪽으로 흘러가버렸지.

물 이야기가 나와서 하는 말이지만, 우리가 다른 초록 거인들하고도 이야기를 나누기 시작하자 내 젊은 시절의 어떤 사건도 이유가 밝혀졌단다. 어릴 적에 바짝 말랐던 땅이 갑자기 촉촉해졌다던 이야기 기억하지? 그때는 어머니가 땅속에서 물을 끌어올려 내게 주었다고 생각했는데 그게 아니었어. 우리 틈에서 작은 무리를 지어 자라던 참나무들이 힘든 시절에 아낌없이 도움을 주었던 거야. 그러고도 감사하다는 인사조차 받지 못했던 셈이지. 물론 아예 소통이 되지 않았더라면 그런 일조차 불가능했겠지만, 우리가 겁쟁이라 놀리던 그 나무들은 이제야 속마음을 털어놓았어. 자기들도 정말로 큰 공동체의 일원이 되고 싶었노라고 말이야.

전나무들도 비슷한 일을 해주었어. 너희도 알지? 우리보다 키가 크고, 긴 잠을 자는 동안에도 뾰족 잎을 달고 있는 그 부드러운 거인들 말이야. 그들도 비가 오지 않는 여름에 저 깊은 곳에서 물을 길어올려 주변 모두에게 나누어주었고, 덕분에 우리 참된 자들도 그 귀한 물을 마실 수 있었어. 당연히 이들에게도 고마움을 표해야겠지만, 너무 멀리 떨어져 있어서 직접 인사를 전하지는 못했지.

그래도 시도는 해봐야 하지 않을까? 당연히 했지! 멀리 있는 비의 친구들과도 이야기를 나눌 수 있으니 산비탈에 선 다른 거인들하고도 당연히 이야기할 수 있어야겠지. 하지만 우리와 겁쟁이, 혹은 부드러운 거인들 사이에는 원로회의 회원들이 버티고 서 있었어. 그들이 중간에서 나의 문의를 외면하면서 나의 고립 해제가 자신들 뜻이 아니었음을 은연중에 암시한 거지. 나는 다른 참된 자들을 통해서도 접촉을 꾀해봤지만 역시나 답은 돌아오지 않았어.

서서히 부아가 치밀기 시작한 이가 나만은 아니었나 봐. 주변에서 불만의 소리가 커져갔지. 처음에는 참된 자들 사이에서만 그러더니, 이내 다른 초록 거인들까지 합세했어. 우리는 모두 협력의 장점을 경험했잖아. 그리고 앞으로 두발짐승들은 동맹군을 데리고서 점점 더 우리 초록 거인들을 위협할 테고. 서로에게 무심하던 세상은 지나갔어. 원로회의 회원 몇 그루도 날로 더해가는 긴장을 인정하고 생각을 바꾸거나 적어도 우리를 다정한 눈으로 지켜봤어.

의장은 여전히 그 노인이었어. 가지를 활짝 펼친 그 혹부리 할머니 말이야. 그녀는 새로운 큰 공동체를 거부하고 있었지. 그건 그렇고, 사실 나는 이미 오래전에 회원이 되었어야 해. 어느덧 나도 나이가 가장 많은 노인 축에 끼었으니까 말이야. 원로회의는 의장만 선거로 뽑지, 나머지 회원은 겪어낸 여름의 숫자로 정하거든. 그런데도 내 의견은 아무도 묻지 않았지.

그러던 중에 큰 사건이 터졌어. 우리가 부드러운 거인과 겁쟁이, 고귀한 자, 비의 친구들과 애써 맺은 관계를 의장이 몰래 끊어버리려고 했던 거야. 의외로 가장 먼저 반기를 든 주인공은 털북숭이들이었어. 당분과 소식을 전해주는 자신들의 핵심 사업이 위태롭게 생겼으니까. 털북숭이들은 전달 일을 하지 못하면 우리의 예민한 뿌리 끝을 보호하지도 않겠다며 의장을 협박했어.

이렇게 의장의 속셈이 들통나자 결국 모두가 들고일어났어. 자기들 쪽에서 먼저 의장을 고립시켜 의장 역할을 못 하게 만든 거지. 지금껏 한 번도 없던 일이야. 예부터 전해오는 전설에도 그런 이야기는 없었거든. 원로회의 의장직은 죽어야만 물러나는 자리여서 (곱사등이 이모를 제외하면) 지금껏 살아 있는 전직 의장이 존재할 수 없었어. 숲 여기저기에 흩어져 있던 회원들도 관망하던 태도를 버리고 털북숭이들에게 다시 마음껏 일하라고 허락했지. 덕분에 나도 다시 여기저기 접촉할 수 있었지만, 여전히 원로회의 결정에는 참여하지 못했어. 그러다가 고귀한 자들이 한마디 거들고 나섰던 거야.

32

위대한 중재자

숲은 초록 거인들만 사는 곳이 아니란다. 우리가 스스로를 지나칠 정도로 중요하다 여기는 이유는 아마 덩치가 크기 때문이겠지. 지난여름에 그 온갖 사건을 겪으며 우리가 배운 바는 작은 생명체가 정말로 중요하다는 교훈이야. 절대 잊어서는 안 돼. 기억이와 쓰레기 처리반, 땅 환풍기가 없으면 우리는 여름을 이겨낼 수 없을 거야. 털북숭이가 없었다면 나는 고귀한 자들의 말을 배우지 못했을 것이고 당연히 교류도 없었겠지. 이 녀석들의 배달 서비스가 없다면 우리는 아무리 힘들어도 당분을 건네받을 수 없어. 심지어 물을 찾거나 우리 뿌리 끝을 노리는 나쁜 침략자들을 물리치는 등 온갖 일상적인 일들조차 할 수 없지.

하지만 여러 해 여름을 허겁지겁 우리를 돕느라 지쳤는지 녀석들이 날로 기력을 잃어갔어. 비의 친구들에게 소식을 보내면 답장이 오기까지 몇 달씩 걸리는 일이 잦았지. 그나마 두 뾰족이 이웃과는 직접 연락이 가능해서 굳이 털북숭이들에게 도움을 청할 필요가 없어 다행이었어.

덕분에 나는 갈색 죽음을 쫓아주는 우리 동맹군, 회색이가 돌아왔다는 소식을 남들보다 빨리 전해 들었지. 적어도 한 마리는 목격했다는데, 두 이웃의 그늘에서 잠시 쉬었다가 휙 가버렸다고 해. 좋은 징조였지! 가문 여름이 계속되는 탓에 응원군이 정말 필요하던 차였거든.

너희가 태어나기 몇 해 전이 특히 힘든 시기였어. 3년 연속 비가 오지 않아서 땅이 쩍쩍 갈라졌거든. 가뭄이 그 어느 때보다 심했던 탓에 땅 맨 아래쪽 뿌리까지 말라붙었지. 노인들조차 그린 기분은 처음이라며 혀를 찼으니까. 뾰족이와 (자기 마실 물도 부족했던) 비의 친구들이 지원을 아끼지 않았지만 세 번째 여름에는 노인 세 분이 돌아가셨어. 지친 피부가 몸에서 떨어져나갔고, 앙상한 뼈는 지금까지도 푸른 하늘을 향해 슬프게 뻗어 있단다. 이듬해 여름에도 비가 절반밖에 안 내리더니 그다음 해에는 다시 가뭄이 심하게 들었지.

무언가 근본적인 변화가 일어나는 것 같구나. 까마득한 옛날 우리 조상들이 이 숲에 도착했던 시절의 해묵은 이야기가 생각나. 그때도 불쾌하기는 마찬가지였지만 더워서 괴로운 게 아니라 너무 추워서 괴로웠다고 해. 다행히 날씨가 변해서 서서히 기온이 오르고 안정되어 수세대에 걸쳐 기온도 비도 쾌적한 상태를 유지했다지. 맞아, 가끔 재앙이 닥치기도 했지만, 그건 드문 예외였지. 내가 살아오는 동안에도 그랬어.

지금은 다음 변화가 시작되려는 듯해. 하지만 우리가 이미 최적의 상황에서 살고 있으니 그런 변화는 상황을 악화시킬 뿐이지. 긴 잠도 달라졌어. 예전에는 우리가 잠을 자는 동안 비가 넉넉히 내려서 봄이면 땅에 물이 그득했거든. 그런데 요즘엔 잠에서 깨기도 점점 힘이 들어. 잠이 얕아서 자고 나도 개운하지 않은 데다, 엄청나게 추운 한겨울에도 잠이 자꾸 깨는 거야. 그러고는 비몽사몽간에도 통 날씨가 안 춥다고 느껴져.

그래서 봄이 평소보다 일찍 찾아오면 우리 마음이 아주 심란해. 새잎을 틔워야 하나? 그랬다가 겨울이 늦게 찾아와서 겨우겨우 만든 새잎을 다 얼려버리면 어쩌지? 안전하게 우리는 평소보다 잠을 오래 자. 하지만 그러느라 햇살 환한 여러 날을 놓쳐서 당분을 못 만들어. 물론 상황만 안정된다면 그 정도는 참을 수 있어. 지난 몇 년간 우리 공동체가 커지고 있으니까 우리가 협력하면 온갖 어려움도 이겨낼 수 있을 테고.

그건 그렇고, 다시 너희가 태어나기 한 해 전의 여름으로 돌아가보자꾸나. 그해 여름은 끔찍하게 덥고 메말랐단다. 또 그랬지. 하지만 2년 전 원로회의가 사랑의 잔치를 예정해두었기에 물이 부족했어도 봄이 오자 우리는 경쟁하듯 먼지를 흩날렸어.

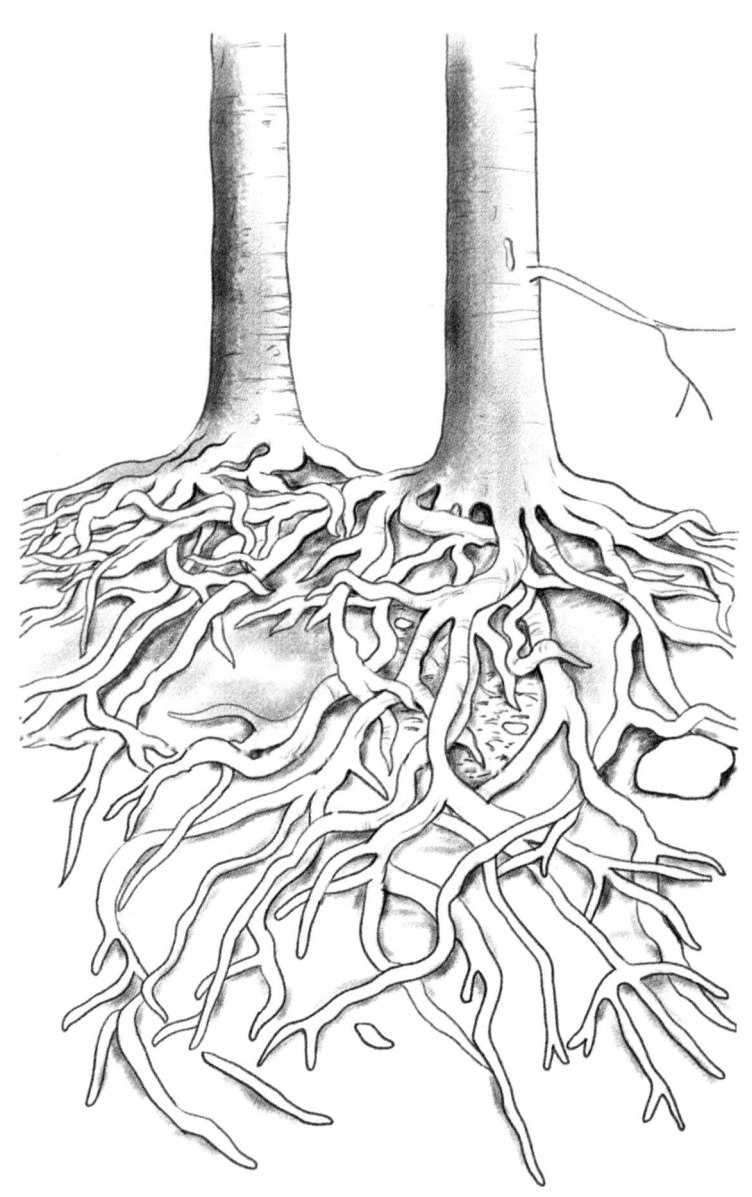

몇 년 전부터 뼈 잡아먹는 벌레들이 내 몸속에서 다시 활발하게 움직였지만, 나는 잔치를 흠뻑 즐겼지. 고귀한 자들, 비의 친구들과 이런저런 사건을 겪느라 벌레를 까맣게 잊어버렸거든. 게다가 그때까지는 녀석들이 내 몸 저 안쪽에서 뼈를 먹어치워도 단점보다는 장점이 더 많았어. 몸속에 부식토가 생겼으니 말이야.

물론 폭풍이 몰아치면 다른 친구들보다 내 몸이 훨씬 더 심하게 삐거덕거렸지만, 워낙 익숙해져서 별 눈치를 채지 못했어. 아프지도 않았고. 어쨌거나 그때는 그랬어. 하지만 사랑의 잔치가 막바지에 이를 무렵 극심한 통증이 시작되었지. 보아하니 벌레들이 아직 살아 있는 바깥층으로 서서히 밀고 나온 듯했어. 거기에는 내 혈관이 흐르고 있잖아.

건강하건 아프건 가뭄이 심한 여름을 지나고 나면 모두가 기력이 떨어지지. 그러다 보니 내 몸의 저항력이 너무 떨어져서 몸속 벌레들이 거침없이 퍼져나간 거야. 특히 해가 뜨는 쪽으로는 속을 다 파먹고 바깥까지 밀고 나오는 바람에 내 피부가 터지고 말았어. 제일 안쪽 살이 바깥으로 횅하니 드러났으니 온갖 작은 벌레가 꾀여서 그 구멍으로 파고들었고. 맞아, 이제는 통증이 시작되었어. 바람이 불 때마다 이러다 부러지지는 않을까 걱정했지만, 너희도 보다시피 아직까지는 그럭저럭 버티고 있단다.

사랑의 잔치는 울적한 생각을 몰아냈고, 나는 식구들과 함께 잔치를 흠뻑 즐겼단다. 평소 같으면 잔치 때는 말도 거의 안 하고 그 황홀한 기분에만 푹 빠져들었지만, 이번에는 여러 털북숭이가 내게 와서 참된 자들, 뾰족이들, 겁쟁이, 부드러운 거인, 비의 친구들이 보낸 소식을 전해주었어. 내가 그 소식을 몰랐던 이유는 모두가 미리 의논해서 자기들의 대화를 내가 못 듣게 했기 때문이지(특히 호기심 많고 말 많은 털북숭이들이 말을 참느라 정말 고생했을 거야).

그들은 함께 전체 숲 공동체의 수장으로 나를 추천했던 거야. 솔직히 말하면 나는 처음에는 그 제안을 명예로 받아들이지 않았어. 오히려 나를 따돌린다고 생각했지. 얼마 전까지 그 직책을 맡았던 참된 자가 여전히 산비탈 저 안쪽에 서서 혹투성이 줄기와 활짝 뻗은 가지를 하늘로 뻗치고 있었어. 그 자리에 오르면 나는 공동체에서 떨어져나올 테고 더는 누구하고도 편안하게 이야기 나누지 못하겠지. 한 마디 한 마디를 다 신중하게 고민해야 하니까. 더구나 나는 아마 오래 살지 못할 거야. 그러니 이 부담 많은 직책은 다른 이가 맡는 것이 옳다고 생각했어. 언제부터 병자가 공동체를 이끌었단 말이야? 곱사등이 이모도 불행을 겪고 그루터기 신세로 전락하면서 의장직에서 물러나 회원으로 만족했잖아. 그마저 그동안의 공로를 생각해서 주어진 자리였고.

그래서 거절하려던 찰나 다른 메시지가 하나 더 도착했지. 앞으로 수장은 의장이 아니라 "위대한 중재자"로 부른다고 말이야. 뭉클한 감동이 밀려들었어. 이걸 어떻게 거절하겠어? 중재자란 온갖 대화를 이끌고 협상하고 경청하며 이해하고 지지

하는 사람이라는 뜻인데. 사랑의 잔치가 미처 다 끝나기도 전에 나는 수락의 뜻을 전했지.

　그 후 한 달 동안 털북숭이들은 나머지 회원들과의 연결망을 튼튼히 했고, 덕분에 나는 그들의 의견을 더 빨리 들을 수 있었지. 당연히 고귀한 자들과 비의 친구들에게도 최고 연장자가 누군지 알려달라고 전했어. 그런데 좀 문제가 있었어. 녀석들은 모두 같은 날 두발짐승 손에 실려와서 이곳에 뿌리를 내렸으므로 나이가 똑같았거든. 나는 뾰족이들에게 나랑 가장 가까운 뾰족이 이웃 둘을 대표로 뽑아달라고 부탁했고, 그들은 내 뜻을 받아주었어.

　비의 친구들은 나처럼 굴러다니는 괴물의 흔적에서 멀리 떨어져 있어서 뿌리와 내 쪽 연결망이 온전한 친구들을 골랐지. 그래야 우리가 더 빨리 의견을 나눌 수 있고, 외부에서 위험이 닥쳤을 때도 더 신속하게 대처할 수 있을 테니까.

　하지만 정작 나를 도와줄 이는 없었어. 내 병이 날로 깊어져갔거든.

33

이야기의 끝

사랑의 잔치는 풍성한 흔적을 남겨서 내 가지에 태아가 주렁주렁 달렸고, 늦여름이 되자 갈색 껍질 속에서 때가 오기를 기다렸지. 너희가 곧 태어날 예정이었던 거야. 여기저기 소통하고 사랑의 잔치에도 참여하고 너희를 키우느라 남은 힘을 다 쏟아부었으니 대가가 없을 수 없겠지. 한쪽에서 이미 떨어지기 시작한 피부가 불편하기 이를 데 없는 데다, 그것으로도 모자란지 뼈 잡아먹는 벌레들의 반달 모양 혹까지 등장해서 온 숲에다 다가올 나의 끝을 광고했어.

    더구나 작년 여름에도 비가 통 오지 않아서 내 병은 더욱 깊어졌지. 나는 마지막 남은 힘을 너희에게 다 쏟아부었고 가을이 되자 탈진해 너희를 떨어뜨리고는 곧바로 잠에 빠져들었단다. 다시는 깨어나지 못할 것 같았어.

그러나 나는 이듬해 봄, 그러니까 올해 봄을 다시 맞이했단다. 내가 살아난 것은 다 거리를 가리지 않고 모두가 내게 아주 많은 당분을 건네주었기 때문이라고 생각해. 연대가 무엇인지를 이런 식으로 경험하다니, 정말 너무 좋았지.

그래도 눈을 뜨기가 쉽지는 않았어. 싹을 틔우면서 보니 제일 꼭대기 가지 몇 개가 이미 말라버렸더라고. 그래, 저 위를 한 번 쳐다봐. 성긴 내 잎사귀 사이로 점점 더 넓어지는 파란 하늘이 보일 거야. 요즘 들어 흉터쟁이 생각이 자주 나. 불평 없이 운명을 참다가 내 옆에서 부러지고 말았던 녀석. 그때 나는 도와주지 않았어. 해가 뜨는 방향에서 빛을 많이 받으니까 몸은 허약해도 혼자서 잘 견디리라 생각했거든. 물론 지금은 알지. 병든 참된 자는, 아니 다른 거인들 역시도 도움이 필요할 수 있다는 것을 말이야. 도움의 손길은 위안을 주기도 하니까. 그래서 나는 이제 주변 친구들의 도움을 겸손한 마음으로 받아들인단다.

그리고 더는 내 실수 때문에 언짢아하지 않아. 지난 시절에는 이기적인 행동을 참 많이도 했지만, 그래도 최근 들어 중재를 해서 그나마 조금이라도 만회를 했으니 됐어. 물론 솔직히 말하면 그 공조차도 고귀한 자들에게 돌아가야 마땅해. 그들이 먼저 팔 걷어붙이고 나서서 헌신적인 도움을 주었고 털북숭이를 통해 나와 처음으로 접촉을 시도했으니까.

자, 여기까지가 내 인생 이야기였단다. 보통 어머니들은 자식에게 이곳 숲에 도사린 위험을 전부 다 이야기해주지 않아. 너희 대부분은 어른이 되지 못할 테고 사랑의 잔치와 노화의 고초도 경험하지 못할 테니 말이야. 그래서 어머니들은 힘겨운 미래의 전망 역시 자식들 앞에서는 숨기고 싶어 하지만, 나는 그마저 너희에게 아주 솔직하게 다 털어놓았단다. 너희에겐 그 모든 것을 알 권리가 있다고 생각하거든. 그래야만 살아갈 힘은 작고 아름다운 것들에서 나오며, 먼 미래 걱정에 그것들을 못 보고 지나쳐서는 안 된다는 진리를 깨우칠 테니까.

너희가 쓰레기 처리반의 손길을 거쳐 공동체에 유익한 흙으로 돌아가는 그날까지, 중요한 것은 너희에게 허락된 날과 달과 여름의 수가 아니야. 너희가 진정으로 살아낸 순간들이 중요할 뿐이지. 진짜 삶, 그것은 공동체야. 함께 일하고 나누며, 함께 아프고 사랑하는 거지. 행복은 지고 잴 수 없고 붙들 수도 없어. 하늘에서 흘러가는 구름처럼 덧없단다. 그러니 행복하게 살아. 그것이 내가 너희에게 바라는 전부야.

어쩌면 조금 더 너희와 함께 살며 학교에서 공부하는 너희를 지켜볼 수도 있을 테지. 나와 달리 너희는 다양한 초록 거인 선생님들의 가르침을 받을 테니 처음부터 그들의 말은 물론이고 그들의 욕구도 알 수 있을 거야. 더 나아가 우리가 여태 거부해온 다른 생명체들과도 화해할 수 있을지 모르겠구나. 지금 세상은 너무도 빠르게 변하므로 우리는 어떤 도움도 마다하지 말아야 할 것이고, 필요하다면 어떤 도움이라도 남들에게 베풀어야 할 테니 말이야.

언젠가는 두발짐승과도 화해할 수 있을까? 그건 좀 고개를 갸웃할 수밖에 없구나. 하지만 내 젊은 시절만 해도 다른 초록 거인들하고 소통한다는 상상을 해본 적이 없어. 그런데 지금 그들은 우리의 든든한 동맹군이자 친구가 되었잖니. 그러니 너희에게 마지막으로 이런 충고를 하련다. 모르는 생명도 마음을 활짝 열고 편견 없이 맞이해!

Buchenleben

2부

과학적 배경

장소

늙은 너도밤나무는 실제로 존재한다. 우리 산림관리인 관사 바로 뒤편의 산림보호구역에서 살고 있다. 우리 이야기에 담긴 크고 작은 온갖 사건은 실제로 그곳에서 일어난 일들이다.

1934년 침엽수림 안에 지은 관사는 실제로 앞의 이야기에 나온 그대로다. 그곳은 원래 빈터였는데, 200여 년 전에 먼저 초록 구름 같아 보이는 나무를 갖다 심었고, 이후에 따로 구역을 마련해 가문비나무와 더글러스전나무를 추가로 심었다. 너도밤나무의 일생에서 전반기에는 인간이 조연 역할밖에 못 했지만, 어느 날 등장한 관사 주민들이(나중에는 기후 위기에 이르기까지 문명이) 날로 세를 키웠다. 그리고 우리의 너도밤나무도 말했듯 나무들에게 온갖 행불행을 안겨주었다.

처음에는 주로 불행이었지만, 지난 몇십 년 전부터는 행운이 압도적이다. 2002년 나의 발의로 그 숲이 보호구역으로 지정되었

이 책의 주인공인 늙은 너도밤나무. 발치에서 자라는 어린 자식들에게 자신이 살아온 이야기를 들려준다.

기 때문이다. 물론 나는 산림경영지도원이니만큼 그전부터도 너도밤나무들을 가만히 내버려두었다. 덕분에 숲은 다시 자연의 규칙을 따르게 되었고, 적어도 금세기 말까지는 법적 구속력을 갖춘 보호협약 덕분에 아무도 손을 댈 수가 없다.

그리하여 지금 너도밤나무와 그녀의 자손들은 아주 잘 지내고 있다. 물론 인간이 불러온 기후변화가 큰 위험이 되어 그들에게 짙은 그늘을 드리우고 있지만 말이다.

나무 해부학

나무는 우리 인간과 구조가 완전히 다르므로, 우리 처지에서는 이해하기 힘들 때가 많다. '나무의 머리'가 위쪽에 있다고 생각해서 우리가 그 부분을 '수관(樹冠)'이라 부르는 것만 봐도 잘 알 수 있다. 그러나 사실 나무는 거꾸로 서 있다. 우리 두뇌와 가장 가까운 부위가 땅속에 박혀 있기 때문이다.

뿌리는 나무의 두뇌와 같다. 뿌리 끝에는 뇌와 비슷한 조직이 있어서 그곳에서 결정을 내리면 호르몬을 이용해 몸에서 그 결정을 실행한다. 뿌리는 빛에도 민감하다. 우리 눈보다 더 민감하다. 동시에 뿌리는 물을 빨아들여 계속 펌프질을 하므로 입과 비슷한 기관이기도 하다. 또 줄기가 땅에 닻을 내릴 수 있게 도우므로 자주 인간의 발과도 비교된다.

껍질은 우리 피부와 비슷하다. 상처가 나면 흉터가 질 수 있고 심지어 나이 들면 주름이 생긴다. 또 수관에서 만든 양분이 껍질 속으로 타고 흘러 뿌리까지 내려간다.

줄기는 몸통에 해당한다. 물론 근육은 없다. 대신 목질이 가득 차 있는데, 그것이 뼈 기능을 한다. 가장 최근에 생긴 바깥쪽 나이테에는 우리 혈관과 비슷하게 얇은 관이 있어서 뿌리가 마신 물을 수관으로 올려보낸다.

마지막으로 가지는 잎을 매달고 있다. 잎은 광합성을 통해 물과 이산화탄소를 당분으로 변신시키는 영양기관이다. 식물은, 아마 나무들도 잎을 이용해 볼 수가 있는데, (앞에서 이야기했듯) 제법 눈길이 매섭다. 잎의 밑면에는 기공이라 부르는 수많은 작은 입이 붙어 있다. 이곳으로 숨을 들이쉬고 내쉬며 땀을 흘리거나 (향기 신호를 통해) 소통을 한다.

자동기계 시대의 종말

미리 한 말씀 해두자면, 우리와 같은 생명체를 기계나 로봇처럼 봐서는 안 된다는 목소리가 학계에서도 날로 커지고 있다. 생물학자이자 철학자인 안드레아스 베버(Andreas Weber)는 2018년 한 라디오 방송에 출연해 생물학의 새로운 시작을 말한 바 있다. 방송의 타이틀은 '생명이 넘치는 자연으로 돌아가자. 관점의 전환을 지지하며'였다. 이 책의 부제로 써도 손색없을 제목이다.[1]

이제부터 나는 이야기 뒤편에 숨은 사실을 설명하려 한다. 하지만 그러기 전에 잠시 너도밤나무 이야기를 '번역'하느라 겪은 온갖 고초부터 털어놓아야겠다. 나무는 분명 우리와 다르게 세상을 볼 테니 모든 개념을 새로 만들어야 할까? 하지만 그렇게 하면 독자들이 내 이야기를 이해하기 힘들 것이다. 읽으면서 새 개념의 의미를 파악하기까지 아주 오랜 시간이 걸릴 테니 말이다. 하지만 관점을 바꾸어놓고서 우리 인간 문화의 문맥에서만 나올 수 있는 단어를 그대로 쓴다면 그것도 이상할 것이다. 따라서 인간의 명칭을 쓰되, 나무에게 동물과 식물이 어떤 의미인지를 설명해줄 너도밤나무 관점의 개념을 함께 소개하는 것이 바람직한 타협안일 듯했다. 따라서 가령 지렁이는 관을 통해 깊은 땅속까지 산소를 데려가서 뿌리에 공급하므로 '땅 환풍기'라고 이름 지었다.

사실 우리 언어의 많은 단어도 그와 비슷하게 태어났다. 그렇지만 나는 '다리'나 '머리' 같은 세세한 부분은 굳이 너도밤나무 말로 번역하지 않았다. 독서에 심히 방해가 될 것 같았기 때문이다. 너도밤나무 언어로 책 한 권을 쓰자는 것이 아니라 나무의 세상을 알리는 것이 이 책의 목표이니 말이다. 물론 판단은 여러분 몫이다.

이 책에서 소개한 많은 현상은 너도밤나무가 아니라 참나무나 다른 나무종을 대상으로 연구한 것이다. 당연히 너도밤나무에도 해당한다는 확신이 드는 곳에서만 그 배경지식을 이야기에 삽입했다. 전체적으로 그런 나무 현상에 관한 연구는 아직 역사가 길지 않다. 따라서 선호도에 따라 이런저런 종만을 대상으로 연구가 되어 있다.

그래도 학문의 세상에선 간략한 설명의 원칙이 통하기에 잘 알려진 사실은 비슷한 현상의 다른 식물종에게도 적용할 수 있다. 이런 '오컴의 면도날 법칙'에 대해서는 온라인 심리학 및 교육학 사전을 찾아보면 상세한 설명을 읽을 수 있다.²

너도밤나무의 성별은 여성으로 하자고 결정했다. 물론 과학적으로 엄밀히 따지면 자웅동주다. 너도밤나무는 양쪽 성의 꽃을 피우므로 달팽이가 그러하듯 자웅동체 식물이다. 그러나 여성으로 부르는 것이 더 맞다. '어머니 나무'라는 명칭이 태곳적 임업의 전문 개념이라는 사실에서도 알 수 있듯 우리 조상도 그렇게 생각했다. 임업 분야에서는 너도밤나무를 '숲의 어머니'라고 부른다. 어머니가 식구들을 챙기듯 나무도 수천의 생명에게 집을 제공하기 때문이다.

    물론 과거의 통념을 그대로 써먹자는 것은 아니다. 이유는 더 있다. 나무는 자손을 씨앗(혹은 나무 배아)의 형태로 '낭이시' 주변으로 퍼트린다. 그러고는 아기 나무에게 영양액을 공급하는데, 그것이 젖먹이기와 아주 비슷한 기능을 한다.

나무는 기관 반응이 느리지만 세포 차원에서는 동물만큼 빠르다. 그래서 나는 양다리를 걸쳐보려 했다. 너도밤나무는 동물이 다들 무척 빨라서 가만히 서거나 눕지 않으면 관찰하기 힘들다고 호소한다. 하지만 나무의 몸속에서 일어나는 많은 과정은 우리와 비슷한 속도로 진행되기 때문에, 나는 우리보다 느린 존재가 느끼듯이 날과 해를 살짝 속도를 높여 설명했다.

나는 식물에도 의식이 있다는 것을 기본 전제로 깔았다. 그 전제가 옳다고 주장하는 연구 결과와 해석은 매우 많다. 2023년 8월에 나온 최근 연구 결과 중 하나는 심지어 단세포 생물에게도 의식이 있다고 주장한다.[3]

피렌체 대학의 생물학자 스테파노 만쿠소(Stefano Mancuso) 교수는 식물 의식의 존재를 연구논문과 짧은 유튜브 영상으로 매우 인상 깊게 설명했다. 정말로 한 번 볼 만한 가치가 있는 영상이다.[4]

그러나 한 걸음 뒤로 물러나서 식물에게도 과연 생각 같은 것이, 혹은 더 나아가 지능이 있는지 한 번 살펴보기로 하자.

과학 스펙트럼(Spektrum der Wissenschaft) 출판사에서 나온 《심리학 사전》은 다음과 같이 설명한다. "전문가들에게 문의한 결과 가장 의견이 일치한 지점은 문제해결, 의사결정, 추상적 사고 및 표현 같은 고등 정신 기능이다."[5]

그사이 이 능력이 동물뿐 아니라 식물에게도 있다고 주장하는 생물학자가 늘어나고 있다. 대표적인 이가 본 대학의 프란티세크 발루스카(František Baluška) 교수다. 그의 말을 들어보면 식물은 보고 듣고 느낄 수 있을 뿐 아니라 기억력도 있으며, 심지어 비용편익 분석을 통해 결정을 내릴 수도 있다. 왜 식물의 지능을 인정하는 학자가 늘어나고 있는지, 그 이유에 대해서는 온라인 잡지 〈퍼스펙티브 데일리(Perspektive Daily)〉 2023년 3월 16일 자에 실린 그의 인터뷰를 보면 잘 알 수 있다.[6]

물론 전통적 진영에서는 오래전부터 비판의 목소리가 있었다. 특히 퇴직 교수 데이비드 로빈슨(David Robinson)은 2008년 한 논문에서 확실하게 반대 의견을 표명한 바 있다. 그 논문에서 로빈슨을 중심으로 여러 학자가 동물과 식물의 경계를 허물어뜨리는 행위를 거세게 비판했고, 심지어 반대편 학자들에게 도전장을 던지기도 했다.[7] 이에 반대편 학자들이 반박 글을 올리며 증거를 내놓으라 요구했지만, 아직까지는 묵묵부답이다.[8]

그건 그렇고 심지어 점균류, 그러니까 단세포 생물(!)조차도 복잡한 문제를 해결하고 나중에 이를 기억할 수 있다. 그 도구는 신경과 흡사한 균사다. 녀석들의 기억 메커니즘은 우리 뇌와 비슷한데, 이는 뮌헨 기술대학에서 생물학적 연결망 이론을 연구하는 카렌 알림(Karen Alim) 교수가 나의 팟캐스트에 출연해 설명한 내용이다.[9]

식물은 당연히 우리가 알아들을 수 있는 언어로 소통하지 않는다. 그렇지만 과연 언어란 무엇인가? 언어에 대한 통일된 정의도 존재하지 않는다. 현재의 논의 상황은 Spektrum.de에 실린 멋진 에세이 한 편을 읽어보면 파악할 수 있다. 거기에 이런 구절이 있다. "(언어란) …… 매우 일반적으로 기호학과 정보이론에서 말하는 하나의 소통체계다. 여기에는 형식논리학의 상징언어(가령 프로그램 언어, 프로그래밍)와 기타 상징언어(가령 깃발 신호)는 물론이고 동물의 소통 형식(가령 꿀벌 언어)도 포함되며……."[10]

따라서 나무의 소통을 언어라 불러도 무리는 없을 것이다. 연구 현황으로 미루어볼 때 땅 위에서 나무는 주로 향기로 소통하는데, 메시지에 따라 실로 많은 종류의 향기가 존재한다. 상세한 내용은 2023년 10월 23일 자 〈워싱턴 포스트〉에 실린 기사에 잘 설명되어 있다.[11] 또한 이 글은 2013년 10월 17일 〈네이처〉에 실린 조금 더 읽기 힘든 학술 논문을 근거로 삼았다.[12]

(나무를 포함한) 식물의 땅속 소통은 주로 균류 연결망을 거치는데, 이 연결망은 신호나 신호분자를 이용해 식물에게 이런저런 요구를 한다. 요즘은 학자들이 아예 대놓고 땅밑 "나무 대화(tree talk)"라는 표현을 쓸 정도다.[13]

브리티시컬럼비아 대학의 산림생태학 교수인 수잰 시마드(Suzanne Simard)는 식물 연결망을 심지어 인지·학습·기억력을 개선하는 신경 연결망에 비유한다.[14]

나무는 자신의 자식과 친척에게 균류 연결망을 통해 양분과 소식을 제공하는 것 같다. 이 사실은 브리티시컬럼비아 대학의 모니카 고젤락(Monika Gorzelak)이 더글러스전나무를 대상으로 연구한 결과다.[15]

2020년 1월 〈내셔널 지오그래픽〉에 펼침면으로 실린 인상적인 그래픽 기사는 땅속 연결망을 통해 숲을 오가는 정보와 물질의 강물을 소개했다. 그것만 봐도 숲의 땅이 나무들의 상호행동에서 매우 중요한 역할을 한다는 사실을 잘 알 수 있다.[16]

또 하나 중요한 소통 수단이 바로 향기다. 향기를 이용하면 멀리 떨어진 식물들끼리도 곤충의 습격 같은 위험을 서로에게 경고할 수 있다. 그것이 정확히 어떻게 작동하며 코도 없는 식물이 어떻게 향기를 맡는지, 그 비밀은 2023년 일본 사이타마 대학의 도요타 마사츠구 교수팀이 밝혀냈다. 학자들은 실험실에서 제일 인기가 높은 애기장대의 유전자를 조작해, 세포에서 칼슘이온이 활성화되면 곧바로 잎 속 칼슘이온이 빛을 내게 했다.

    칼슘은 (인간을 포함한) 대부분의 생명체가 신호를 전달할 때 가장 중요한 역할을 하는 물질 중 하나다. 과연! 건강한 식물이 다친 식물의 냄새를 맡자마자 잎에서 발광 신호가 시작되었다. 뉴질랜드 잡지 〈더 포스트〉에 실린 글에서 도요타 교수가 주장했듯, 이 신호는 방어 반응을 활성화하는 쪽으로 스위치를 돌리는 것과 같다.[17, 18, 19]

늙은 너도밤나무를 설명하기 위해서는 앞을 보는 능력도 빼놓을 수 없다. 나무는 시각을 통해 주변 사건을 상세하게 인지할 수 있다. 내 이야기에서도 이 능력을 인정했고, 최신 연구 결과들도 점점 더 그 능력을 입증하고 있다.

식물이 땅 위에서 주변을 인식할 수 있다는 사실은 2024년에 본 대학의 펠리페 야마시타(Felipe Yamashita)가 실시한 전도유망한 실험이 입증했다. 그는 덩굴식물인 보키(Boquila trifoliolata)를 연구했는데, 이 식물은 자신이 휘감은 숙주 식물의 잎 모양을 모방해 자기 잎을 바꾼다.

이유는 아직 밝혀지지 않았지만, 이 식물은 숙주 식물의 잎 모양을 볼 수 있는 것 같다. 야마시타는 이 의문을 풀기 위해 보키를 상자에 심고 은행이나 한련 같은 여러 식물의 잎 사진을 보여주었다. 과연 보키는 그 식물들의 잎 모양도 흉내냈다. 이 실험 결과는 보키가 심지어 사진에 찍힌 식물의 잎도 모방할 정도로 앞을 또렷하게 본다는 사실을 입증한 것이다.

그렇다면 식물은 잎이나 다른 지상 기관에서 오는 자극을 어디서 처리할까? 뿌리 끝은 두뇌와 비슷한 조직을 갖추고 있을 뿐 아니라 어쩌면 일종의 식물 두뇌일 수도 있지 않을까? 펠리페 야마시타는 완두콩의 뿌리 끝을 자르는 방법으로 이 의문의 답을 찾아나섰다. 그가 찍은 영상에서 뿌리를 잘린 완두가 휘감을 막대기를 붙들지 못하는 장면을 보면 마음이 짠하다. 녀석의 덩굴은 막대기를 향해 뻗어가지만 휘감지는 못한다.

가능하다면 그 링크를 직접 찾아가보기 바란다. 동영상이 정말 설득력 있다.[20]

이 책이 출판되는 동안 보키와 완두콩 연구 결과도 발표되었다. 따라서 더 상세한 내용이 알고 싶다면 나의 소셜미디어 계정이나 인터넷을 참조하면 좋을 것이다.

아르헨티나 학자들 역시 앞에서 언급했던 애기장대를 연구해 처음으로 놀라운 사실을 발견했다. 이 식물은 심지어 자기 가족을 알아볼 (그러니까 눈으로 볼) 수 있다.[21] 그런 식물은 '식구'를 배려하므로 개체가 아니라 공동체 전체의 종자 수확량이 늘어나고, 그로 인해 진화에서 득을 본다.

식물이 빛을 인식하는 메커니즘 역시 분자 차원에서 보면 인간과 놀라울 만큼 유사하다. 이는 이미 1996년에 나온 튀빙겐 대학의 보도자료에서 확인할 수 있다.[22]

이런 지식은 현재 농업 연구에도 적용돼, 첫 사례에서 협동적인 밀이 이기적인 밀보다 수확량이 많다는 사실을 입증했다. 애기장대가 여러분에게 안부 인사를 전한다.[23, 24]

일반적인 전제조건을 설명했으니 이제부터는 각 장에서 설명한 현상들을 쫓아가보기로 하자. 이해에 꼭 필요하다면 앞에서 인용한 연구 결과를 다시 되짚을 것이다.

01 🍃 때가 되었으니……

연구 현황으로 볼 때 어머니 나무는 무엇보다 후생유전학적 효과를 통해 자식에게 경험을 전할 수 있다. 유전자에 책갈피를 설정해 유전자가 다르게 해독되도록 하는 것이다. 그러면 자식은 어머니 나무의 학습 경험으로 직접 이득을 보기에, 가령 부모가 이런 경험을 전하지 않은 아기 나무보다 가뭄 저항력이 높아진다.[25, 26, 27]

02 🍃 세상의 빛

아기 나무는 물론이고 어른 나무도 정말 소리를 들을 수 있을까? 많은 연구 결과가 말해주듯 우리는 오랫동안 식물의 청력을 매우 과소평가했다. 화단에 많이 심는 달맞이꽃(*Oenothera Drummondii*)은 가루받이를 해주러 달려오는 곤충 소리를 들을 수 있다. 소리가 들리면 3분 안에 녀석의 꽃꿀이 더 달콤해지고 심지어 꽃을 진동시켜 곤충에게 응답한다.[28]

    그러나 전체적으로 볼 때 식물의 청력 연구는 이미 너무도 광범위해서 자칫하다가는 방향을 잃기 쉽다. 다행히 2022년 미국 국립의학도서관이 전체적인 조망을 시도해, 수많은 연구 결과를 수집·정리했다.[29]

    뿌리는 탁탁 소리를 들을 수 있고 그 소리에 맞추어 방향을 정한다. 그럼 그 소리는 누가 낼까? 뿌리 자신이다. 뿌리는 소리를 내어 이미 다른 뿌리가 자리를 차지한 곳이 어디며, 자신이 마음껏 뿌리를 뻗을 수 있는 곳이 어디인지 알아낸다. 안 그러면 식물들이 엉망진창으로 땅을 파고들며 자랄 것이다.30 생물학자이자 뿌리 전문가인 로레 쿠체라(Lore Kutschera)의 〈뿌리 지도〉를 위시해, 뿌리를 그린 여러 삽화를 보면 이 중요한 기관이 땅속에서 얼마나 질서 있게, 또 효율적으로 배치되는지 잘 알 수 있다.31 이 사실은 식물의 의식을 입증하는 또 하나의 증거이기도 하다. 식물이 자신의 신체 경계와 공간 내 자기 위치를 안다는 증거니까 말이다.

뒤에서 나무의 몇 가지 특징을 더 설명할 테지만, 미리 입문 삼아 2015년 〈내셔널 지오그래픽〉 독일어판에 실린 논문 한 편을 읽어보라고 권하고 싶다. 거기서는 이런 특징들을 두고 심지어 생물학의 "코페르니쿠스적 전환"이라는 표현을 썼다.32

※ ※ ※

내 이야기에서는 노루에게 먹힌 아기 너도밤나무가 도움을 호소한다. 너도밤나무는 노루가 베어 먹은 자리에 남은 타액으로 노루를 인식할 수 있다. 이는 라이프치히 대학에서 발표한 한 연구 결과가 입증한 사실이다. 나뭇가지를 자르기만 했을 때는 나무가 상처 호르몬을 만들었다. 하지만 연구팀이 잘린 자리에 노루 침을 떨어뜨렸더니 나무가 방어 반응을 시작했다. 특히 노루의 입맛을 떨어뜨리는 타닌산을 생산했다.33

나무는 향기 물질로 도움을 청한다. 예나 대학 연구팀이 라이프치히의 강변 숲에서 참나무를 대상으로 확인한 결과다. 나무가 애벌레나 식물을 먹는 다른 벌레의 습격을 받으면 그 벌레를 없애줄 곤충이나 새를 유혹하는 물질을 뿜어낸다.[34]

✳ ✳ ✳

(뿌리를 파고 들어가며 자라는) 취균류의 경우, 나무의 도우미 격인 균류의 수지상균근은 다음과 같은 방식으로 나무와 접촉한다. 먼저 균류의 포자에서 작은 균사가 자라서 땅을 더듬더듬 파고 들어간다. 균사가 뿌리를 만나면, 먼저 뿌리 쪽에서 들어오라고 허락해주어야 한다. 균사가 들어오게끔 뿌리가 자발적으로 자리를 마련해주면 균사가 뿌리 세포 속으로 자란다. 균류는 뿌리 세포에게 물과 양분을 건네주고 보상으로 뿌리한테서 당분을 받는다.[35]

✳ ✳ ✳

이야기에서는 어린 너도밤나무가 숨을 꾹 참아서 잎 밑면에 붙은 작은 입(기공)을 닫는다. 호흡을 못 해서 가스가 들고나지 못하면 광합성이 안 되므로 당분의 물결이 멎는다. 나무는 가령 가뭄이 들 때 물의 증발을 막기 위해 모든 기공을 닫는 식으로 호흡을 능동적으로 조절할 수 있다.

03　거대한 어머니들

나무는 (앞서 애기장대와 밀에서 확인했듯) 친척을 알아본다. 이 사실은 균류 연결망을 이용하는 탄소화합물의 교환으로 입증할 수 있다. 연구 결과 더글러스전나무는 자기 친척을 더 선호했다.[36, 37]

✕ ✕ ✕

나무가 숫자를 셀 수 있을까? 백 년을 꾹 참고 기다리려면 온갖 사건을 저장하고 합산할 줄 알아야 한다. 나무가 그럴 수 있다는 증거가 있다. 보훔 루르 대학의 토마스 슈튀첼(Thomas Stützel) 교수는 많은 과실수가 따뜻한 날을 세어 합산할 줄 안다고 주장한다. 그 날짜가 일정한 숫자에 이르러야 비로소 봄이 왔다고 믿는다는 것이다.[38]

✕ ✕ ✕

식물은 뿌리 끝으로 소리를 들을 수 있다. 자신이 내는 소리는 물론이고 다른 소리도 듣는다. 가령 (흐르는 물소리인) 200헤르츠의 신호를 송출하는 음원 쪽으로 방향을 튼다. 이는 본 대학의 프란티세크 발루스카 교수가 내게 알려준 내용으로, 그는 MDR 라디오 프로그램에 나와서도 그 이야기를 들려주었다.[39]

오스트레일리아 리스모어에 있는 서던크로스 대학의 모니카 가글리아노(Monica Gagliano) 교수팀 역시 완두콩을 대상으로 뿌리 끝

더글러스전나무는 북미 서해안의 우림이 고향이라 물을 많이 먹는다.

의 청력을 연구했다. 그 결과를 보면 식물은 수분이 없다고 해도 물의 진동음을 향해 나아가며, 뿌리가 물에 닿아야만 소리를 무시하고 곧바로 수분을 향해 나아간다. 따라서 식물은 조금 멀리 떨어진 수원을 인식할 때 소리를 이용하는 것 같다.[40] 아마 나무가 뿌리를 하수관으로 뻗는 이유도 그 때문인 듯하다. 하수관으로도 콸콸 큰 소리를 내며 물이 흐르니까 말이다.

가글리아노는 아기 옥수수의 뿌리를 조사해 그것들이 좋아하는 주파수를 찾아냈다. 물에 잠겨 있을 때 옥수수 뿌리는 220헤르츠의 음원을 향해 뻗어간다.[41] 이 연구 결과는 전반적으로 맞는 내용이지만, 여기에 추가 정보를 보태면 흥미가 더해진다. 2023년 11월 SWR2 라디오 프로그램 〈음악 상담〉에 출연한 나는 피아니스트 소피 파치니(Sophie Pacini)와 소리를 듣는 뿌리 현상에 대해 이야기 나누었다. 파치니는 이 주파수가 A음에 해당하며, 440헤르츠인 표준음보다 한 옥타브 낮다는 점을 지적했다.[42] 오케스트라의 모든 악기가 같은 음을 내기 위해 꼭 필요한 이 중요한 음은 19세기부터 유럽평의회가 그 기준을 채택한 1970년 6월 30일까지 참으로 기나긴 과정을 거쳐 합의한 사항이다.[43]

음계를 옥타브(즉 8음)로 나누고, 옥타브 하나가 올라가면 음주파수는 두 배가 된다(그러니까 220의 A가 440의 A가 된다)는 것은 문화와 관계없이 대부분이 느끼는 감각이다.[44] 그것이 우연일까? 나는 잘 모르겠지만 우리 인간도 식물의 후손이니 대부분 물로 이루어져 있다. 따라서 우리의 가장 중요한 생필품인 흐르는 물소리를 좋아해 귀 기울여 듣고 또 음악에도 집어넣은 것이 아닐까? 어쨌거나 나무와 사람이 좋아하는 소리가 같다는 생각은 마음에 든다.

※ ※ ※

나무가 밤새 물을 확보하는 현상은 '수압 승강기(Hydraulic Lifts)'라는 이름으로 알려져 있다. 뿌리를 깊게 내린 나무는 밤마다 저 아래 땅속에서 물을 펌프질해 끌어올려 상층의 땅에다 방류한다. 그럼 뿌리를 깊게 내리지 못한 나무나 어린 나무가 그 물을 마신다. 연구 대상은 너도밤나무와 참나무의 혼합림이었지만, 유럽전나무(*Abies alba*) 같은 다른 종의 나무 역시 그렇게 하는 것으로 추정된다.[45, 46]

※ ※ ※

나무는 어둠을 조성해 큰 초식동물을 숲에서 몰아낸다. 우리 고향 숲이 빙하기가 끝난 후 널리 번져나갈 수 있었던 비결도 숲을 선점한 나무가 잡초와 풀에게서 빛을 빼앗아 아프리카숲코끼리(*Loxodonta cyclotis*)나 털코뿔소(*Coelodonta antiquitatis*)의 양식을 없애버린 덕이다.[47] 산림경영으로 간벌하지 않은 숲에서는 지금까지도 이런 전략이 잘 통한다. 숲아카데미의 원시림 프로젝트 숲이 대표적인 사례일 것이다.

04 늙은 선생님

나무는 학습 능력이 있다. 여기에는 배운 지식을 저장할 수 있는 능력도 포함된다. 그러나 나무의 학습과 기억 방법은, 우리 인간도 마찬가지지만 아직 대부분 알려지지 않았다. 생물물리학자 카렌 알림이 한 팟캐스트에 출연해 역시나 학습이 가능한 점균류(단세포 생물)를 소개하며 언급했듯 인간의 기억 방법 역시 아직까지는 알려진 바 없다.[48]

어쨌거나 독일에서 제일 나이 많은 이베나크의 참나무(독일 메클렌부르크 지역의 이베나크에 있는 수령 1300년의 참나무—옮긴이)들은 고향인 에스파냐를 기억하는 것 같다. 에스파냐에서 빙하기를 견디고 살아남은 녀석들의 조상이 독일까지 넘어와 그곳에 정착한 것이다. 물론 마지막 건기에는 생육 상태가 좋지 않았지만, 그 후로는 가뭄 와중에도 무사히 기력을 회복했고 부분적으로 잎 모양을 바꾸어 피레네참나무(*Quercus pyrenaica*) 같은 다른 참나무 종과 유사해졌다.[49]

※ ※ ※

정보를 후손에게 전달하는 특수 기능의 고목이 있는지는 확실치 않으므로, 우리 이야기에서 소개한 곱사등이 이모는 내 상상의 산물이다. 이 늙은 그루터기(실제로 우리 관사 주변 숲에 있다)는 내가 아는 넓은 지역에서 가장 오래된 너도밤나무 중 하나다. 그리고 아마 지역 개체군의 생존에 중요한 역할을 했을 것이다. 아주 나이가 많은 나무는 유전자에 수많은 전략을 저장하고 있으므로 숲에서 일종의 데이터뱅크 기능을 한다. 이는 직접적으로 자기 후손에게 유익할 것이고, 간접적으로는 전체 숲 생태계에 도움을 줄 수 있다. 따라서 학자들은 이런 최고령 나무는 반드시 보호해야 한다고 주장한다. 생태계 전체의 적응력이 그런 나무들에 달려 있기 때문이다.[50]

내가 이야기에서 원로회의를 지어낸 것도 최고령 나무의 지식이 어린 나무에게 너무나 중요하다는 사실을 비유적으로 강조하기 위해서였다.

05 숲에서 날아온 소식

식물이 움직임(가령 줄기가 쓰러질 때 땅이 흔들린다)에 얼마나 예민한지는 다양한 연구 결과가 입증한다. 식물은 이웃 식물의 접촉을 인지할 수 있다. 그러니까 기계적 자극을 분류할 수 있는 것이다.[51]

미모사는 진동이 오면 매우 빠르게 반응해 순식간에 깃털 잎을 접는다.

✱ ✱ ✱

나무는 향기 물질을 배출해 도움을 청할 수 있다. 가령 참나무는 새를 불러 이파리에 붙은 애벌레를 잡아먹게 한다.[52, 53] 느릅나무 역시 가만히 당하지 않는다. 느릅나무잎벌레(*Xanthogaleruca luteola*)가 자기 잎에 알을 붙이면 바로 알아차린다. 나무가 접착제의 '맛을 느끼면' 곧바로 향기를 뿜어 맵시벌(Ichneumonidae)을 유혹한다. 그럼 이 벌이 날아와 자기 알을 잎벌레 알 속에 낳고, 깨어난 애벌레는 속에서부터 알을 파먹어 느릅나무를 괴롭히는 잎벌레를 죽인다.[54]

※ ※ ※

우리 이야기의 핵심 부분은 땅속에서 균류 연결망을 통해 이루어지는 소식 및 양분 전달이다. 1997년 〈네이처〉는 이를 두고 "우드 와이드 웹(wood-wide web)"이라 이름 붙였고, 그사이 이에 대한 연구가 활발히 진행되었다. 당시 그 기사는 영국 컬럼비아 대학의 수잰 시마드 교수팀이 발표한 센세이셔널한 연구 결과를 바탕으로 삼았는데, 나무를 돕는 털북숭이 균류에 대한 연구였다.[55] 그 이후 이런 연결망을 통한 나무의 지원 활동은 추가 연구를 거쳐 재확인되었다.[56]

    조금 더 이해하기 쉬운 설명을 원한다면, 수잰 시마드의 라디오 인터뷰를 참고하면 된다.[57]

    그러나 연구 결과의 해석을 두고 비판의 목소리도 없지 않다. 특히 2020년까지 시마드 교수의 연구 결과를 지지했고 심지어 그때까지 그녀와 함께 연구했던 동료 저스틴 카스트(Justine Karst)가 대표적인 반대파다. 2022년 11월 〈뉴욕 타임스〉에서 주장했듯 그녀는 이제 그 모든 것을 과도한 인간화, 지나친 해석이라 본다.[58]

    그러나 정작 카스트의 공식 대학 홈페이지에는 이렇듯 지원을 아끼지 않는 균류 연결망이 실려 있다. 더구나 그녀는 자신의 주장을 과학적으로 입증하지도 못했다.

어쨌든 수잰 시마드는 여전히 자기 주장을 꺾지 않고 있으며, 전 세계 학계에서도 그녀를 지지하는 목소리가 적지 않다. CBC캐나다(캐나다 최대 TV 방송국)는 이 논쟁을 두 라이벌 여성 학자의 알력으로 해석했다. 또 많은 연구 결과가 균류 연결망을 통한 탄소 전달을 매우 잘 입증하는 것으로 미루어볼 때, 나머지 학계도 카스트의 주장을 반박하는 셈이다.[59]

심지어 하나의 식물군 전체가 균류의 "우드 와이드 웹"을 입증하기도 한다. 그 사실은 한 독일 균류학자가 이메일로 내게 알려주었다. 2024년 4월 19일에 나온 한 기사는 균류 종속 영양식물에 주목했다. 어디서나 널리 자라는 이 식물은 광합성을 하지 않고 모든 에너지를 땅속 균류 연결망에서 얻어 쓴다. 물론 균류는 그 에너지를 다시금 다른 식물에게서 얻는다. 이 글을 쓴 학자들은 명백히 숲의 균류 연결망을 언급했고, 이 식물을 "우드 와이드 웹"으로 들어가는 창이라 불렀다.[60]

이런 온갖 반박에도 불구하고 산림 로비단체들은 앞에서 소개한 카스트의 주장을 계기로 다시 한번 시마드와 나를 심하게 공격했고, 이 모든 연구를 날조라 몰아세우고 있다. 산림 분야의 주요 비평가인 아머(Ammer) 교수가 실수로 카스트의 글을 연구 글(그러니까 진실임을 주장하는 연구 결과)이라 불렀지만, 사실 그것은 한낱 의견서에 불과하다. 더구나 그 글에서 퇴직 교수 데이비드 로빈슨이 다시 등판했는데, 그의 활동에 대해서는 이미 앞에서 언급했다.[61, 62]

카스트의 주장이 왜 학문 기준에 부합하지 않는지를 멋지게 설명한 독일 생물학자 악셀 슈몰(Axel Schmoll)의 글은 라이프치히 강변 숲의 자연보호와 예술 협회(Naturschutz und Kunst Leipziger Auwald, NuKLA) 홈페이지에서 확인할 수 있다.[63]

잠깐 사건 하나. 나무의 의인화를 비판한 학자 중 한 사람이 몇 달 후 논문 한 편을 발표했다. 그 글에서 그와 그의 동료들은 너도밤나무에게 미치는 어머니 나무의 중요한 역할을 강조했고 심지어 어머니 효과를 조사하기도 했다.[64]

전체적으로 볼 때, 산림 로비단체는 나무에 대한 연민이 전통적 산림경영을 위태롭게 할까 봐 겁내는 것 같다. 앞서 언급한 의견서도 아주 확실하게 그 점을 명시한 것으로 볼 때, 문제의 핵심은 밝혀진 셈이다. 나는 그들의 태도가 잘못되었다고 말할 수밖에 없다. 나무에 대한 연민이 지금 우리가 숲 생태계를 대하는 너무도 거친 방식을 재고하고 바꾸는 계기가 된다면, 그것이야말로 이 책이 노리는 효과일 것이다.

✖ ✖ ✖

식물은 가뭄을 경고할 수도 있다. 이웃에게서 가뭄과 관련된 스트레스 신호를 받으면 물이 전혀 부족하지 않아도 식물은 곧바로 잎의 기공을 닫아서 증발을 줄인다. 이는 완두콩 연구에서 밝혀진 사실이다.[65]

하지만 우리는 아직 나무가 편안할 때는 무슨 이야기를 들려주는지 잘 모른다. 이에 관한 연구 결과는 아직 본 적이 없다. 그러나 동물의 왕국에 부정적 소통만 있는 것은 아니기에 나는 이야기에서 나무의 긍정적 신호도 한번 상상해보았다.

※ ※ ※

앞에서 묘사한 대로 균류는 때로 아주 야만적인 방법으로 나무를 돕는다. 독을 뿜어내 땅속 벌레를 죽여서 나무에게 질소를 공급하는 것이다. 죽어 분해되는 벌레는 질소를 배출하기에, 균류는 나무에게서 보상(당분)을 받고 그 질소를 나무에게 공급해준다.[66]

06 긴 잠

어린 나무가 가을과 봄을 활용해 당분 생산을 늘리는 현상은 이 계절에 숲을 산책하다 보면 쉽게 확인할 수 있다. 가을에 어린 너도밤나무는 일정 나이가 될 때까지 늙은 나무보다 더 오랫동안 초록 잎을 매달고 있다. 잎을 떨어뜨리려면 적극 나서서 분리 층을 형성해야 하는데, 나무는 그 일을 겨울잠에 들기 전에만 할 수 있다. 잠에 드는 시기는 기온에 따라서도 달라진다. 따라서 심한 밤 서리가 내리면 나무가 순식간에 잠들기도 하는데, 그런 서리가 언제 올지 나무는 모른다. 그래서 조심하는 차원에서 약간 일찍 잎을 떨구는 것이다.

잎을 버리는 이유는 여러 가지다. 첫째, 폭풍 피해를 줄이기 위해서다(다 자란 너도밤나무의 잎 면적은 1000제곱미터가 넘는다). 둘째, 잎이 없으면 겨울비가 거침없이 땅으로 떨어질 수 있다. 셋째, 잎에 저장된 독성 대사 부산물과 독성 환경 물질을 버릴 수 있다. 넷째, 눈이 쌓이는 면적을 줄여 눈 무게로 줄기와 가지가 부러지는 사태를 예방한다.

어머니 나무가 휑하면 어린 나무들은 빛을 많이 받으므로 당분을 더 생산할 수 있다. 하지만 그러다가 갑자기 날씨가 추워지는 바람에 곧바로 잠들어 잎을 다 떨어뜨리지 못할 수도 있다. 그러면 겨우내 가지에 갈색 잎을 매달고 있어야 한다. 그 잎에 눈이 쌓여 나무가 휘어질 수도 있지만, 아직 어려서 부러지지는 않기 때문에 봄이 되면 그냥 다시 몸을 세우면 된다. 하지만 일정 나이를 지나면(대략 총 높이 3~5미터부터) 두께가 두꺼워져서 줄기가 휘어지지 않는다. 그래서 목질에 금이 생기므로 그때부터는 어른 나무들과 동시에 잎을 던진다. 이 역시 눈으로 관찰할 수 있다.

너도밤나무 울타리(beech hedge)가 겨울에 자주 갈색 잎을 매달고 있는 이유도 그 때문이다. 이들은 줄기가 짧고 두꺼워서 눈이 쌓여도 휘지 않아 균열이 생기지 않으므로 아기 나무처럼 행동한다.

물론 아무리 어린 나무라도 겨울 채비가 너무 늦으면 몸이 휘거나 아예 부러져버린다. 이 내용을 '쓰디쓴 교훈'(7장)에서 다루었다.

※ ※ ※

겨울이 갔으니 잠을 깨도 된다는 것을 나무는 어떻게 알까? 나무종마다 다르다. 너도밤나무가 어떻게 하는지 알고 싶다면 식물학자 주자네 레너(Susanne S. Renner)가 〈슈베리너 폴크스차이퉁(Schweriner Volkszeitung)〉과 나눈 인터뷰를 읽어보면 된다. 여기서 레너는 나무는 낮의 길이가 13시간이 될 때까지 기다린다고 설명한다. 그래서 겨울에 기온이 잠시 올라도 헷갈리지 않는 것이다.[67]

기온이 중요한 역할을 하는 것은 맞지만 온기보다는 한기가 더 중요하다. 따라서 온난화로 몸살을 앓는 요즘에는 나무들이 정말로 겨울이 오기는 했는지 알아맞히기가 힘들다. 너도밤나무는 4도 이하여야 겨울이 왔다고 여기는데, 안 그러면 날씨를 못 믿어서 겨울이 따뜻한 해에는 오히려 싹을 늦게 틔운다. 겨울이 끝나지 않았을지도 모르니까.[68]

× × ×

이 장의 마지막 질문이 남았다. 식물은 통증을 느낄까? 대답하기 힘든 질문이다. 식물은 진화적으로 우리와 멀어서 행동의 유사점을 찾을 수 없기 때문이다. 그러나 생화학 영역으로 넘어가면 문제는 완전히 달라 보인다.

이에 대해서는 프란티세크 발루스카 교수와 이야기를 나누었다. 그는 식물의 통각이 가능하다고 생각한다. 그 견해는 학술지 〈애니멀 센티언스(Animal Sentience)〉에 실린 그의 추천할 만한 논문에서도 확인할 수 있다. 그는 식물이 신경과 비슷한 조직을 갖추고 있으며 의식 변화 물질을 만들 수 있다고 주장한다. 그중에는 인간과 동물의 통증을 줄이는 수많은 물질도 포함된다. 더불어 식물은 마취제로 자신의 감각을 무디게 만드는데, 그중에는 진화상 식물이 절대로 알 수 없었을 리도카인 같은 물질도 있다. 이 모든 사실은 통각이 있다고 말할 뿐 아니라 더 나아가 일종의 의식이 있음을 암시한다.[69]

이런 맥락에서 나는 동물조차 의식이 있는지 의심스러우며, 있다 해도 우리 인간보다 질이 떨어진다는 주장 역시 흥미롭다고 생각한다. 그러나 다르다고 해서 곧 더 나쁘다는 뜻은 아니다. 다른 건 그냥 다를 뿐이다. 다른 종이 정확히 어떤지 모르는 상태에서 정신의 질이 이러니저러니 함부로 추측해서는 안 될 일이다. 우리 인간의 정신과 관련해서도 여전히 논란이 많으며 연구가 불충분하니 말이다.

07 쓰디쓴 교훈

나무도 장난을 치는지는 아직 연구가 필요한 주제다. 동물이 순전히 재미로만 어떤 짓을 하는지 여부는 오래도록 논란거리였으나 그사이 입증이 되었다. 가령 까마귀는 줄에 묶인 강아지를 놀리려고 꼬리를 쫀다. 강아지가 짜증 나서 돌아보지만, 묶여 있어서 까마귀를 쫓아갈 수가 없다.[70]

동물은 거짓말도 할 수 있다. 가령 노랑배박새(*Parus major*)는 모이통에 모인 친구들을 내쫓기 위해 새매가 온 것처럼 경고 소리를 내지른다. 친구들이 놀라 달아나면 소리를 지른 녀석만 유유히 먹이를 차지할 수 있다. 나는 사회적으로 사는 식물도 비슷한 행동을 할 수 있으리라 상상해 우리 나무 학생의 장난을 이야기에 끼워넣었다.

✳ ✳ ✳

어린 너도밤나무가 어른보다 오래 잎을 매달고 있는 현상은 앞에서 이미 설명했다. 다음번 겨울에 숲에 간다면 유심히 살펴보라. 갈색 잎을 매단 어린 나무를 사방에서 찾을 수 있을 것이다.

08 빈터

나무는 매일 잠을 잔다. 밤에 자고 아침에 일어난다. 의외라고 생각하지는 않을 것이다. 데이지나 민들레같이 마당에서 자라는 많은 식물이 해가 지면 꽃을 오므렸다가 해가 뜨면 활짝 펴니까 말이다.

핀란드 지형공간 연구소(Finnish Geospatial Research Institute)의 에투 푸토넨(Eetu Puttonen) 연구팀은 바람이 자는 고요한 밤에 레이저 스캔으로 자작나무를 살펴보았다. 그랬더니 정말로 나무들이 축 늘어져서 가지를 최고 10센티미터까지 늘어뜨렸다. 해가 뜨니까 가지가 다시 일어났는데, 나무의 잠을 깨우는 것이 햇빛인지 내면의 시계인지는 아직 확실치 않다.[71]

가지를 늘어뜨리는 것 말고도 나무의 야간 활동은 더 있다. 2021년에 나온 한 연구 결과에서도 알 수 있듯 나무는 밤에 특히 많이 성장한다. 밤이 되면 줄기에 물이 많아지는데, 물은 새로운 세포를 만드는 가장 중요한 조건이다. 따라서 자정에서 동트기 전까지 가장 왕성하게 자란다.[72]

✳ ✳ ✳

숲에 빈터가 생기면 산지기들은 이렇게 말한다. "빛이 오면 풀이 자라고 쥐가 오면 끝장이다." 무슨 말이냐면, 빛이 많이 쏟아지면 풀이 빨리 자라고 쥐가 그 풀을 은신처 삼아 여우나 맹금을 피한다. 따라서 초지에는 쥐 떼가 엄청나게 많다. 쥐는 나무 씨앗만 먹어치우는 것이 아니어서 겨울이면 어린 나무의 뿌리목을 갉아먹고, 심지어는 뿌리를 몽땅 다 먹어치워서 숲이 우거지지 못하게 한다.

더구나 그런 지역에는 노루와 사슴이 자주 출몰해 겨우겨우 버티는 몇 안 되는 나무도 싹둑싹둑 베어 먹기 때문에 나무가 기껏 자라봤자 관목 수풀 정도에 그치고 만다. 따라서 빈터는 절대로 울창한 숲이 되지 못한다.

✳ ✳ ✳

또 이 장에서는 인간이 처음 등장하고 소가 끄는 쟁기와 수레를 이용해 빈터를 개간한다.

09 위험한 상처

너도밤나무의 사춘기(첫 꽃)는 나이가 아니라 키가 결정한다. 그래서 빈터에서 빛을 듬뿍 받고 쑥쑥 크는 나무는 서른 살만 되어도 첫 꽃을 피우지만, 어머니 나무 그늘에서 느리게 자라는 나무는 꽃을 피우려면 백 살은 훌쩍 넘겨야 한다.

※ ※ ※

지금까지의 연구 결과는 아직 나무의 원로회의를 입증하지 못했다. 하지만 늙은 나무는 나무 공동체의 지식 저장과 관련해 특별한 역할을 한다. 나이 많은 나무일수록 공동체에 소중한 존재다. 많은 경험을 했기에 젊은 나무보다 훨씬 많은 전략을 몸에 담고 있다. 이는 직접적으로도 숲에 도움이 되지만, 후생유전학적 효과를 통해, 다시 말해 유전자에 '책갈피'를 끼워서 이 경험을 씨앗에게 전달하기 때문에 간접적으로도 도움이 된다.[73, 74, 75] 더 자세한 내용은 뒤의 11장 설명을 참고하기 바란다.

※ ※ ※

너도밤나무깍지벌레(*Cryptococcus fagisuga*)는 너도밤나무 껍질에 많이 붙어사는 기생생물로, 허약한 나무를 무리 지어 공격한다. 이 곤충은 등에 하얀 왁스 털을 달고 있고, 진딧물이 그렇듯 주둥이로 껍질을 뚫어서 수액을 빨아먹는다. 그런데 그렇게 수액을 빨리다 보면 나무 몸에 상처가 생겨 진물이 줄줄 흐르고, 그것을 노리는 박테리아와 균류까지 몰려든다. 물론 나무는 이런 공격쯤은 잘 견디지만 아무래도 체력이 많이 떨어진다. 또 껍질에 흠이 지고 균열이 생기는데 이 틈으로 곰팡이를 닮은 흰 막이 덮인다. 최악의 경우 나무가 말라 죽을 수도 있다.

✳ ✳ ✳

목욕은 폭우가 쏟아진 후 활엽수 줄기(특히 너도밤나무)에서 볼 수 있는 현상이다. 줄기 발치에 거품이 일기도 하는데, 많은 식물이 항균 목적으로 만드는 비누 물질(사포닌) 탓이다.[76]

✳ ✳ ✳

나무는 빛을 적게 받는 가지를 버린다. 그리고 그 죽은 가지가 떨어지면 새 껍질로 상처를 덮는다. 키가 자라면 수관이 점점 위로 올라가고, 같은 속도로 아래쪽 줄기에 붙은 가지는 죽어 떨어져나간다. 가지 없이 매끈한 줄기가 만들어지는 전형적인 방식이다.

가지가 있던 자리에는 흉터가 남는다. 그 흉터 자리가 높을수록 그 가지 두께가 두꺼웠고, 흉터의 폭이 넓을수록 오래된 것이다 (그러니까 가지가 떨어진 지 오래 지났다는 말이다). 따라서 어릴 적에 생긴 가지 흉터는 줄기 아래쪽에 있고 크기도 작고 납작하며, 시간이 지나

줄기가 아주 두꺼워지기 때문에 쭉 늘어나서 가는 선 모양이 된다.

10 뾰족이의 등장

이 장에서는 너도밤나무 숲 옆의 빈터에 소나무 심는 과정을 소개했다. 실제로 약 200년 전에 일어났던 일이다. 그 땅은 중세 시대에 경작을 하다가 심하게 경제성이 떨어진 곳이었다. 그곳에서 발견된 편자만 봐도 알 수 있듯(예전에는 소도 말처럼 발굽에 편자를 붙여 쟁기질을 시키고 마차를 끌게 했다), 당시 소 쟁기로 땅을 갈아 농사를 지었다. 그러다 땅이 황폐해지고 이후 방목으로 더 경제성이 떨어지자 점차 황무지로 변했다. '하이데(Heide, 황무지)'로 끝나는 이름이 그 증거다. 재조림 이전에 이곳에서는 양이나 염소를 방목했다.

× × ×

소나무는 원래 북쪽에서 자라는 나무인데 가문비나무와 더불어 황무지 재조림에 많이 이용했다. 노루나 양, 염소가 침엽수를 싫어해서 너도밤나무나 참나무보다 숲을 조성하기가 훨씬 쉽기 때문이다.

침엽수는 한 해 내내 푸른 수관을 유지하므로 활엽수보다 훨씬 많은 빗물이 증발한다. 따라서 땅이 눈에 띄게 건조해진다.[77]

× × ×

침엽수림에서는 오래된 활엽수림과는 다른 종의 동물이 산다. 톡토기(Collembola)가 대표적이다. 아헨 대학의 한 여대생이 내 관리 구역에서 조사를 했는데, 우리 책의 주인공인 늙은 너도밤나무 구역에서도 연구를 진행했다. 그 결과 너도밤나무와 가문비나무 숲의 톡토기 종 구성이 크게 다르다는 사실을 밝혀냈다. 후자는 아마도 새가 물어 온 종일 것이다.

　　　스칸디나비아의 침엽수림에서 살던 새들이 가을이 되자 겨울을 나기 위해 남쪽으로 떠났는데, 도중에 아이펠의 가문비나무 인공림에서 잠시 쉬었을 것이다. 그때 톡토기가 "하차"했을 수 있다.[78]

※ ※ ※

늙은 그루터기를 이웃 나무가 보살피는 현상은 인공림에서는 자연림에 비해 훨씬 드물게 관찰된다. 하지만 이 현상은 너도밤나무에 그치지 않고 다른 많은 종에서도 발견된다.

　　　나는 너도밤나무와 참나무 말고도 가문비나무, 더글러스전나무, 세쿼이아에서도 이 현상을 목격했다. 나아가 뉴질랜드의 카우리 소나무에서도 이런 종류의 지원이 발견되었다.[79]

※ ※ ※

참나무에 대한 설명은 숲에서 내가 목격한 그대로다. 특히 너도밤나무 숲에서 자라는 참나무는 무리를 지어야 살아남을 수 있다. 그렇지 않으면 금방 너도밤나무 그늘에 가려버린다. 죽기 직전 참나무는 줄기 전체에 '공포의 잔가지'(임업계 전문용어)를 만든다. 죽음의 공포가 남긴 전형적인 흔적이다. 수관 아래로는 그늘이 지기 때문에 새로 가지를 내봤자 소용이 없다. 빛을 못 받아서 불필요하게 에너지를 소모하는 조직은 금방 다시 죽어버리기 때문이다. 그러나 굶주린 참나무는 그런 황당한 짓을 해 오히려 죽음을 재촉한다. 나무도 겁이 날 때는 비논리적으로 반응한다.

✳ ✳ ✳

21세기에 늑대가 돌아오기 전, 너도밤나무 근처에서 늑대가 마지막으로 목격된 해는 1882년이다.[80]

II 이상한 두발짐승

단일경작지에 침엽수를 심기 전까지 중부유럽과 서유럽에서는 실제로 산불이 일어나지 않았다. 번개가 내리쳐도 불이 나는 경우는 없었다. 그러니까 불은 너도밤나무가 그때까지 전혀 경험하지 못해서 진화를 거치면서도 예방책을 마련한 적이 없는 요인이다. 산불이 주기적으로 발생하는 지역에서는 활엽수들도 대책을 강구한다. 이베리아반도가 대표적이다. 그곳 코르크참나무는 단열성과 난연성을 갖춘 두꺼운 껍질을 만들어 뜨거운 열기로부터 자신을 지킨다.

침엽수는 활엽수와 달리 송진과 에센셜 오일을 함유해 불에 잘 탄다. 이런 물질은 해충 방제 효과도 뛰어나지만, (낙엽송에 이르기까지) 침엽을 일 년 내내 가지에 달고 있기에 추위를 견디는 데도 필수적이다. 추운 북쪽 지방은 여름이 짧아서 잎을 매달고 있어야 언제라도 광합성을 시작할 수 있다. 하지만 그 '부작용'으로 자연 발화 산불이 많이 발생한다.

× × ×

곱사등이 이모의 기억력은 상상이 아니다. 산림유전학자 에르빈 후센되르퍼(Erwin Hussendörfer) 교수는 나의 팟캐스트 '페터와 숲'에 출연해, 우리 숲에 사는 늙은 유럽전나무를 예로 들어 이 나무는 빙하기가 끝난 후 이탈리아에서 이곳으로 온 길을 후생유전학적으로 기억할 수 있다고 설명했다.[81] 이 나무의 선조들(또는 동물이나 바람의 도움으로 이곳에 온 그 씨앗들)이 알프스산맥의 고갯길을 지났을 것이고, 보덴호에 둘러싸인 발리스주의 건조한 골짜기로 내려갔다가 마침내 독일 서부에 당도했을 테니 말이다.

그 길을 거쳐오는 동안 나무는 온갖 전략을 짜내서 추위와 더위와 가뭄에 맞섰을 것이다. 그 전략이 유전자에 저장되었다가 필요할 때 다시 활성화되므로 그런 유럽전나무들은 남유럽에서 온 친구들보다 훨씬 유전자의 폭이 크다. 후생유전이란 무엇보다 유전 표지자(genetic marker)를 이용해 유전자를 껐다 켰다 할 수 있다는 뜻이다. 이 유전 표지자는 개체의 경험을 통해 만들어지며 심지어 다음

유럽전나무는 자연이 데려다준 너도밤나무 숲의 동반자다.

세대로 유전도 된다. 기억이 한 세대에서 다음 세대로 바로 전달될 수 있다는 뜻이다. 이는 인간의 경우도 마찬가지다.

12 마침내 어른이 되다

내가 한 번 계산을 해봤더니 너도밤나무 한 그루가 평생 만드는 씨앗은 약 180만 개다. 그런데 그중 싹을 틔워 어린 나무가 되고 다시 살아남아 어른이 되는 나무는 단 한 그루다. 하긴 어차피 어머니 나무가 죽어서 비는 자리도 한 군데밖에 없다. 그러니 어린 너도밤나무의 기대수명은 극도로 낮다. 초식동물, 박테리아, 균류, 폭풍과 가뭄 등 온갖 위험이 그들을 노리기 때문이다.

✖ ✖ ✖

나무도 실제로 우정을 쌓는다. 하지만 안타깝게도 그 사실은 여전히 활용 측면에서만, 다시 말해 산림경영 차원에서만 조명되고 있어서 무자비한 결과를 낳는다. 임업계에선 뿌리를 이용해 서로 아주 가깝게 연결된 두 그루 이상의 나무를 정확히 '집단'이라 부른다.

간벌을 할 때, 다시 말해 나무를 베어 숲의 밀도를 낮출 때 그런 집단은 다 베거나 다 살려두거나 둘 중 하나다. 무리 중 한 그루만 베면 나머지는 약골이 되거나 심지어 죽을 수도 있다.[82]

✷ ✷ ✷

너도밤나무는 죽기 몇 해 전부터 표가 난다. 제일 위쪽 잎이 새 발톱 모양으로 구부러지고 잎 크기도 작아지며 줄기 여기저기에서 껍질이 떨어지는 데다가 말굽버섯 같은 위험한 균류의 머리가 줄기에 등장한다.

나무가 죽고 자리가 생기면 어린 나무에게 갑자기 빛이 쏟아지므로, 그늘에서 자라던 얇고 예민한 잎이 화상을 입을 수 있다. 빛을 받으며 자라서 훨씬 덜 예민한 새잎이 생겨야 나무는 새로운 상황에 적응할 수 있다.

13 사랑의 기적

너도밤나무가 언제 어른이 될지는 생물학적 나이가 결정한다. (마당이나 공원처럼) 빛이 많이 내리쬐는 빈터에서는 서른 살만 되어도 꽃을 피울 수 있지만 울창한 숲에서는 서른 살이어도 키가 채 50센티미터도 자라지 못하는 경우가 많다. 그래서 어두운 숲에서 자라는 나무 중에는 백 살을 훌쩍 넘겨서야 겨우 자식을 보는 일도 허다하다.

꽃을 피우는 해에는 가지에 수많은 암꽃과 수꽃이 맺힌다. 따라서 잎이 날 자리가 적어 잎의 숫자가 줄고, 당연히 당분도 줄어든다. 게다가 도토리를 만들려면 힘이 많이 들어서 평년에 비해 총 30~40퍼센트 에너지가 부족하다. 따라서 꽃을 피우는 해에는 나이테 두께가 더 얇다. 줄기 두께가 덜 커진다는 뜻이다. 게다가 질병과 기생충에 공격당할 위험도 크다. 정기적으로 너도밤나무바구미(*Orchestes fagi*)가 왕성하게 번식하는데, 성충은 잎에 구멍을 내고 애벌레는 잎 속을 파먹어 들어가서 길을 내기 때문에 나무의 수관이 심하게 상해서 여름에 멀리서 보면 나무들이 갈색으로 보인다.

14 멧돼지 막는 법

균류는 아주 크게 자라고 오래오래 살 수 있다. 세계에서 가장 나이 많은 균류는 미국 오리건주에 사는 뽕나무버섯(*Armillaria*)으로 면적이 약 9제곱킬로미터에 이른다. 무게는 약 400톤이고 나이는 8500살로 추정된다.[83]

× × ×

다른 몇몇 나무종이 그렇듯 너도밤나무는 멀리 떨어진 친구들끼리 함께 꽃을 피우기로 약속한다. 꽃을 매해 피우지 않고 5~7년에 한 번 피우므로 꼭 약속이 필요하다. 기후변화 시대에는 이 주기가 짧아지는데, 아마 스트레스 때문인 것 같다.

　꽃을 피우지 않는 이유는 초식동물의 개체수를 줄이기 위해서다. 나무는 당연히 자기 씨앗이나 어린 자식이 잡아먹히기를 원치 않는다. 몇 해에 걸쳐 일정한 먹이가 공급되지 않으면 동물은 그 먹잇

감에 적응할 수 없다. 가령 멧돼지는 겨울에 충분한 양식이 있으면 단기간에 개체수를 급격히 늘릴 수 있다. 그리고 호시절에는 그 양식 대부분이 지방과 전분이 잔뜩 든 너도밤나무나 참나무 열매다. 하지만 나무가 꽃을 피우지 않는 해에는 늦겨울에 많은 멧돼지가 굶어 죽는다. 따라서 최대한 모든 나무가 이 약속을 지키는 것이 중요하다.

그런데도 어딜 가나 꼭 어깃장을 놓는 몇몇이 있다. 당연히 그 후손은 위험에 노출되어 대부분 굶주린 짐승의 먹잇감이 되고 만다. 그러므로 친구들과 뜻을 모아 쉬는 해에는 꽃을 피우지 말아야 한다.

너도밤나무가 어떻게 약속을 잡는지는 지금까지 알려지지 않았다. 몇 킬로미터 떨어진 친구들과도 약속을 잡나 본데, 어쨌거나 전년도 날씨(가령 건조한 여름)하고는 아무 상관이 없는 것 같다.

약속은 약 1년 6개월 전에 잡는다. 결정은 가을에 내리고, 이듬해 봄에 나오는 가지는 그해 봄에 피울 꽃봉오리를 달고 나온다.

✳ ✳ ✳

너도밤나무는 약 4000년 전에 당시 참나무 숲으로 들어와서 참나무를 쫓아내고 지배적인 수종으로 자리잡았다. 너도밤나무가 그늘을 더 잘 견디고 참나무보다 더 크게 자라기 때문이다. 그런데도 너도밤나무 반(半)자연림에는 지금도 참나무와 다른 나무종들이 함께 살고 있다.

너도밤나무가 멀리 날아올 수 있었던 것은 어치 같은 새 덕분이다. 어치는 가을에 너도밤나무 열매를 수많은 장소에 숨겨놓는데, 때로 멀리 떨어진 곳까지 열매를 물고 간다. 그중에서 녀석이 겨울 식량으로 꺼내 먹는 것은 일부에 불과해서 나머지는 봄에 싹을 틔우고 크게 자라 새로운 너도밤나무 숲을 조성할 수 있다. 너도밤나무가 자라 어른이 되면 어치는 그 나무 씨앗을 다시 더 북쪽으로 데려간다.

왜 어치는 곧장 멀리 물고 가지 않을까? 어치는 자기 고향 숲에서 몇 킬로미터 밖으로는 나가지 않는다. 따라서 어치가 물고 온 수종이 더 이동하려면 일단 뿌리내린 자리에서 어른으로 자라야 한다. 따라서 너도밤나무는 1년에 평균 약 270미터, 그러니까 100년에 27킬로미터 이상은 이동할 수 없다.[84]

✻ ✻ ✻

나무 씨앗이 퍼져나가는 방식을 보면 그 수종이 얼마나 사회적인지를 대충 짐작할 수 있다. 너도밤나무와 참나무는 씨앗이 무겁고 날개가 없어서 어머니 나무 근처를 벗어나지 않고, 기껏해야 쥐나 다람쥐에게 끌려 몇 미터 이동하는 정도다. 물론 어치나 까마귀 같은 새에게 간택되어 멀리 이동하기도 하지만 자주 있는 일은 아니다. 그것은 기후대가 이동해 나무 개체군의 이동이 필요한 경우를 생각한 대비책이다.

단풍나무나 유럽서어나무(*Carpinus betulus*) 같은 침엽수와 몇 종의 다른 활엽수는 씨앗에 작은 프로펠러를 달아서 바람에 실려 몇

십 미터, 심하면 몇백 미터도 날아갈 수 있다. 물론 그래도 보통은 씨앗이 숲을 벗어나지는 않지만, 어머니 나무 바로 근처에서 자라는 경우는 드물다.

  버드나무와 포플러는 씨앗에 털 날개를 달아서 어머니 나무에서 100킬로미터 이상 떨어진 곳에서도 싹을 틔울 수 있다. 당연히 애당초 가족이 모여 사는 것을 목표로 삼지 않는다.

  사과나무는 그런 방법을 쓸 수 없다. 단 과육이 씨앗을 둘러싸기 때문에 동물이 먹고 멀리 가서 씨앗을 배설해야 한다. 동물에게 먹히지 못해서 어머니 나무 밑에 떨어진 씨앗은 어머니 나무가 뿌리로 땅에 독성 물질을 배출해 죽여버린다. 따라서 사과나무 밑에는 사과가 아무리 많이 떨어져도 이듬해 봄에 아기 나무가 자라지 않는다.[85]

15 🌿 달콤한 피

친구 나무와 헤어지면, 다시 말해 둘 중 한 그루만 베어내면 얼마 안 가 나머지 나무도 죽고 만다. 죽어가는 나무는 산림경영 차원에서 쓸모가 없다. 신선한 목재만 제값을 받고 팔 수 있기 때문이다. 따라서 실용적 차원에서 둘 다 베든지 아니면 둘 다 내버려두어야 한다.

✳ ✳ ✳

진딧물은 흥청망청 사는 것 같다. 코로 잎에 구멍을 내서 당분을 마시는데, 어찌나 먹어대는지 먹자마자 바로 똥구멍으로 도로 흘러나온다. 그래서 진딧물이 꼬인 나무 밑에는 온통 당분이 떨어져서 끈적인다. 하지만 그런 낭비벽에도 다 이유가 있다. 진딧물은 단백질을 노리는데, 식물 당분은 단백질 농도가 매우 낮다. 그래서 원하는 농도의 단백질을 얻으려면 많이 먹어 걸러야 한다.[86]

개미는 다른 작은 동물을 사냥해서 필요한 단백질을 채운다. 따라서 진딧물은 그저 당분을 제공하는 소처럼 이용해서, 똥구멍에서 떨어지는 당분을 더듬이로 '소젖 짜듯 짠다'. 당연히 개미는 진딧물 무리를 무당벌레(Coccinellidae) 같은 적으로부터 지킨다. 무당벌레 애벌레는 진딧물을 잡아먹는다.

벌도 흘러내린 당분(혹은 진딧물의 소변)을 먹고서 그 맛난 꿀을 만든다.

* * *

나무도 사람처럼 바이러스 질병에 걸릴 수 있다. 진딧물처럼 당분을 빨아먹는 곤충이 병원균을 옮기는 경우가 흔하다. 이 분야는 오래도록 별 주목을 받지 못하다가 베를린 훔볼트 대학에서 처음 연구를 시작해 수목바이러스학(dendrovirologie)이라는 새 학과가 생겨났다.[87]

바이러스가 어떻게 식물에게 침투하며 그곳에서 무슨 짓을 하는지, 식물은 바이러스와 어떻게 싸우는지 궁금하다면 훔볼트 대학 사이트에 찾아가보라.[88]

16 🍃 두발짐승이 숲에 눌러앉다

여기서는 1934년 소나무 숲에 지은 산림관리인 관사의 건축 과정을 묘사했다. 오렌지색 돌은 당시에 많이 쓰던 초벌 기와다. 그 집은 9년 전까지 장작을 때서 난방했다.

※ ※ ※

"거인 날것"은 전투기다. 당시 관사에 살았던 산림관리인 아이들의 이야기를 들어보면 1944년 부활절에 저공 비행기가 숲으로 날아와 마침 마당에서 부활절 계란을 찾던 사람들에게 총을 쏘았고, 다들 놀라서 얼른 배수로로 도망쳤다고 한다. 전쟁이 끝난 후에는 청년 혼자 관사에서 살았으므로 집 주변이 조용해졌다.

17 🍃 피부에 난 구멍

이 장에서는 유럽 딱따구리 종 중에서 가장 덩치가 큰 까막딱따구리 이야기를 다룬다. 이 녀석은 늙은 너도밤나무에다 둥지를 짓는 것으로 유명하다. 일단 줄기에 살짝 사전 작업을 하고 몇 달을 그대로 두면 목질을 파먹는 균류가 줄기의 상처에 깃들어 목질을 부드럽게 만든다. 그때 딱따구리가 다시 작업을 개시하면 쉽게 구멍을 낼 수 있다. 이제부터는 균류가 줄기의 구멍을 더 넓혀도 나무는 막을 방도가 없다. 물론 그렇다고 나무가 당장 죽지는 않아서, 죽기까지 몇십 년이 걸리기도 한다.

봄이 되어 잎이 나오기 직전에는 나무 내부의 수압이 매우 높다. 나무가 신나게 펌프질을 해대는데, 오색딱따구리 같은 딱따구리 종은 이를 이용할 줄 안다. 껍질에 수직으로 줄을 맞추어 여러 개의 구멍을 뚫고는 삐져나오는 당분을 핥아먹는 것이다. 이런 흉터는 몇십 년이 지나도 없어지지 않는데, 대부분 나무에게 큰 해를 끼치지는 않는다.

딱따구리는 껍질이 매끈한, 그러니까 어린 활엽수만 이용한다. 하지만 어리다고 해서 무조건 달려들지는 않는다. 아무래도 당분이 많이 나오거나 맛이 더 좋은 나무가 있는 것 같다.

18 치명적인 기회

나무도 화상을 입을 수 있다. 서늘한 숲에서 자라다가 갑자기 이웃 나무가 쓰러지면서 빛이 쏟아져 들어올 때 그런 일이 일어난다. 특히 껍질이 상대적으로 얇은 너도밤나무는 빨리 적응하지 못해서, 평생 혼자서 빛을 듬뿍 받으며 자란 친구처럼 더 억센 껍질을 만든다. 화상을 입으면 해당 껍질 부분이 죽고, 그로 인해 목질을 파괴하는 균류가 속까지 바로 들어올 수 있으므로 나무에게는 매우 위험하다.

* * *

가지가 죽으면 목질을 파괴하는 균류와 상처를 아물게 하려는 나무 사이에 경쟁이 시작된다. 나무는 상처를 덮으려고, 다시 말해 살아 있는 조직을 이용해 상처를 다시 봉합하려고 애를 쓴다. 살아 있는 조직에는 습기가 많아서 균류가 자랄 수 없거나 자라더라고 아주 속도가 느리기 때문이다. 가지가 두꺼워서 나무에 난 상처 크기가 클수록 아무는 시간도 오래 걸린다. 상처 지름이 2유로 동전 지름보다 크면 균류가 승리할 확률이 더 높다. 조용하고 건조한 줄기 속까지 균류가 밀고 들어와 부패를 유발하고, 그로 인해 결국 나무가 죽을 수도 있다.

가지는 빛을 못 받아서 나무에게 더는 득이 안 될 때 죽는다. 물론 태풍 탓에 그냥 뚝 부러질 수도 있다.

원시림에서는 줄기 아래쪽에 두꺼운 가지가 생기는 일이 드물다. 나무는 어머니 그늘에서 자라기 때문에 빛이 부족해서 아주 얇은 옆 가지만 만든다. 자라고 또 자라 어느 날 맨 꼭대기에 도착해서야 튼실한 수관을 만들어 수많은 잎을 매달고, 그 잎이 몸 전체는 물론이고 두꺼운 가지까지도 당분을 잘 공급해준다. 그런 곳에서는 햇빛의 상황이 거의 변하지 않기 때문에 가지가 죽는 일도 드물다. 빈터의 나무는 사정이 다르다. 처음부터 옆에서 빛이 비쳐 들면 얇은 옆 가지가 두꺼운 가지로 자라므로, 실질적으로는 수관이 땅에서부터 시작된다.

태풍이 불거나 벌목으로 인해 숲에 구멍이 생기면 옆으로 들어오는 빛을 이용하겠다고 가지 없는 줄기에 새 가지를 만드는 늙은 나무가 많다. 하지만 위험한 짓이다. 틈이 다시 닫히면 아래쪽에 낸

새 가지들이 죽는다. 그런데 그 가지가 그사이 두꺼워졌다면 이 잠깐의 에피소드로 균류가 속까지 파고 들어올 가능성이 크고, 그로 인해 나무는 일찍 죽고 만다. 물론 대부분은 조심하느라 그런 기회를 이용하지 않지만 그럴 때 꼭 먼저 나서서 가지를 틔우는 나무들이 있다. 아무리 봐도 성격 탓인 것 같다.

✖ ✖ ✖

이 장에서 언급한 회청색 뾰족이는 귀족전나무(*Abies procera*)로, 오랜 너도밤나무 숲과 잇댄 관사 정원에 전임자들이 크리스마스트리로 쓰려고 심었다. 일정 크기로 자라면 베어 팔았는데 몇 그루 남겨두어서 그 녀석들이 어마어마하게 자랐고 지금까지도 너도밤나무의 이웃사촌 노릇을 한다.

19 　무덤

나무는 생각을 할 수 있는 것 같지만(앞의 '과학적 배경' 설명 참조), 나무가 사후를 고민한다는 생각은 아직 상상의 차원이다. 그런 것을 연구하자는 생각 자체를 아무도 하지 않으니 말이다. 그러나 나는 이 책에서 죽은 나무와 그 의미를 나무의 시각에서 고민해보기 위해 상상의 나래를 한껏 펼쳐보았다.

✳ ✳ ✳

이 장에서 설명한 균류의 다툼은 죽은 나무에서 관찰할 수 있는 현상이다. 특히 늙은 너도밤나무 그루터기 안팎에서 자주 관찰된다. 격전이 벌어진 그루터기는 까매서 불에 탄 것 같다. 하지만 자세히 살펴보면 종이처럼 얇은 칸막이벽이다. 그 벽이 그루터기 속과 둘레에 쳐져 있는데 썩은 나무와 달리 아주 튼튼하다. 다투는 균류들이 '자기' 영역에다 둘러서 경쟁자가 들어오지 못하게 막는 바리케이드인 셈이다.

✳ ✳ ✳

원시림에서(가끔은 경제림에서도) 만나는 흙무더기와 움푹 팬 땅은 태풍에 쓰러진 나무의 흔적이다. 시간이 흐르는 동안 뿌리를 포함한 나무 전체는 다 썩고, 예전 뿌리 판(root plate: 나무가 바람에 넘어지지 않도록 지지해주는 뿌리 시스템의 일부. 주로 나무의 지표면 바로 아래에 위치하며, 주변 토양과 강하게 이어져 있어 나무의 안정성을 확보한다—옮긴이)의 흙만 0.5미터 정도 높이의 작은 언덕으로 남는다.

✳ ✳ ✳

식물은 뿌리 끝으로 소리를 들을 수 있다. '세상의 빛'(2장)에서 이미 그에 관한 몇 가지 능력을 소개한 바 있다. 특히 땅속 물소리를 듣는

능력에 대해서는 생물학자 모니카 가글리아노의 멋진 연구 결과도 나와 있다.[89]

※ ※ ※

너도밤나무는 특히 물에 예민하다. 2주 이상 물이 범람하면 뿌리가 썩어 죽을 수도 있다. 일시적으로 물에 잠기곤 하는 강기슭에서는 너도밤나무를 발견할 수 없는 이유다.

※ ※ ※

박테리아는 나무의 기억력을 개선할 수 있다. 앞서 11장 '이상한 두발짐승'에 대한 설명에서 보았듯 나무에게는 여러 세대의 정보를 저장했다가 필요할 때 다시 활성화하는 유전자가 있다. 그런데 외부에서도 그 정보를 활성화할 수 있는데, 박테리아 같은 미생물이 그 역할을 맡는다. 이 미생물들이 유전자를 껐다 켰다 할 수 있어서, 가령 가뭄을 견디는 저항력을 높일 수 있다.[90]

※ ※ ※

뿌리는 밝기를 인식한다. 산비탈에 선 나무가 옆으로 뿌리를 뻗다가 땅 바깥으로 자라는 사태를 막기 위해서다. 뿌리는 특히 빛에 예민해서 제때 방향을 꺾을 수 있다. 주석에 링크한 영상을 보면(약 32분 지점) 이 주제와 관련해 옥수수 뿌리가 빛에 어떻게 반응하는지 볼 수 있다. 물론 영상 전체가 앞에서 언급한 온갖 질문을 다루고 있기에 대단히 흥미롭다(몬트리올에서 열린 2018년 여름학교에서 프란티세크 발루스카 교수의 1시간 30분짜리 발표 영상이다).[91]

뿌리가 예리하게 볼 수 있는지 여부에 대한 연구는 내가 아는 한 아직 없다. 이 이야기에서 내가 볼 수 있다고 가정한 이유는 미생물의 후생유전학적 '기억 도우미' 역할을 설명하기 위해서다.

20 🍃 불행이 시작되다

예전에는 줄기 안으로 균류가 들어가면 문제가 생긴다고 생각했다. 근본적으로는 맞는 생각이지만, 긍정적인 효과도 있다. 건강하지 못한 도시 나무를 전문으로 연구하는 폴란드 학자 피오트르 티슈코흐미엘로비에츠(Piotr Tyszko-Chmielowiec)가 내게 알려준 사실이다.[92] 그는 나무가 균류의 도움으로 자원을 스스로 재활용할 수 있다고 설명했다.

나무는 수백 년 동안 같은 장소에 서서 땅의 모든 양분을 빨아서 자신의 목질에 저장한다. 그러다 보면 언젠가는 땅속 양분이 바닥날 테고, 설사 그렇지 않다 해도 많은 양분이 나무줄기에 들어가서 꼼짝없이 갇힐 것이다. 이게 문제인 이유는 양분이 없으면 나무가 키도 몸통도 키우지 못해 결국 죽고 말기 때문이다. 양분이 없는데 어떻게 자란단 말인가? 해결책은 의외로 아주 간단하다. 목질을 분

늙은 너도밤나무는 곳곳에서 쇠약 증세가 나타난다. 바깥 수관의 가지가 거의 잎이 없고 대부분 말라 죽어서 줄기 가까운 곳에 새로 가지를 내서 그 빈자리를 채우려고 애쓴다.

해하는 균류가 줄기를 속에서 파헤치면 많은 종의 나무(가령 보리수·참나무·너도밤나무)가 줄기 안에서 새 뿌리를 만들어 그것을 이 부식토로 내려보낸다. 그렇게 나무는 양분을 재활용해 오래 살 수가 있다.

21 비를 부르는 방법

숲은 비를 부를 수 있다. 그러려면 먼저 많은 양의 물을 증발해 숲 위쪽 대기로 올려보내야 한다. 늙은 너도밤나무 한 그루가 하루에 증발할 수 있는 물의 양은 최고 500리터다.[93] 수증기와 함께 잎에 있던 많은 양의 탄화수소도 대기로 올라간다.[94] 뒤따라 수많은 박테리아도 대기로 이동한다. 그러면 탄화수소와 박테리아는 응결핵 역할을 하고, 그곳에 수소분자가 달라붙어 물방울이나 얼음 결정이 만들어진다.[95]

응결은 기압을 낮추는 효과를 낸다. 따라서 국지적 저기압대가 형성되어 이웃 지역(가령 대서양)의 공기를 빨아들인다.

얼음 결정과 물방울은 비가 되어 다시 숲으로 떨어지지만, 수증기를 올려보낸 그 숲으로 떨어지지 않을 수도 있다. 서풍이 불어 구름이 더 동쪽으로 이동하면 거기서 비가 되어 내리는 것이다. 따라서 큰 숲은 서로에게 득이 된다. 다른 나무한테서 비를 얻어 또 다른 나무에게로 비를 보내니 말이다.

22 🍃 큰 가뭄

1947년, 역사책에 세기의 여름으로 기록된 대가뭄이 닥쳤다. 그해 여름은 20세기 독일에서 가장 뜨거운 여름이어서 우리가 사는 지역에서도 엄청난 피해가 발생했다.[96]

✖ ✖ ✖

식물은 통증을 느낄 수 있을뿐더러 통증 완화 물질을 생산할 수 있고, 이 효과는 인간의 경우와 비슷하다(6장 '긴 잠'에 대한 설명 참조). 스트레스 상황에서(가령 교통사고가 났을 때) 우리는 부상당하고도 통증을 느끼지 못한다. 신체가 통증 완화 물질을 분비해 의식을 잃지 않으려 애쓰기 때문이다.[97]

✖ ✖ ✖

실제로 우리 주인공 너도밤나무 옆에서 늙은 소나무 한 그루가 심한 가뭄으로 쓰러진 적이 있었다. 때는 2020년이었다. 그해 가을 어느 날, 나는 정확히 앞의 이야기에서 설명한 그 장면을 목격했다.

23 곱사등이 이모

우리 이야기에서 선생님으로 설정한 늙은 너도밤나무 그루터기의 나이는 400~500살로 추정된다. 오래전 대학생들과 함께 의논해 추정해본 나이다. 그 그루터기는 지름이 약 1.5미터에 달하는 것으로 보아 몇백 년은 살았을 것이다. 물론 정확한 나이를 지금에 와서 확인할 수는 없지만, 원시림과 유사한 환경에서 자랐으리라 추정된다.

이 지역 곳곳에서 발견되는 옛 숯 가마터에는 지금까지도 목탄 찌꺼기가 남아 있다. 그 부스러기에서 태운 나무의 나이테를 볼 수 있는데, 요즘 나무들보다 훨씬 가늘다. 그때는 나무들이 아주 느리게 성장했다는 뜻이다. 나이테의 성장이 연간 1밀리미터를 넘지 않았고, 심지어 그보다 적은 경우도 많았다. 그런 느린 성장은 경제림에서는 사실상 불가능하다. 하지만 원시림에서는 예나 지금이나 전형적으로 나타나는 현상이다.

이는 독일의 삼림 밀도 변화와도 일치하는데, 1450년 무렵에는 지금보다 삼림 면적이 훨씬 컸지만 그 이후 서서히 줄어들었다. 당시 숲이 울창했던 원인은 페스트와 극단적인 기후로 인해 인구가 크게 줄었기 때문이다.[98]

내 이야기에서 곱사등이 이모의 나이는 800살이다.

이 나무를 처음 발견했을 때부터 나는 뿌리나 균류로 이웃 나무들과 연결되어 있기 때문에 여태 살아남을 수 있었다고 생각했다. 산 조직은 세포에서 당분을 태워 에너지를 쓴다. 잎이 없으면 당분을 생산할 수 없으므로 외부에서 공급받을 수밖에 없다. 따라서 다른

참나무는 무리 지어 자랄 때 너도밤나무 숲에서 가장 잘 살아남을 수 있다.

식물이 없는 숲 바닥에서 그 일을 할 수 있는 이는 주변 나무밖에 없다. 건강한 나무들이 그루터기에게 뿌리로 당분을 전해준다는 사실은 그사이 과학적으로도 입증되었다.[99]

산 그루터기는 많은 나무종에서 확인된 바 있다. 너도밤나무와 참나무 말고도 더글러스전나무와 가문비나무에서(아마 다른 수많은 나무종에서도) 그런 경우를 관찰할 수 있다.

왜 나무는 그런 행동을 할까? 지금까지도 원인은 밝혀지지 않았지만 소중한 양분을 그렇게 나눌 때는 이유가 없을 수 없다. 나는 우리 이야기에서 그 이유를 지식의 전달 때문이라고 상상했다.

24 가혹한 판결

나무들의 관계도 그 깊이가 다 다르다. 앞에서 설명한 우정은 물론이고, 보살핌을 받는 그루터기를 봐도 알 수 있듯 모든 너도밤나무가 똑같이 이웃과 끈끈한 사이인 것은 아니다. 아주 많은 그루터기가 쓰러진 뒤에 완전히 썩어버리는데, 이를 보면 이웃이 녀석을 계속해서 보살피지 않았다고 추측할 수 있다. 특히 경제림에서는 산 그루터기를 만나는 일이 드물다. 아마 사람이 심은 나무는 뿌리 시스템이 교란되어 다시 회복하기까지 오래 걸리기 때문일 것이다.

따라서 그루터기의 경우 실제로 이 이야기에서처럼 고립되기도 하는데, 산 나무의 경우에는 아직 그와 관련된 연구 결과를 보지 못했다. 하지만 나는 그럴 가능성을 염두에 두고 이야기를 풀어나갔다.

25 큰 아픔

이웃 동네 소나무 한 그루에 나무좀이 달려든다. 공격당한 부위의 껍질에서 송진 방울이 흘러나오고, 나무좀은 거기에 달라붙어 익사하고 만다.

뜨거운 여름날 스트레스를 받은 침엽수는 아주 그윽한 향기를 풍긴다. 설탕에 절인 오렌지 껍질 비슷한 냄새를 풍길 때도 있다.

딱따구리는 나무좀의 공격을 알아차리고 소나무를 찾아와 구멍을 파서는 껍질 밑에 숨은 애벌레를 잡아먹는다. 그 바람에 줄기 껍질이 몽땅 떨어지고, 멀리서 봐도 나무가 나무좀에게 공격당했다는 사실을 알 수 있다.

✖ ✖ ✖

우리 이야기에서 죽은 나무를 베는 인간들은 제2차 세계대전 이후 처음 이곳에서 사용한 전기톱을 가지고 왔다. 당시에는 정말로 혁신적인 신제품이어서, 1992년 전직 교사에게 들은 바로는 전기톱을 구경하려고 마을 학교 학생들(4학년 전체)이 숲으로 견학을 갔다고 한다.

26 이상한 선물

캐나다 산림생태학자 수잰 시마드는 나무의 당분이 균류 연결망을 통해 같은 종의 나무뿐 아니라 다른 종의 이웃으로도 전달된다는 사실을 입증했다. 가령 자작나무와 더글러스전나무 사이의 당분 전달을 증명했다.[100] 다른 종의 나무들이 서로를 지원하는 이유는 아직 잘 모른다. 아마 모두가 숲의 다양성이 유지되기를 바라기 때문일 것이다. 생태계의 회복 탄력성은 이런 다양성에 좌우되고, 모든 종에게 득이 된다.

하지만 한 종이 사라질 때를 대비해 여러 나무종을 보살피려는 균류가 원인일 수도 있다. 우리 이야기는 첫 번째 가능성에 더 무게를 두었다.

27 새로운 언어

식물은 진화적으로 볼 때 '남의 언어'를 배워 쓸 수 있다. 가령 번식이나 방어를 목적으로 만든 곤충의 향기 신호를 배워 이용한다. 식물은 가루받이를 재촉하고 싶거나 해충을 막고자 할 때 그 향기를 분비한다.[101]

여러 나무종이 균류 연결망을 통해 연결되어 있다는 점은 이미 앞 장에서 설명했다. 여기서는 그런 균류의 대표주자로 그물버섯(*Boletus edulis*)을 소개한다. 이 버섯은 가문비나무돌버섯으로도 불리지만, 우리 이야기에 등장하는 유럽너도밤나무(*Fagus sylvatica*)나 구주소나무(*Pinus sylvestris*) 같은 다른 온갖 나무종과도 친하게 지낸다.

28   고귀한 자들의 세상에서

여기 아이펠에는 수백 년 전에 씨를 뿌렸거나 식재해 지금까지 잘 자라는 나무가 많다. 새로 조성한 숲에 심을 나무를 구하기 위해 주변 숲에 종묘원을 만들었다. 실상은 화단에다 이 지역의 씨앗에서 자란 묘목들을 키우는 작은 수목원이다. 키가 어느 정도 되면 파서 벌채지나 예전 경작지, 또는 초원에 조성한 숲으로 옮겨 심었다. 이 장에 등장하는 소나무들이 원래 자라던 종묘원의 오두막은 1960년대에 나의 전임자가 약 1킬로미터 떨어진 관리소 관할구역에서 해체해 관사 정원에 다시 지었다.

✻ ✻ ✻

노루 수컷은 수사슴처럼 한 해에 한 번씩 묵은 뿔을 버리고 새 뿔을 만든다. 새 뿔은 자라는 동안 피부에 싸여 있다. 그러다 뿔이 완성되면 피부가 죽어서 간질거리기 시작한다. 그러면 노루가 손가락 두께만 한 어린 나무를 찾아다니는데, 그런 나무는 잘 휘어지지만 피부를 벗겨낼 만큼 저항력이 있기 때문이다. 그러다 보니 간택당한 나무의 껍질은 대부분 벗겨지고, 나무 윗부분이나 아예 나무 전체가 죽고 만다.

  여기 우리 숲에서는 어린 침엽수들이 노루의 사랑을 특히 많이 받는다.

유럽너도밤나무는 북쪽에서 살던 나무였는데, 예전에 그 나무들을 가져와 들판에다 많이 심었다.

✻ ✻ ✻

함께 꽃을 피우자는 약속은 같은 나무종끼리만 통한다. 그래서 너도밤나무가 꽃을 특히 많이 피우는 해가 있는가 하면 참나무만 씨앗을 만드는 해가 있다. 어쩌다 리듬이 겹쳐서 여러 종의 나무가 함께 꽃을 활짝 피우는 경우는 드물다.

29 기대하지 않은 도움

다른 종의 나무끼리 주고받는 탄소화합물에 대해서는 여러 학자가 연구했고, 앞에서 '우드 와이드 웹'과 관련해 언급했던 수잰 시마드도 그런 학자다. 또한 2022년 〈국제미생물생태학지(ISME Journal)〉에 실린 최신 연구 결과 역시 소나무와 참나무 사이의 탄소 수송을 다루었다.[102]

2023년 7월 13일에 나온 연구 결과 또한 지하의 공동 연결망이 여러 식물종의 생존에 얼마나 중요한지 입증한다.[103]

나무도 어려운 시절에는 살이 빠질 수 있다. 굶으면 살이 빠지는 우리와 똑같다. 그럴 때 나무는 저장해놓은 양분을 꺼내 쓸 뿐 아니라, 자신의 신체 물질까지 분해해 사용한다. 2021년 예나에 있는 막스 플랑크 연구소의 한 팀이 이런 연구 결과를 발표하기 전까지 누구도 생각지 못했던 사실이다.[104]

2024년 늦겨울의 늙은 너도밤나무

30 세상이 더 커지다

이 장에서 우리 이야기의 주인공 너도밤나무는 더글러스전나무라는 새로운 세상을 발견한다. 이 나무는 원래 북미 서해안에서 살던 종이다. 독일에 도입한 품종은 두 가지로, 초록 전나무는 북부 해안의 우림이, 청색 전나무는 비가 덜 내리는 내륙 지방이 고향이다. 독일에서는 둘의 종자가 섞여서 주로 잡종, 즉 혼합종이 많다.

그사이 우리는 청색 더글러스전나무가 이곳에서는 비뚤게 자라고 또 수지성 줄기에서 나타나는 질병에 매우 취약하다는 사실을 파악했다. 그래서 주로 초록 전나무를 많이 심는데, 이 나무 역시 서늘하고 습한 지역, 즉 북미 북서해안의 냉대 우림이 고향이다. 따라서 죽어가는 가문비나무 인공림을 더글러스전나무로 대체하는 지금의 행태는 도무지 이해가 안 되지만, 곳곳에서 목격되는 현상이다.

더글러스전나무는 세계에서 키가 제일 큰 나무 중 하나로, 100미터 넘게 자랄 수 있다.[105]

우리 이야기에 등장하는 더글러스전나무 조림지는 1950년대 말에 너도밤나무 숲에서 약 80미터 떨어진 곳에 조성했고, 지금까지도 유지되고 있다.

✤ ✤ ✤

균류 연결망이 어떻게 여러 나무종을 연결하는지는 앞에서 이미 설명했고, 지하에서 그 균류가 얼마나 멀리 뻗어나갈 수 있는지도 언급했다. 세계에서 가장 큰 균류는 미국 오리건주에 사는 뽕나무버섯으로 면적이 약 9제곱킬로미터에 이른다.[106] 하지만 이 균류는 기생생물이어서 나무에게는 위험하다. 나무를 지원하기도 하는지는 나도 모른다. 내가 이 기록적인 버섯을 사례로 든 이유는 그저 균류가 얼마나 크게 자랄 수 있는지를 말하기 위해서다. 우리 이야기에는 그물버섯이 더 잘 어울린다. 녀석은 여러 종의 활엽수 및 침엽수와 협력할 수 있다.

식물보다는 동물과 더 유사한 균류는 놀라운 점이 계속해서 발견되고 있다. 영국 웨스트잉글랜드 대학 언컨벤셔널 컴퓨팅 연구소(Unconventional Computing Laboratory)의 소장 앤드루 애덤츠키(Andrew Adamatzky)는 균류 4종의 전기 활동을 조사했고, 균류의 균사를 지나다니는 전기 자극이 인간의 경우와 매우 흡사하다는 사실을 밝혀냈다. 균류는 인간과 달리 신경세포가 없는데도 말이다. 그 전기 신호가 인간처럼 단어나 문장일 수도 있다는 그의 이론은 여전히 논란이 많지만, 충분히 가능한 일이다.[107]

✣ ✣ ✣

이 장에서는 다시 한번 기억 도우미를 소환했다. 유전자에 저장된 정보를 활성화할 수 있는 박테리아 말이다. 이에 대해서는 바이엔슈테판 대학의 에르빈 후센되르퍼 교수가 출연했던 나의 팟캐스트 '페터와 숲'을 참고하면 된다. 거기서 우리는 그런 유전자의 기억 효과에 대해 이야기 나누었다.[108]

2부 과학적 배경

31 좋은 이웃

무거운 목재 수확기(Harvester)는 1990년부터 대량으로 사용되었다. 당시 유럽 전역에 겨울 폭풍이 불어 가문비나무 농장이 초토화되는 바람에 목재를 빠르게 수확할 방법을 다급하게 찾았다. 이 일이 무거운 기계를 주기적으로 사용하게 된 신호탄이었다. 그러나 이렇게 몇 톤씩 나가는 무거운 기계가 오가다 보니 그사이 숲 바닥 대부분이 엄청난 손상을 입었다.

기계 바퀴에 눌린 땅은 눌려서 붙고 공기구멍은 으깨져 땅의 산소 함량이 크게 줄어들기 때문에 땅에 사는 생물과 나무뿌리가 질식해서 죽는다. 또 물 저장 능력이 심하게 줄어든다.[109, 110, 111] 우리 고향의 활엽수림은 여름에 주로 겨울비를 이용한다. 겨울에 내린 비가 여름까지 땅에 저장되어 있기 때문이다.[112] 하지만 땅이 기계에 눌려 물을 담을 수 없으므로, 곳곳에서 목격되듯 너도밤나무나 참나무 같은 튼튼한 나무종마저 말라버린다.

✻ ✻ ✻

물론 활엽수가 자라는 땅에는 금방 다시 물이 돌아온다. 겨울에 잎이 없으므로 비가 그대로 땅에 떨어지기 때문이다. 그러나 상록수인 소나무는 훨씬 사정이 안 좋고,[113] 더글러스전나무는 그야말로 최악이다.[114] 녀석의 고향에선 잎을 한 해 내내 매달고 있어도 아무 문제가 없다. 거기는 여기보다 비가 훨씬 많이 내리기 때문이다. 그러나 상대적으로 강수량이 적은 독일 땅에서 빽빽한 수관까지 매달고 있으니 기후 위기의 피해가 더 심해진다.

32 위대한 중재자

최근 연구 결과들이 입증하듯, 기후 위기로 가뭄과 여름 더위가 심해지면서 실제로 나무를 잇는 균류 연결망도 날로 헐거워지고 있다.[115]

✳ ✳ ✳

2021년 4월, 약 140년 만에 늑대가 너도밤나무 숲을 지나갔고, 2킬로미터 떨어진 곳에서 사냥꾼의 양들을 물어 죽였다. 울타리가 튼튼하지 못했던 탓이다. 이후로도 계속해서 한 마리씩 목격되기는 하지만, 아직 무리가 이곳에 정착한 것은 아니다.

✳ ✳ ✳

이 장에서 우리 너도밤나무가 말한 가뭄은 2018년, 2019년, 2020년, 이 3년간의 여름 가뭄이다. 3년에 걸쳐 연이어 닥치다 보니 문제가 가중되어 땅이 유례없이 말라붙었다. 2020년 8월 초에는 인근 북쪽 산비탈에서 자라면서 지금까지 물 걱정이라고는 없던 너도밤나무들이 불과 며칠 만에 잎을 3분의 1이나 떨어뜨렸다. 숲을 일터로 삼는 나도 처음 보는 광경이었다. 하지만 다행히 금방 다시 기력을 회복해서 더 가뭄이 심했던 2022년에도 잎을 버리지는 않았다.

　　　나무는 가뭄에 대처하는 법을 빠르게 배우므로, 강수량에 상관없이 전체적으로 물 소비를 줄이기 위해 물 관리 방법을 바꾼다. 임업계에선 예전부터 알던 사실이지만, 거기에선 가뭄을 겪은 입목이 평생 목재 생산을 줄인다는 사실에 더 초점을 맞춘다.

✳ ✳ ✳

기후 위기로 겨울은 날로 따뜻해지고 봄은 날로 일찍 찾아온다. 그래서 많은 종의 나무가 일찍부터 싹을 틔운다. 하지만 너도밤나무는 의심이 많은 모양이다. 살을 에는 추위가 없으면 평소보다 늦게 싹을 내니 말이다. 겨울이 약간 연기되지 않았나 겁을 내는 것 같다.[116]

✳ ✳ ✳

실제로 나무들 사이에 수장이 있는지는 나도 잘 모르겠다. 이에 대한 단서는 산림생태학자 시마드의 논문에서 찾아볼 수 있다. 여기서 그녀는 숲에서 가장 키가 크고 연장자인 나무, 즉 어머니 나무들이 특히 연결망이 좋으며 정보와 양분 전달도 원활하다고 주장한다.[117]

33 이야기의 끝

우리 이야기의 주인공 너도밤나무는 지난 몇 년 동안 온갖 고초를 겪었다. 한참 전부터 균류에게 공격을 당했고 동쪽 면은 아주 길게 껍질이 벗겨졌다. 균류는 물론이고 온갖 곤충의 애벌레가 파고 들어간 통에 이미 목질도 깊은 곳까지 바스러져버렸다. 내구성이 해마다 줄어서 폭풍이 불 때마다 나는 혹시라도 나무가 부러질까 봐 노심초사한다(그래서 바람이 멎으면 무사한지 확인하러 곧장 달려가본다).

위쪽 수관의 가지들이 차츰차츰 죽는 것이, 끝이 머지않았다는 전형적인 신호다. 나는 앞으로도 내 소셜미디어 채널을 통해 꾸준히 이 나무의 소식을 전할 예정이다. 부디 오래오래 '위대한 중재자'의 소식을 전할 수 있기를 바란다.

감사의 글

나무의 눈으로 책을 써보자는 생각은 오래전부터 있었다. 몇백 년을 한 자리에 서 있으면 어떤 느낌일까? 따분하지 않을까? 정말로 그렇다면 나무를 주인공으로 책 한 권을 쓰기란 불가능할 것이다. 더구나 나폴레옹 군대가 지나가는 광경을 목격했고 환경파괴에 이르기까지 그 모든 문명의 발전을 지켜본 늙은 참나무 이야기라면 읽을 만큼 읽었다. 그런 것은 나무를 우리 역사의 스크린으로밖에는 생각하지 않는 인간적 관점의 이야기에 불과하다. 아니, 내가 꿈꾸는 책은 나무 자신의 이야기여야 한다. 나무가 우리 말을 할 줄 안다면 풀어놓았을 이야기에 가장 근접한 이야기 말이다.

출판사로서는 그런 실험이 당연히 모험일 것이다. 그래서 나와 함께, 나를 대신해 그 모험에 뛰어들어준 루트비히 출판사에게 진심으로 감사한다. 우리 모두에게 이 책은 신세계였다. 이런 책을 어느 코너에 꽂아야 할 것인가? 소설? 비소설? 물론 내용은 사실에 기반을 두었지만 1부의 글쓰기 방식은 지금껏 내가 썼던 책들과 완전 다르다. 그래도 나는 이 책을 비소설로 분류할 것이다. 내가 목소리를 빌려주어 대필한 너도밤나무의 자서전으로 말이다.

책의 탄생 과정을 매우 비판적인 눈으로 동행한 아내 미리암에게 특별한 감사를 전한다. 나는 늘 아내의 판단을 믿는다. 아내는 내 마음이 흔들릴 때마다 계속 쓰라며 용기를 주었다. 최근에는 이야기가 어떻게 끝날지 궁금하다는 이유도 덧붙였다(좋은 징조다).

우리 아이들, 사위, 며느리, 손주들에게도 감사의 인사를 전한다. 인생의 의미가 사랑과 행복임을 내게 가르쳐준 소중한 이들이다.

에이전트 라르스는 늘 나를 지켰고, 내가 중요한 일을 놓치지 않게끔 점검했으며, 무엇보다 이 책의 계약을 성사시켰다. 그런 그가 2024년 4월 비극적인 죽음을 맞이했다. 마흔아홉이라는 너무도 이른 나이에 말이다. 우리가 함께 걸었던 길에 감사의 인사를 전한다. 그리고 역시나 오랜 친구인 그의 아내 나디야가 에이전시를 무탈하게 운영해 앞으로도 내가 그곳에서 최상의 보호를 받게 되어 무척 기쁘다.

학계와 환경단체의 모든 친구와 지인에게도 감사를 전한다. 산림 로비단체가 산림학의 탈을 쓰고서 나를 공개적으로 공격할 때마다 그들은 지원을 아끼지 않는다. 산림 로비단체는 나무의 의인화가 숲을 위태롭게 한다는 말까지 서슴지 않는다. 혼자 내버려두면 숲은 살아남지 못할 것이므로 전기톱, 중장비, 농장 시스템 유지가 숲을 보호하는 유일한 방법이라고 말이다. 그런 발언들은 수많은 연구 결과를 무시할뿐더러 아무런 증거가 없는데도 연신 혼란을 초래한다. 그런 혼란에 휩쓸리지 말고 잘 버텨야 하는데, 그럴 때마다 아들 토비아스가 든든한 힘이 된다. 아들은 반대편의 논리를 조목조목 파고들어 살피고 이를 전문가들과 함께 검증한다. 고마워, 아들!

나무에 대한 연민을 일깨우는 것은 내가 좋아하는 일이다. 나는 이 부드러운 거인들이 알아서 척척 작동하는 바이오 로봇이 아니라고 확신한다. 나무는 사랑할 만한 생명체다. 놀라움이 가득하고 가끔 잘못도 저지르며 열심히 배우고 공동체를 보살피고 삶을 즐기는 존재다. 그런 생명체에게 연민을 느끼지 않는다면 기후변화 시대에 결코 세상을 구할 수 없을 것이다.

그러니 나의 마지막 인사는 늙은 너도밤나무의 몫이다. 네 인생길의 마지막을 함께 걸을 수 있게 해주어 얼마나 고마운지 모르겠다. 인간이 갖다 안긴 온갖 고초를 겪고도 너는 우리 모두를 보살폈지. 내가 너의 말을 잘 알아듣고 너의 지나온 길을 잘 보았기를 바란다. 내가 엮은 네 인생 이야기가 네 마음에 들었으면 좋겠구나.

주

이 자리를 빌려 또 하나 실용적인 팁을 알려주고 싶다. 아래 자료들은 정말로 읽을 가치가 다분한 글이나 영상이지만, 웹페이지 주소를 휴대전화나 컴퓨터에 입력하려면 너무 고생스러울 것이다. 그냥 검색 엔진에다 연구 결과의 제목(링크한 주소의 일부인 경우)만 입력해도 해당 페이지로 넘어가는 경우가 많으니 그렇게 하기 바란다. 자료를 찾았으면 시간을 두고 찬찬히 읽어보면 좋겠다. 모두가 '선물 캘린더(advent calendar)'의 작은 문처럼 상상치 못한 깜짝 선물을 숨겨두고 있을 테니 말이다.

1. Zurück zur beseelten Natur—Plädoyer für einen Perspektivwechsel, Radiosendung des Senders SWR2 Wissen vom 25.11.2018 in der Kategorie "Kultur neu entdecken".
2. https://lexikon.stangl.eu/35671/parsimonitaetsprinzip.
3. www.researchgate.net/publication/372836472_Consciousness_unicellular_organisms_know_the_secret.
4. www.youtube.com/watch?v=gBGt5OeAQFk.
5. www.spektrum.de/lexikon/psychologie/intelligenz/7263.
6. https://perspective-daily.de/article/2526-warum-immer-mehr-forschende-pflanzen-fuer-intelligent-halten/K5s1jlZq.
7. www.scinexx.de/dossierartikel/der-botanische-fehdehandschuh/.
8. Baluska, F. und Mancuso, S.: Plants are alive: with all behavioural and cog-

nitive consequences, in: Embo reports, 16. April 2020, www.embopress.org/doi/full/10.15252/embr.202050495.

9. https://open.spotify.com/episode/5mM1yeUNWSp4oDBJoRbHTH?si=5ff0cc9cc598408e.
10. www.spektrum.de/lexikon/neurowissenschaft/sprache/12159.
11. www.washingtonpost.com/climate-environment/2023/10/21/plants-talk-warning-danger/.
12. Aratani, Y., Uemura, T., Hagihara, T. et al. Green leaf volatile sensory calcium transduction in *Arabidopsis*. *Nature Communications* 14, 6236 (2023). https://doi.org/10.1038/s41467-023-41589-9.
13. Monika A. Gorzelak, Amanda K. Asay, Brian J. Pickles, Suzanne W. Simard, Inter-plant communication through mycorrhizal networks mediates complex adaptive behaviour in plant communities, *AoB PLANTS*, Volume 7, 2015, plv050, https://doi.org/10.1093/aobpla/plv050.
14. Simard, S.W. (2018). Mycorrhizal Networks Facilitate Tree Communication, Learning, and Memory. In: Baluska, F., Gagliano, M., Witzany, G. (eds) Memory and Learning in Plants. Signaling and Communication in Plants. Springer, Cham. https://doi.org/10.1007/978-3-319-75596-0_10.
15. Gorzelak, M. A. (2017). Kin-selected signal transfer through mycorrhizal networks in Douglas-fir (T). University of British Columbia. https://open.library.ubc.ca/collections/ubctheses/24/items/1.0355225에서 검색.
16. https://mothertreeproject.org/wp-content/uploads/2020/01/Nat-Geo_EX-IntelligentForest_final.pdf.
17. www.thepost.co.nz/world-news/350096517/plants-can-warn-each-other-danger.
18. 이에 관한 영상이 포함된 기사: https://phys.org/news/2023-10-real-time-visualization-plant-plant-communications-airborne.html.
19. 이에 관한 논문: Aratani, Y., Uemura, T., Hagihara, T. et al. Green leaf volatile sensory calcium transduction in *Arabidopsis*. *Nature Communications* 14, 6236 (2023). https://doi.org/10.1038/s41467-023-41589-9.

20. www.youtube.com/@felipe.yamashita.
21. Crepy, M. und Casal, J.: Photoreceptor-mediated kin recognition in plants, in: New Phytologist (2015) 205: 329-338, doi:10.1111/nph.13040.
22. https://idw-online.de/de/news2260.
23. Golan, G., Abbai, R., & Schnurbusch, T. (2023) Exploring the trade-off between individual fitness and community performance of wheat crops using simulated canopy shade. *Plant, Cell & Environment*, 46, 3144-3157. https://doi.org/10.1111/pce.14499.
24. 이기적인 밀과 수확량에 미치는 영향은 여기서 더 멋지게, 더 이해하기 쉽게 설명해놓았다. www.mdr.de/wissen/weizen-sozial-anpassung-ertrag-feld-robust-zuechtung-100.html.
25. Epigenetik in Bäumen hilft bei Altersdatierung, Pressemitteilung der TU München vom 18.11.2020.
26. Bose, A. et al.: Memory of environmental conditions across generations affects the acclimation potential of scots pine, in: Plant, Cell & Environment Volume 43, Issue 5, 28.01.2020, https://doi.org/10.1111/pce.13729.
27. Hussendörfer, E.: Baumartenwahl im Klimawandel: Warum (nicht) in die Ferne schweifen?!, in: Der Holzweg, oekom Verlag, München, 2021, S. 222.
28. Veits, M., Khait, I., Obolski, U., Zinger, E., Boonman, A., Goldshtein, A., Saban, K., Seltzer, R., Ben-Dor, U., Estlein, P., Kabat, A., Peretz, D., Ratzersdorfer, I., Krylov, S., Chamovitz, D., Sapir, Y., Yovel, Y., Hadany, L.: Flowers respond to pollinator sound within minutes by increasing nectar sugar concentration. Ecol Lett. 2019 Sep;22(9):1483-1492. doi:10.1111/ele.13331. Epub 2019 Jul 8. PMID: 31 286 633; PMCID: PMC6852653.
29. Del Stabile F, Marsili V, Forti L, Arru L. Is There a Role for Sound in Plants? Plants (Basel). 2022 Sep 14;11(18):2391. doi:10.3390/plants11182391. PMID: 36 145 791; PMCID: PMC9503271.
30. 스테파노 만쿠소의 강의, www.youtube.com/watch?v=gBGt5OeAQFk.
31. Kutschera, Lore (2002): Wurzelatlas mitteleuropäischer Baum- und Strauch-arten, Leopold Stocker Verlag, Graz.

32. www.nationalgeographic.de/umwelt/die-sinne-der-pflanzen.
33. https://idw-online.de/de/news?print=1&id=658854.
34. Volf, M., Volfová, T., Seifert, C.L., Ludwig, A., Engelmann, R.A., Jorge, L.R., et al. (2022) A mosaic of induced and non-induced branches promotes variation in leaf traits, predation and insect herbivore assemblages in canopy trees. *Ecology Letters*, 25, 729-739. https://doi.org/10.1111/ele.13943.
35. www.mpg.de/4741538/pilzgespinst-im-wurzelwerk.
36. Gorzelak, M. A. (2017). Kin-selected signal transfer through mycorrhizal networks in Douglas-fir (T). University of British Columbia. https://open.library.ubc.ca/collections/ubctheses/24/items/1.0355225에서 검색.
37. Asay, A. (2010): Mycorrhizal facilitation of kin recognition in interior Douglas-fir, a thesis submitted in partial fulfillment of the requirements for the degree of master of science, University of British Columbia, https://open.library.ubc.ca/media/stream/pdf/24/1.0103374/1.
38. www.scinexx.de/wissenswert/woher-wissen-die-pflanzen-wann-es-fruehling-wird/.
39. www.mdr.de/wissen/baeume-koennen-reden-pflanzen-hilfe-rufen-mdr-kultur-feature-100.html.
40. Gagliano, Monica & Grimonprez, Mavra & Depczynski, Martial & Renton, Michael. (2017). Tuned in: plant roots use sound to locate water. Oecologia. 184. 151-160. 10.1007/s00442-017-3862-z., https://link.springer.com/article/10.1007/s00442-017-3862-z.
41. 웨스턴오스트레일리아 대학 보도자료(2012년 4월 3일), www.news.uwa.edu.au/archive/201204034491/research/talking-plants/.
42. www.swr.de/swr2/musik-klassik/die-musiksprechstunde-mit-sophie-pacini-und-joerg-lengersdorf-swr2-abendkonzert-2023-11-13-100.html.
43. https://search.coe.int/cm/Pages/result_details.aspx?ObjectID=09000016804e4fa2.
44. www.scinexx.de/wissenswert/warum-umfasst-unsere-tonleiter-acht-toene/.
45. Zapater, Marion & Christian, Hossann & Nathalie, Breda & Bréchet, Claude

& Bonal, Damien & Granier, A. (2011). Evidence of hydraulic lift in a young beech and oak mixed forest using 18O soil water labelling. Trees. 25. 885-894. 10.1007/s00468-011-0563-9.
46. www.waldwissen.net/de/lebensraum-wald/klima-und-umwelt/klimawandel-und-co2/buchen-tannen-mischwaelder.
47. Sirocko, F., Albert, J., Britzius, S. et al. Thresholds for the presence of glacial megafauna in central Europe during the last 60,000 years. *Scientific Reports* 12, 20055 (2022). https://doi.org/10.1038/s41598-022-22464-x.
48. https://open.spotify.com/episode/5mM1yeUNWSp4oDBJoRbHTH?si=cdba271ca87c48c0.
49. Roloff, Andreas: Vitalität der Ivenacker Eichen und baumbiologische Überraschungen, in: AFZ/der Wald, Ausgabe 24/2020, S. 18-21, https://jimdo-storage.global.ssl.fastly.net/file/f72bd34e-4d9e-4423-a8ea-8f564af 85176/Ivenacker%20Eichen%20ROLOFF%20AFZ%2024-20.pdf.
50. Cannon, C.H., Piovesan, G. & Munné-Bosch, S. Old and ancient trees are life history lottery winners and vital evolutionary resources for long-term adaptive capacity. *Nature Plants* 8, 136-145 (2022). https://doi.org/10.1038/s41477-021-01088-5.
51. R.D. Bilas et al. (2020): Friends, neighbours and enemies: an overview of the communal and social biology of plants, in: Plant, Cell & Environment 44 (4), S. 997-1013, https://doi.org/10.1111/pce.13965.
52. www.l-iz.de/bildung/forschung/2022/01/forschungsergebnis-aus-dem-leipziger-auwald-wie-baeume-voegel-und-raeuberische-insekten-um-hilfe-rufen-429910.
53. Volf, M. et al.: A mosaic of induced and non-induced branches promotes variation in leaf traits, predation and insect herbivore assemblages in canopy trees, in: Ecology Letters, 27.12.2021, https://doi.org/10.1111/ele.13943.
54. www.woz.ch/1701/die-ulme/auch-baeume-brauchen-bodyguards.
55. Simard, S., Perry, D., Jones, M. et al. Net transfer of carbon between ectomycorrhizal tree species in the field. *Nature* 388, 579-582 (1997). https://doi.

org/10.1038/41557.

56. K.J. Beiler et al. (2010): Architecture of the wood-wide web: Rhizopogon spp. genets link multiple Douglas-fir cohorts. New Phytologist 185:543-553.
57. www.npr.org/transcripts/509350471.
58. www.nytimes.com/2022/11/07/science/trees-fungi-talking.html.
59. https://doi.org/10.12688/openreseurope.16594.1.
60. Merckx, V.S.F.T., Gomes, S.I.F., Wang, D. et al. Mycoheterotrophy in the wood-wide web. *Nature Plants* 10, 710-718 (2024). https://doi.org/10.1038/s41477-024-01677-0.
61. www.forstpraxis.de/wohlleben-und-co-schadet-die-vermenschlichung-von-baeumen-dem-wald-22482.
62. Robinson, D. et al.: Mother trees, altruistic fungi, and the perils of plant personification, in: *Trends in Plant Science*, 19. September 2023, https://doi.org/10.1016/j.tplants.2023.08.010.
63. www.nukla.de/2023/10/wie-forstliche-fakultaeten-erneut-ver-suchen-erfolgreiche-populaerwissenschaftliche-buecher-ueber-waldschutz-zu-diskreditieren-und-dabei-wieder-einmal-scheitern/.
64. Schmeddes, J. et al. (2023): High phenotypic variation found within the offspring of each mother tree in *Fagus sylvatica* regardless of the environment or source population. *Global Ecology and Biogeography*, 00, 1-12. https://doi.org/10.1111/geb.13794.
65. Falik, O., Mordoch, Y., Quansah, L., Fait, A., Novoplansky, A. (2011): Rumor Has It⋯: Relay Communication of Stress Cues in Plants. PLOS ONE 6(11): e23625. https://doi.org/10.1371/journal.pone.0023625.
66. Barelli, L. et al.: Fungi with multifunctional lifestyles: endophytic insect pathogenic fungi. *Plant Molecular Biology* 90, 657-664 (2016). https://doi.org/10.1007/ s11103-015-0413-z.
67. https://www.svz.de/lebenswelten/familie-kind/artikel/baeume-spueren-den-fruehling-40619191.
68. "작년 겨울이 우리 숲의 나무들에게 너무 더웠을까?", 스위스 연방 산림·눈·경

관 연구소 보도자료(2020년 3월 19일), www.wsl.ch/de/news/war-der-letzte-winter-zu-warm-fuer-unsere-waldbaeume/.
69. Baluška, František (2016) Should fish feel pain? A plant perspective. Animal Sentience 3(16) DOI:10.51291/2377-7478.1052.
70. https://youtu.be/Y0xwX5iOFok?si=TWsIVfQ1ly-khIb5.
71. Puttonen, E., Briese, C., Mandlburger, G., Wieser, M., Pfennigbauer, M., Zlinszky, A., Pfeifer N.: Quantification of Overnight Movement of Birch (Betula pendula) Branches and Foliage with Short Interval Terrestrial Laser Scanning. Front Plant Sci. 2016 Feb 29;7:222. doi:10.3389/fpls.2016.00222.
72. Zweifel, R., Sterck, F., Braun, S., Buchmann, N., Eugster, W., Gessler, A., Häni, M., Peters, R.L., Walthert, L., Wilhelm, M., Ziemińska, K. and Etzold, S. (2021), Why trees grow at night. New Phytologist, 231: 2174-2185. https://doi.org/10.1111/nph.17552.
73. "나무의 후생유전학이 연대 측정을 돕는다", 뮌헨 공과대학 보도자료(2020년 11월 18일), www.tum.de/aktuelles/alle-meldungen/pressemitteilungen/details/epigenetik-in-baeumen-hilft-bei-altersdatierung.
74. Bose, A. et al.: Memory of environmental conditions across generations affects the acclimation potential of scots pine, in: Plant, Cell & Environment, Volume 43, Issue 5, 28.01.2020, https://doi.org/10.1111/pce.13729.
75. Hussendörfer, E.: Baumartenwahl im Klimawandel: Warum (nicht) in die Ferne schweifen?!, in: Der Holzweg, oekom Verlag, München, 2021, S. 222.
76. Papadopoulou, K. et al: Compromised disease resistance in saponin-deficient plants, in: PNAS, October 26, 1999, 96 (22) 12923-12928, https://doi.org/10.1073/pnas.96.22.12923.
77. https://literatur.thuenen.de/digbib_extern/dn048319.pdf.
78. Hommel, C.: Einfluss verschiedener Waldnutzungsformen auf die Zönosen der streubewohnenden Springschwänze (Collembola) in Buchen- und Fichtenforsten der Eifel, Masterarbeit vom 08.01.2014, Lehrstuhl für Umweltbiologie und -chemodynamik, RWTH Aachen.
79. www.cell.com/iscience/fulltext/S2589-0042(19)30146-4.

80. https://relaunch.kreis-ahrweiler.de/kvar/VT/hjb2004/hjb2004.41.htm.
81. https://open.spotify.com/episode/1nushNyPyjqtDLfDbQBTKf?si=d521e5100c034d07.
82. Kleinemenke, J.: Die Zeit ist reif für ein waldbauliches Stabilitäts-programm, Bericht vom Arbeitstreffen der ANW Hessen vom 21.08.2016, S. 3.
83. www.helmholtz.de/newsroom/artikel/der-groesste-organismus/.
84. www.lwf.bayern.de/031.
85. www.scinexx.de/dossierartikel/geburtenkontrolle-unterm-walnussbaum/.
86. 다음 자료에서 아주 멋지게 설명했다. www.nabu.de/tiere-und-pflanzen/insekten-und-spinnen/sonstige-insekten/10858.html.
87. 베를린 훔볼트 대학 보도자료(2020년 8월 6일), www.hu-berlin.de/de/pr/nachrichten/august-2020/nr-2086.
88. https://www1.biologie.uni-hamburg.de/b-online/d35/35.htm.
89. https://link.springer.com/article/10.1007/s00442-017-3862-z.
90. 이에 대해서는 이 팟캐스트 에피소드에서 더 많은 내용을 들을 수 있으며, 후생유전학과 유전적 기억 전반에 대해서는 후속 에피소드를 참조하기 바란다. https://open.spotify.com/episode/1nushNyPyjqtDLfDbQBTKf?si=4H2gO91eQY6_TBF1YL-pmw.
91. www.youtube.com/watch?v=TYH2xpk2LIA.
92. https://instytut-drzewa.pl/o-nas/dr-inz-piotr-tyszko-chmielowiec/.
93. Unterscheiden sich Laubbäume in ihrer Anpassung an Trockenheit? Wie viel Wasser brauchen Laubbäume?, Max-Planck-Institut für Dynamik und Selbstorganisation, www.ds.mpg.de/139253/05.
94. Ehn, M., Thornton, J., Kleist, E. et al.: A large source of low-volatility secondary organic aerosol. *Nature* 506, 476-479 (2014). https://doi.org/10.1038/nature13032.
95. Morris, C.E. et al. (2014), Bioprecipitation: a feedback cycle linking Earth history, ecosystem dynamics and land use through biological ice nucleators in the atmosphere. Global Change Biology, 20: 341-351. https://doi.org/10.1111/gcb.12447.

96. https://ga.de/bonn/stadt-bonn/das-jahr-der-grossen-duerre_aid-44187331.
97. www.nytimes.com/2018/02/02/science/plants-consciousness-anesthesia. html.
98. www.nees.uni-bonn.de/pdf/mutke_quandt_2018_forschungundlehre_ deutschewald.
99. Bader, M.K.-F. und Leuzinger, S.: Hydraulic Coupling of a Leafless Kauri Tree Remnant to Conspecific Hosts, in: iScience, Volume 19, P1238-1247, September 27, 2019, https://doi.org/10.1016/j.isci. 2019.07.047.
100. Simard, S., Perry, D., Jones, M. et al.: Net transfer of carbon between ectomycorrhizal tree species in the field. Nature 388, 579-582 (1997). https://doi.org/10.1038/41557.
101. Schiestl, F.: The evolution of floral scent and insect chemical communication, in: Ecology Letters, Volume 13, Issue 5, p. 643-656, https://doi.org/10.1111/j.1461-0248.2010.01451.x.
102. Rotem Cahanovitc, Stav Livne-Luzon, Roey Angel, Tamir Klein, Ectomycorrhizal fungi mediate belowground carbon transfer between pines and oaks, The ISME Journal, Volume 16, Issue 5, May 2022, Pages 1420-1429, https://doi.org/10.1038/s41396-022-01193-z.
103. Luo, X. et al.: Interplant carbon and nitrogen transfers mediated by common arbuscular mycorrhizal networks: beneficial pathways for system functionality, in: Frontiers in Plant Science, 12 July 2023, Volume 14, 2023 | https://doi.org/10.3389/fpls.2023.1169310.
104. Huang, J. et al.: Storage of carbon reserves in spruce trees is prioritized over growth in the face of carbon limitation in: PNAS, 13. August 2021, https://doi.org/10.1073/pnas.2023297118.
105. www.lwf.bayern.de/mam/cms04/boden-klima/dateien/lwf-wissen-59-01-1. pdf.
106. www.helmholtz.de/newsroom/artikel/der-groesste-organismus/.
107. https://royalsocietypublishing.org/doi/10.1098/rsos.211926.
108. 이에 대해서는 이 팟캐스트 에피소드에서 더 많은 내용을 들을 수 있으며, 후

생유전학과 유전적 기억 전반에 대해서는 후속 에피소드를 참조하기 바란다. https://open.spotify.com/episode/1nushNyPyjqtDLfDbQBTKf?si=4H2gO91eQY6_TBF1YL-pmw.

109. Schäffer, J. (2002): Befahren von Waldböden—ein Kavaliers-delikt? *Der Waldwirt* 29 (12), S. 21-23.
110. Frey, B. et al.: Compaction of forest soils with heavy logging machinery affects soil bacterial community structure, European Journal of Soil Biology, Volume 45, Issue 4, 2009, Pages 312-320, https://doi.org/10.1016/j.ejsobi.2009.05.006.
111. Mariotti, B. et al.: Vehicle-induced compaction of forest soil affects plant morphological and physiological attributes: A meta-analysis, Forest Ecology and Management, Volume 462, 2020, https://doi.org/10.1016/j.foreco.2020.118004.
112. Allen, S. T. et al.: Seasonal origins of soil water used by trees, Hydrology Earth System Sciences, 23, 1199-1210, https://doi.org/10.5194/hess-23-1199-2019.
113. Flade, M. und Winter, S.: Wirkungen von Baumartenwahl und Bestockungstyp auf den Landschaftswasserhaushalt, in: Der Holzweg, oekom Verlag, München, 2021, S. 240.
114. "브란덴부르크의 산림 재편: 기후변화에 따른 지하수 회복", 포츠담 기후영향연구소, 2011년, www.pik-potsdam.de/4c/web_4c/publications/poster_grossraeschen_2011.pdf.
115. https://doi.org/10.1073/pnas.2221619120.
116. "작년 겨울이 우리 숲의 나무들에게 너무 더웠을까?", 스위스 연방 산림·눈·경관 연구소 보도자료(2020년 3월 19일), www.wsl.ch/de/news/war-der-letzte-winter-zu-warm-fuer-unsere-waldbaeume/.
117. https://mothertreeproject.org/wp-content/uploads/2020/01/the-mother-tree_the_word_for_world_is_still_forest.pdf.

사진 저작권

AdobeStock: 254~255쪽 (Martina)

Shutterstock.com: 275쪽 (Colin D. Young), 295쪽 (sunnychicka), 314쪽 (Hartmut Goldhahn), 319쪽 (Primi2)

Peter Wohlleben: 260, 310, 321, 328쪽